电力接地装置的腐蚀与防护

国网湖南省电力公司电力科学研究院　组编

徐松　主编

中国电力出版社
CHINA ELECTRIC POWER PRESS

内 容 提 要

为提高电力接地装置防腐蚀能力，增强腐蚀防护技术，保障电力设备以及操作人员的安全，国网湖南省电力公司电力科学研究院基于多年的理论研究和经验总结，组织编写了本书。

本书共分为11章，包括概述、电化学腐蚀、接地材料腐蚀的特征及机理、接地材料腐蚀环境和影响因素、接地材料的杂散电流腐蚀与防护、接地材料微生物腐蚀与防护、接地装置防腐技术、直流接地极的腐蚀与防护、接地装置土壤腐蚀评价、接地装置腐蚀典型案例分析以及接地网全过程技术监督。

本书可供从事电力接地设计、安装、运行维护、检修的专业技术人员和管理人员使用，也可供相关专业师生参考。

图书在版编目（CIP）数据

电力接地装置的腐蚀与防护／徐松主编；国网湖南省电力公司电力科学研究院组编．—北京：中国电力出版社，2017.9（2018.3 重印）

ISBN 978-7-5198-0900-3

Ⅰ．①电…　Ⅱ．①徐…②国…　Ⅲ．①触电保安器－防腐　Ⅳ．① TM774

中国版本图书馆 CIP 数据核字（2017）第 155104 号

出版发行：中国电力出版社
地　　址：北京市东城区北京站西街 19 号（邮政编码 100005）
网　　址：http://www.cepp.sgcc.com.cn
责任编辑：高　芬（fen-gao@sgcc.com.cn）
责任校对：马　宁
装帧设计：郝晓燕　左　铭
责任印制：邹树群

印　　刷：三河市百盛印装有限公司
版　　次：2017 年 9 月第一版
印　　次：2018 年 3 月北京第二次印刷
开　　本：710 毫米 ×980 毫米　16 开本
印　　张：17.25
字　　数：291 千字
印　　数：1001—2000 册
定　　价：70.00 元

编　委　会

主　　编　徐　松

副 主 编　冯　兵　周　舟

编写组成员　刘　凯　查方林　万　涛　周　挺

毛文奇　黄治国　吴俊杰　陈绍艺

王　凌　袁新民　龚尚昆　李　臻

何铁祥　钱　晖　郭　干

前言

preface

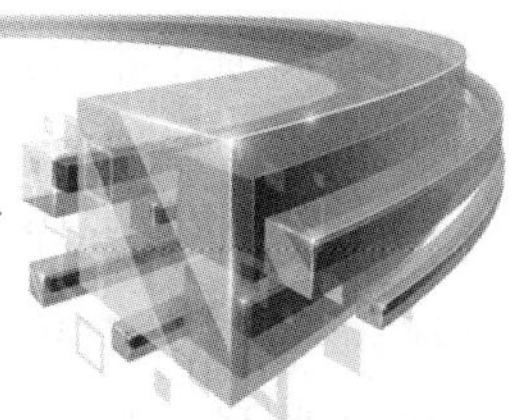

腐蚀是金属（材料）和周围环境发生化学或者电化学反应而被破坏的现象，它具有普遍性、隐蔽性、渐进性和突发性等特点，不仅消耗资源、污染环境，还能造成灾害事故。据中国工程院重大咨询项目统计：2014 年我国腐蚀总成本超过 2.1 万亿元人民币，约占当年 GDP 的 3.34%，相当于每个中国人当年承担 1555 元的腐蚀成本，腐蚀代价相当惊人。接地装置是电力系统中输变电设备安全运行最重要的安全屏障，然而其腐蚀较为普遍，几乎每个省份的接地装置都存在不同程度的腐蚀，每年的改造费用多达上亿元，因此接地装置的腐蚀与防护一直是电力系统中主要的研究课题。

我国接地装置所用材料主要为热浸镀锌钢，镀锌厚度约 60～80μm，由于接地装置的特殊性，其接地材料一部分处于大气环境中，一部分埋入土壤，大气、土壤对其产生的电化学腐蚀作用是不可避免的，再加上日益严重的环境污染，杂散电流、微生物等因素也加剧了接地装置腐蚀，造成了接地材料有效接地横截面越来越小。随着全球能源互联网的不断发展，特高压跨区域输电、智能电网技术应用越来越普遍，对输变电设备安全稳定运行的要求也越来越高。随着电压等级的升高，接地短路电流不断增大，接地材料由于腐蚀原因，使接地导体之间或接地引线与导体之间存在电气连接不良的故障点，运行中满足不了热稳定性要求，造成输变电设备“失地”，若遇雷击或者电力系统发生接地短路故障，将造成附近区域设备接触电压和跨步电压迅速升高，电流反击或电缆皮环流使得二次设备的绝缘遭到破坏，高压窜入控制室，使控制设备发生误动或拒动，进而造成一次设备的着火、损坏，发电厂、变电站全停，甚至发展成严重的大范围停电事故，造成巨大的经济损失和恶劣的社会影响。

该书分为 11 章，第 1 章介绍了电力系统接地装置及其材料腐蚀概况，第 2 章介绍了电化学腐蚀基本原理，第 3 章、第 4 章详细阐述了接地材料腐蚀的特征、机理、腐蚀环境和影响因素，第 5 章、第 6 章介绍了接地材料的杂散电流、微生物腐蚀与防护技术，第 7 章重点阐述了接地装置各种防腐技术及应用，第 8 章介绍了直流接地极的腐蚀与防护，第 9 章对接地装置土壤腐蚀评价方法进行了细致说明，第 10 章对接地装置腐蚀典型案例进行了分析，第 11 章介绍了接地网全过程技术监督。本书力求理论联系实际，侧重于应用，为从事电力接地设计、安装、运行维护、检修的专业技术人员提供有益参考。

本书在编写过程中引用了国内外同行一些资料和研究成果，在此谨向他们致以诚挚谢意。由于编者水平有限，疏漏谬误之处在所难免，敬请读者批评指正。

编　者

2016 年 12 月

目 录

contents

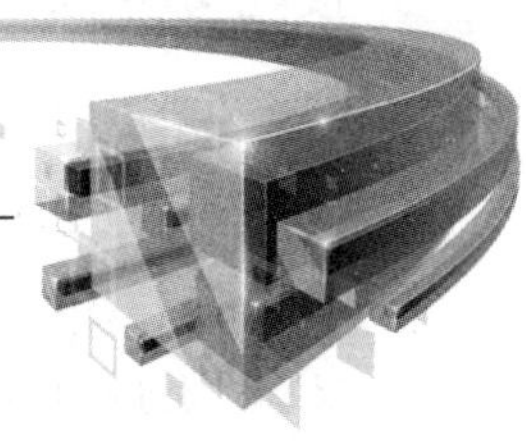

1

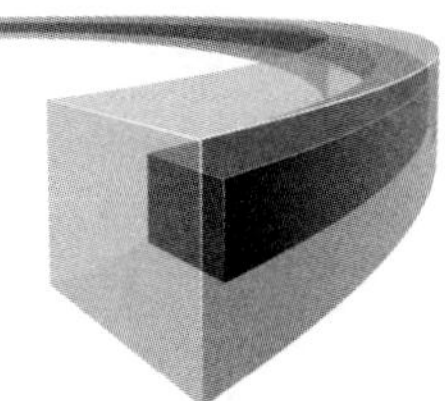

概　　述

1.1　电力系统接地

1.1.1　接地概念

接地是指将电力系统以及电气设备的某些导电部位与大地相连，提供故障电流及雷电流的泄流通道，稳定电位，提供零电位参考点，以确保电力系统、电气设备的安全运行，同时确保电力系统运行人员及其他人员的人身安全。在接地系统中，埋入大地并且直接与大地接触的金属导体称为接地体，其中专门以接地为目的而人为埋入地中的金属构件如扁钢、角钢、钢管、圆钢等称为人工接地体，可以兼起接地作用的直接与大地接触的各种金属构件、金属井管、钢筋混凝土建（构）筑物的基础、金属管道和设备等称为自然接地体。将电气装置、设施的接地端子与接地体连接用的金属导电部分称为接地引下线。接地体和接地引下线合称为接地装置。

1.1.2　接地种类

电力系统中的接地有三种：工作接地、保护接地、防雷接地。

工作接地是根据电力系统电气装置的正常运行方式的需要而将电网中的某一点接地，如变压器中性点接地。在交流系统中，正常情况下流过工作接地电极的电流是数值不大的不平衡电流，只有在系统发生接地故障时，才会流过高达数十千安的短路电流，且持续时间不长（0.5s 左右）。在直流系统中，单极运行时会有数以千安计的工作电流长期流过接地电极。通常 110kV 及以上的交流系统的工作接地电阻 R 的取值以保证短路电流 I 在接地体上的电压降落不大于 2000V 为原则，即要求 $R\leqslant 2000/I$；但是当 $I>4000$A 时，可取 $R\leqslant 0.5\Omega$，但跨步电位差和接触电位差必须满足人身安全设计要求。对于高压直流输电系统，由于可能需要长期通过较大的工作电流，因此发热问题严重，其工作接地电阻一般要求比交流系统更小。

保护接地则是为了防止电气装置的金属外壳、配电装置的构架和线路杆塔等由于绝缘损坏而可能带电，危及人身和设备安全而设的接地。当电气设备绝缘损坏而使外壳带电时，流过保护接地体的故障电流应该可以使相应的保护装置动作，切除已经损坏的设备，或者使外壳的电位保持在安全值以下，从而避免因电气设备外壳带电而造成的触电事故。

防雷接地是为了避免雷电的危害，为雷电保护装置（避雷针、避雷线和避雷器等）向大地泄放雷电流而设的接地。雷电流通常时间很短暂（数十微秒），但是其值有时可达数十至数百千安。架空输电线路杆塔的接地电阻一般为10～30Ω，而避雷器的接地电阻一般不超过5Ω。

应当指出的是，上述三种接地有时是很难区分的，例如在大部分情况下发电厂、变电站中的电源和各种电气设备以及防雷装置都处在同一个地网之中，它们不易分开，所以发电厂、变电站的接地网实际上是集工作接地、保护接地和防雷接地于一体的接地装置。

1.1.3 接地目的

接地是电力系统安全运行的重要保证，其接地性能一直受到设计和生产运行部门的重视。发电厂或变电站的接地网不仅为发电厂或变电站内的各种电气设备提供一个公共的参考地，而且在电力系统发生接地故障时，将故障电流迅速导入大地，控制接地网的最大电位升高，保证人身和设备安全，所以合格的接地网在电力系统安全运行中具有十分重要的作用。电力接地的目的主要有：

（1）降低电气设备绝缘水平。电力系统中性点的工作接地，能够降低作用在电气设备上的电压，从而降低电气设备的绝缘水平。

（2）确保电力系统安全运行。输电线路杆塔接地装置的接地电阻必须降到一定值，以确保雷击输电线路杆塔时，塔顶电位与导线的电位差小于绝缘子串的50%冲击放电电压，保证线路的正常运行，如果接地电阻过大，则可能造成塔顶电位很大，引起绝缘子串闪络而造成停电事故。另外升压站、变电站通过避雷器等来吸收和泄漏电能，这些防雷设备必须通过接地装置将雷电能量泄放到大地。

（3）保护接地。将所有电器设备外壳接地，当电气设备绝缘损坏或者老化而使外壳带电时，能够保证接触设备外壳的人员安全。另外变电站接地装置通过降低接地电阻和采取均压措施来保证接触电压和跨步电压满足人身安全要求。

（4）防止静电干扰。通过接地可以将由于摩擦等产生并积蓄的静电尽快释放到大地，防止静电干扰引起的事故和破坏。

（5）检测接地故障。为了保证人身和财产安全，低压线路采用漏电断路器等各种故障保护装置来检测接地故障。

（6）等电位连接。等电位连接是指使各种外露导体和装置外导电体的电位相等的连接方式，在建筑物内的电气设备，可以通过将设备外壳与敷设的主接地母线相连来实现等电位连接。

（7）防止电磁干扰。通过将电子设备的屏蔽外壳和电缆屏蔽层接地来降低或者消除外部电磁干扰的影响。

（8）功能接地。有些设备在功能上即可加以接地，如阴极保护利用电化学原理防止金属的腐蚀，为了使腐蚀电流流入土壤或水中，则应在系统中进行接地。

（9）作业用接地。在停电作业时，需要采用接地来泄放线路中充电装置中的能量，以防止电磁干扰在线路中的感应电流的危害，也可以防止他人误操作对作业人员的致命危害。

1.1.4　接地装置的型式

电力系统的接地装置可分为两类，一类为升压站、变电站的接地网，另一类为比较简单的输电线路杆塔的接地装置，如水平接地体、垂直接地体、环形接地体等。

变电站接地网的主要功能是泄流短路故障电流，确保电气设备和人身安全，对变电站的安全稳定运行至关重要。变电站电气装置的接地装置，除利用自然接地极外，应敷设以水平接地极为主的人工接地网。人工接地网的外缘应闭合，外缘各角应做成圆弧形，圆弧的半径不宜小于均压带间距的一半。接地网内部按3、5、7、10、15、20m的等间距布置敷设若干均压导体为主的水平接地网，并在主干交点处装设一些垂直接地体。接地网的埋设深度一般介于0.6～1m。

变电站接地装置一般采用网格状型式，对于一些土壤电阻高，接地电阻不易降到规程要求值，或者由于地理环境限制，无法大面积敷设接地网的变电站，近年来出现了一些新型的接地装置，如深井压力灌注式、离子接地极、复合接地网等型式。变电站接地网根据其网格的形状又可分为长孔地网、等间距方孔地网、不等间距地网，几种水平地网的示意图如图 1-1 所示，垂直接地体的示意图如图 1-2 所示。

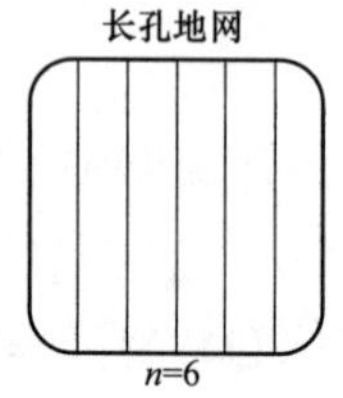

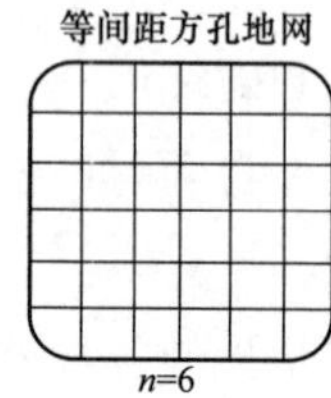

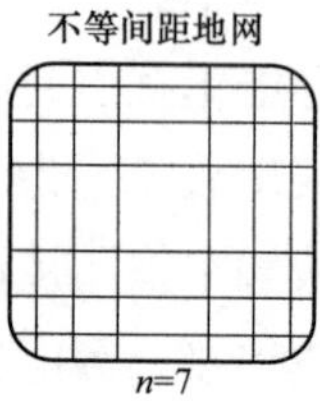

图 1-1　变电站接地网水平接地网示意图

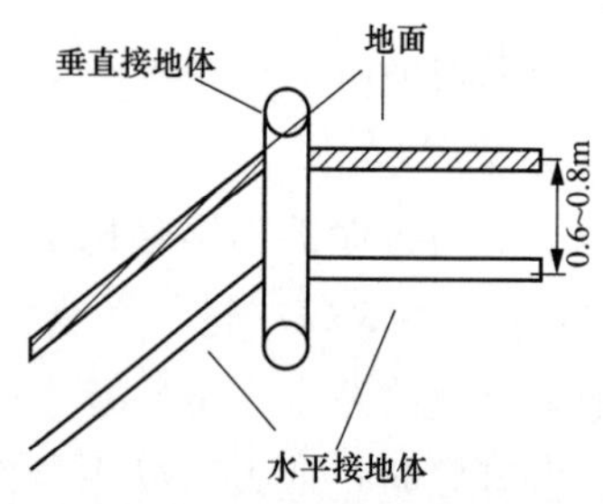

图 1-2　变电站接地网垂直接地体示意图

输电线路杆塔接地装置的主要功能不同于变电站的接地网。杆塔接地主要以防雷为主要目的，当线路遭受雷击或线路附近有较强雷电时，直击的雷电流或者感应雷电流经接地装置流散入地，防止线路过电压。GB/T 50065—2011《交流电气装置的接地设计规范》规定高压架空线路杆塔的接地装置可采用下列型式：

（1）在土壤电阻率 $\rho \leqslant 100\Omega \cdot m$ 的潮湿地区，可利用杆塔和钢筋混凝土杆自然接地，对变电站的进线段应另设雷电保护接地装置。在居民区，当自然接地电阻符合要求时，可以不设人工接地装置。

（2）在土壤电阻率 $100\Omega \cdot m < \rho \leqslant 300\Omega \cdot m$ 的地区，除利用铁塔和钢筋混凝土自然接地外，并应增设人工接地装置，接地极埋设深度不宜小于 0.6m。

（3）在土壤电阻率 $300\Omega \cdot m < \rho \leqslant 2000\Omega \cdot m$ 的地区，可采用水平敷设的接地极，埋设深度不宜小于 0.5m。

（4）在土壤电阻率 $\rho > 2000\Omega \cdot m$ 地区，可采用 6～8 根总长不超过 500m 的接地极或连续伸长接地极。放射形接地尽可能采用长短结合的方式。接地度不宜小于 0.3m。

（5）居民区和水田中的接地装置，宜围绕杆塔基础敷设成闭合环形。

（6）放射形接地极的最大长度，应符合表 1-1 的要求。

表 1-1　杆塔放射型接地极每根的最大长度

土壤电阻率（Ω·m）	$\rho \leqslant 100$	$100 < \rho \leqslant 1000$	$1000 < \rho \leqslant 2000$	$2000 < \rho \leqslant 5000$
最大长度（m）	40	60	80	100

通常输电线路杆塔推荐图 1-3 所示的三种水平接地布置形式：

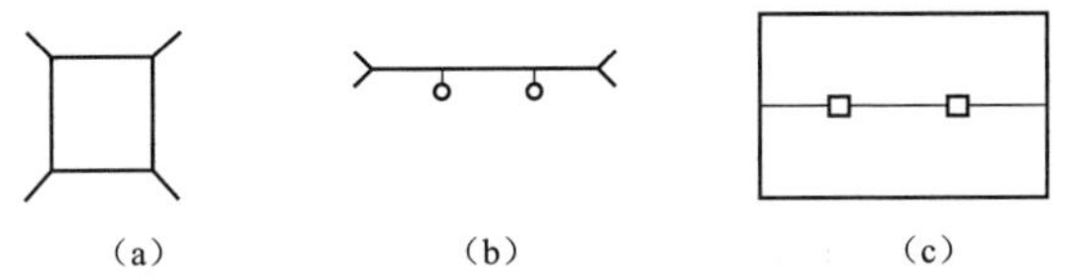

图 1-3 输电线路三种水平布置型式

(a) 口字型；(b) 一字型；(c) 日字型

其中 (a) 适用于铁塔，为口字型加四射线；(b) 适用于钢筋混凝土门型杆，为一字型两头两射线形；(c) 适用于钢筋混凝土门型杆，为日字环型无射线（闭合式接地）。

1.1.5 接地装置的关键参数

接地装置的关键参数主要有接触电位差、跨步电位差和接地电阻。

电气设备发生接地故障时，如人体的两个部分（通常是手和脚）同时触及漏电设备的外壳和地面，人体两部分分别处于不同的电位，其间的电位差即为接触电压，在电气安全技术中是以站立在离漏电设备水平方向 0.8m 的人，手触及漏电设备外壳距地面 1.8m 处时，其手与脚两点间的电位差为接触电位差计算值。

电气设备发生接地故障时，在散流区（电位分布区）行走的人，其两脚处于不同的电位，两脚之间（一般人的跨步约为 0.8m）的电位差称为跨步电位差。

接地电阻是电流由接地装置流入大地再经大地流向另一接地体或向远处扩散所遇到的电阻。接地电阻值体现电气装置与“地”接触的良好程度和反映接地网的规模。按通过接地极流入地中工频交流电流求得的电阻，称为工频接地电阻；按通过接地极流入地中冲击电流求得的接地电阻，称为冲击接地电阻。通常情况下，接地电阻主要是大地呈现的电阻，包括接地引线的电阻、接地极本身的电阻、接地极与大地的接触电阻以及电极至无穷远处的土壤电阻。接地电阻的大小除和大地的结构、土壤的电阻率有关外，还和接地体的几何尺寸和形状有关，在雷电冲击电流流过时，还和流经接地体的冲击电流的幅值和波形有关。

如果接地电阻超过规定值，当电力系统发生接地短路故障或遭遇雷击时，变电站接地网将无法正常泄放故障电流，故障电流引发的地面电位可能会击穿电气设备的绝缘，甚而发生高压窜入二次控制室，使监测和控制设备发生误动作或拒动作而导致事故扩大化，严重影响电力系统的安全可靠性，带来巨大的经济损失以及不良的社会影响。除此之外，当故障电流在大地内扩散开时，跨步电位差会因为超出人体所能承受的安全上限而危及人身安全。

1.2 电力接地材料的腐蚀

1.2.1 接地材料的性能要求

接地装置需要瞬间将故障电流或雷击电流引入大地，接地材料的性能必须满足热稳定性、耐腐蚀性和导电性三个要求。

1. 热稳定性

在有效接地系统中，流入接地网的短路电流一般在几千安到几十千安的范围。这样大的短路电流流过接装置时将在接地材料中产生很高的热量。另外，短路电流的持续时间很短，取决于离短路点最近的断路器的主继电保护装置动作时间与断路器分闸时间之和，一般只有零点几秒。在这样短的时间内产生的热量来不及散入周围的土壤介质中，全部热量都用来使接地材料升温

$$\Delta t = \frac{E}{V\rho C_{\mathrm{p}}} \tag{1-1}$$

式中：E 为短路电流产生的能量，J；V 为接地导体的体积，m^3；ρ 为导体的电阻率，Ω·m；Δt 为吸收能量 E 后的温升，℃；C_{p} 为导体的定压比热，J/(kg·℃)。

由式（1-1）可知，当入地电流一定时，接地导体材料体积越大，即横截面越大，其升温越低。因此，在接地装置设计时，通常通过限定横截面来满足热稳定性要求，GB/T 50065—2011 也作了详细规定。

当温度超过一定值以及在土壤中自然冷却之后，导体的机械性能就会剧烈下降，特别是在导体之间的连接处，如果在遇到短时大电流作用，导体就会遭到破坏；当短路电流很大，导体温度很高，达到金属材料的熔点时，导体将被融化。这两种原因都有可能使接地网导体断裂，接地网解体，大大降低接地网的可靠性。每一种导体材料都具有短时最高允许温度，如果导体温度超过它，就意味着其性能下降。同样，每种材料都有他自己的熔点，允许最高温度及熔点温度越高，其热稳定性能越好。铜的短时最高允许温度为 300℃，熔点为 1083℃；钢的短时高允许温度为 400℃，熔点为 1510℃；因此钢的热稳定性能要好一些。

2. 耐腐蚀性

大部分接地装置埋在土壤中，由于土壤是复杂的电解质，埋在土壤中的金属将不可避免被腐蚀，这种腐蚀属于电化学腐蚀的范畴。由于腐蚀的作用，导体直径不断减小，横截面就减少，接地网的热稳定性能及导电性能都会不断降低，超过一定的年限导体就会被腐蚀，断裂、接地网解体造成事故。因此在选择导体材料时应考虑选用耐腐蚀的材料。

土壤对导体的腐蚀程度可以用腐蚀速度表示，平均腐蚀速度可以用单位时间内单位面积上所损失的重量来表示，也可用单位时间内金属表面的腐蚀深度来表示，一般用腐蚀深度来表示更为确切。据有关文献表明，普通钢在土壤中的腐蚀速度约为铜的5～10倍；镀锌钢在土壤中的腐蚀速率为铜的1～5倍，因此，接地材料大多选择镀锌钢或者铜，而不会使用没有经过处理的普通裸钢。但应当注意，金属在土壤中的腐蚀要受很多因素的影响，如土壤孔隙度、电阻率、溶解的盐类、水分、酸碱度和细菌等。因此在不同环境中金属导体的腐蚀有很大的差别。所以在选择接地材料时，应测量该土壤接地材料的腐蚀速率，为选择导体材料和截面积提供可靠地依据。

3. 导电性

在大型接地网中，当强大的短路电流经接地导体流散到土壤中时，由于导体本身电阻的存在，使得接地网各部分导体的电位差就愈大。如面积为50cm×50cm，间距为12.5cm，等间距布置的模拟接地网放置在电阻率为30Ω·m的自来水中，自正方形的一角注入电流时，测试其对角顶点的电位降低值，对于电阻率为$0.5\times10^{-6}\Omega\cdot m$的钢接地网，电位降低值为5.3%；对于电阻率为$0.24\times10^{-6}\Omega\cdot m$的锰铜接地网，电位降低值为4.3%；在其他条件不变的情况下，当水的电阻率为1.8Ω·m时，钢接地网的电位降低值由5.3%增加到35.6%。如果以接地网各处导体电位相差10%计算，取短路电流不同点相连接的设备外壳之间可能出现的最大电位差达400V，设计中必须考虑对这种电位差的控制，否则将会引起事故。此外，由于钢的电阻率约为铜电阻率的8倍，在同样大的短路电流作用时，钢发热要严重得多，导体升温高得多，对热稳定性不利，因此铜的导电性要好些。

1.2.2 常用金属接地材料

(1) 热浸镀锌钢及锌包钢。我国接地网的设计根据GB/T 50065—2011，通常使用镀锌碳钢，镀锌厚度一般大于70μm，锌与基底钢为冶金结合，附着力非常好，导电性能优良，按照热稳定要求，其规格一般大于 4×40mm，由于锌电位低于碳钢，锌作为阳极，碳钢作为阴极从而被保护，由于热浸镀锌钢综合性能优良，价格低廉，在我国被广泛应用于电力接地材料。

锌包钢是用挤压包覆或拉拔工艺将较厚的锌层包覆在钢表面，克服了热浸镀锌钢镀层太薄的弊端，从而起到防腐的目的，锌厚度一般大于 500μm，使用寿命比热镀锌大幅提高。随着工艺的逐渐成熟，锌包钢开始慢慢用于作为接地材料。

(2) 铜及铜包钢。欧美发达国家接地网设计采用 IEEE Std 80—2013《Guide for Safety in AC Substation Grounding》，(交流变电站接地安全指南) 标准，接地材料使用铜材较为普遍，铜材包括纯铜、镀铜钢（电镀，最大厚度 0.254mm）和铜包钢（水平连铸，厚度大于 0.3mm），市场上另有一种热浸锡铜镀钢，即在铜镀钢的外边镀一层锡，其防腐性能更好。当然，我国也有逐渐采用铜做接地（核电为国内最早采用）的趋势，目前在国内电力系统接地网已有使用铜材的案例。据文献统计，包括美国、欧洲等全球 50%以上地区的接地系统采用水平铜网加镀铜钢垂直接地棒，60%接地系统采用放热焊接方式作为接地系统连接，其中包括非洲苏丹、乍得、亚洲缅甸、柬埔寨、南美的海地等国家。铜及铜合金是一种耐土壤腐蚀的材料，由于表面氧化膜的保护作用，铜的腐蚀速率呈逐年减小趋势，但是价格昂贵。

(3) 不锈钢及不锈钢包钢。不锈钢是指含铬量大于 12%的一类铁合金，由于表面形成含铬钝化膜，使其具有优异的耐自然环境腐蚀性能，尤其适用于酸性土壤接地材料。不锈钢包钢（厚度大于 0.5mm）是最新发展的一种接地材料，类似铜包钢，即在钢铁表面包覆一层不锈钢，目的是为了节省成本，其土壤腐蚀性与纯不锈钢一样。不锈钢最早在苏联就用于接地材料，目前我国也开始使用于酸性土壤环境下的接地。

(4) 铝合金。铝是电位非常负的金属（－1.662V），表面极易形成 Al_2O_3 保护膜，因此，在大气和弱酸性溶液中有足够高的稳定性。铝一般用作电缆托架和铝电缆导体的接地，此外气体绝缘变电站（GIS）的外壳是铝或者铝合金，为了减少电偶腐蚀，铝也被作为接地引下线使用，目前，在我国铝及铝合金还没有在水平接地网上应用，但作为一种潜在耐土壤腐蚀材料，国内外进行了大量的土壤腐蚀研究。

表 1-2 为几种常见金属接地材料性能参数比较，由表 1-2 可知，纯铜（软铜）导电性能最好，不锈钢包钢导电性与碳钢相当，但热稳定性稍好于铜。表 1-3 为

几种常见金属接地材料耐腐蚀性比较，由表 1-3 可知，不锈钢和铜耐腐蚀最好，均优于镀锌钢。

表 1-2　　几种常见金属接地材料性能参数比较

材料	导电率（%）	极限温度（℃）	材料系数
纯铜（软铜）	100.0	1083	7.00
纯铜（硬拉铜）	97.0	250	11.78
铜包钢（铜镀钢）	20.0	1084	14.64
碳钢（1020 钢）	10.8	1510	15.95
不锈钢包钢	9.8	1400	14.72

表 1-3　　几种常见金属接地材料耐腐蚀性比较

材料	失重百分比（%）		
	1 年后	3 年后	7 年后
碳钢	2.60	6.11	7.61
锌包钢	1.50	2.40	2.20
铜包钢	0.52	0.93	1.40
铸铁	0.68	1.20	1.90
不锈钢	0.20	0.53	1.40
锌	1.20	1.20	4.11
不锈钢包钢	0.29	0.63	0.87

1.2.3 接地材料腐蚀情况

接地装置的腐蚀环境主要分为两种：大气腐蚀和土壤腐蚀。大气腐蚀主要是接地引下线和电缆沟内的接地体，土壤腐蚀主要是各种垂直和水平接地体。

接地装置长期运行在地下，运行环境恶劣，极容易发生腐蚀，统计表明，接地装置容易发生腐蚀的部位主要有：①设备接地引下线及其连接螺丝；②各焊接头；③电缆沟内的均压带；④水平接地体。这些部位既有大气腐蚀的环境，又有土壤腐蚀的环境，引起腐蚀的原因主要为电化学腐蚀，在一些工业污染严重的场所，如在有害气体存在的场所，还存在化学腐蚀。

（1）湖南省部分变电站接地网腐蚀情况。表 1-4 为湖南省内 31 个变电站进行开挖检查后的腐蚀情况调查结果，图 1-4 为益阳迎风桥 110kV 变电站接地网及引下线腐蚀情况。

表 1-4　　湖南省接地网腐蚀情况调查结果

变电站名称	电压（kV）	开挖检查情况（接地网腐蚀）	降阻剂
岗市	500	500kV 和 35kV 部分腐蚀，埋深不够	无
民丰	500	220kV 场地锈蚀严重、500kV 场地锈蚀较轻	CJ-1 降阻
武圣宫	220	部分腐蚀	无
德山	220	无腐蚀	无
盘山	220	腐蚀严重，已进行改造	EG
铁山	220	腐蚀严重，已进行改造	EG
太子庙	220	无腐蚀	无
窑坡	220	无腐蚀	无
漳江	220	无腐蚀	无
阳塘	220	部分腐蚀	无
岩人坡	220	部分腐蚀	有
万溶江	220	无腐蚀	无
胡家坪	220	无腐蚀	无
响水坝	220	无腐蚀	无
茶园	220	无腐蚀	无
西湖	220	无腐蚀	无
荷塘	220	无腐蚀	无
泉塘	220	腐蚀较严重	膨润土
宝庆	220	锈蚀严重	无
青山	220	无腐蚀	无
平溪	220	部分锈蚀	无
上渡	220	部分锈蚀	有
早元	220	无腐蚀	有
豹南山	220	无腐蚀	CWJ 降阻
明山	220	无明显腐蚀	无
迎丰桥	220	无明显腐蚀	无
桃花江	220	无明显腐蚀	无
毛家塘	220	已经改造，无腐蚀	无
曲河	220	部分锈蚀严重	无
桐山	220	无明显锈蚀	无
涪溪	220	开挖检查，完好	无

图 1-4 益阳迎风桥 110kV 变电站接地网及引下线腐蚀状况

（2）广东省部分变电站接地网腐蚀情况。表 1-5 为广东省部分变电站接地网腐蚀情况。

表 1-5　　广东省部分变电站接地网腐蚀情况

变电站名称	电压等级（kV）	运行时间（年）	接地网腐蚀情况	备注
棠下	220	21	ϕ12 圆钢腐蚀为 ϕ4，12×4 扁钢腐蚀为 8×2，扁钢变脆，起层、松散、局部断裂	黑黏土
员村	220	22	ϕ12 圆钢腐蚀为 ϕ4，横截面 48mm^2 扁钢腐蚀为 10mm^2，扁钢变脆，起层、多处断裂	红黏土
茂名	220	21	30×4 扁钢断裂 13 处，有些扁钢腐蚀达 50%	红黏土
东墩	110	13	12×4 扁钢断裂达 10 多出处，有些扁钢腐蚀达 80%	红黏土

续表

变电站名称	电压等级（kV）	运行时间（年）	接地网腐蚀情况	备注
斗山	110	22	ϕ9 圆钢腐蚀为 ϕ3，12×4 扁钢断裂多处	
揭阳	220	24	ϕ9 圆钢腐蚀为 ϕ2～ϕ3	含砂黏土
惠阳	220	24	20×3 扁钢腐蚀达 70%，扁钢局部为锯齿形，起层变脆，局部断裂	红黏土
红星	220	20	30×4 扁钢腐蚀达 30%	红沙土

（3）陕西省部分变电站接地网腐蚀情况。表 1-6 为陕西省部分变电站接地网腐蚀情况。

表 1-6　　陕西省部分变电站接地网腐蚀情况

变电站名称	原截面（mm^2）	运行时间（年）	腐蚀率（mm^2/年）	腐蚀状况
汉中东郊	30×4	10	大于 12	多处断
周至	40×4	15	大于 10.6	多处断
洋县	45×4	15	大于 6.47	严重腐蚀
茂陵	25×4	17	大于 5.68	多处断
丰峪	20×4	17	大于 4.7	多处断
杜峪	25×4	19	大于 5.26	多处断
雁塔	25×4	30	大于 3.3	多处断

以上湖南、广东、陕西三个省代表了中国的华中、华南、西北地区，从统计结果可以看出，我国镀锌钢接地装置腐蚀是一种普遍现象。

1.2.4　接地材料腐蚀原因分析

接地体的腐蚀原因是多方面的，大致归纳为以下几个方面：

（1）土壤腐蚀性强，特别是在偏酸性的土壤、风化石土壤和砂质土壤中，最易发生析氢腐蚀和吸氧腐蚀。

（2）接地体采用普通碳钢，这样的钢材由于杂质超标，在地下易发生电偶腐蚀。

（3）使用了腐蚀性较强的降阻剂，特别是一些化学降阻剂，由于含有大量的无机盐类，加速了接地体的电化学腐蚀。一些固体降阻剂也由于膨胀系数与钢接

地体不一致，经过一定的时间后与接地体产生缝隙，产生了腐蚀电位差，加速了接地体的腐蚀。

(4) 属于施工方面的原因有：

1) 接地体埋深不够，上层土壤含氧率较高，吸氧腐蚀快。

2) 用砂子、碎石和建筑垃圾作回填土。

3) 焊接头存在虚焊、假焊现象，对焊接头没有做防腐处理。

4) 对接地引下线没采取过渡防腐措施，没有刷防腐漆。

5) 扩大地网时，把新地网接到原地网的电缆沟。

6) 把设备的接地接到电缆沟的均压带，而电缆沟的均压带又不定期地进行防腐处理。

1.2.5 接地材料腐蚀引发的事故及危害

据不完全调查统计，在我国由于腐蚀造成的接地故障引发过多起事故，一些典型事故如下。

(1) 广西某电厂 110kV 开关站内一隔离开关绝缘子在大雾中闪络，造成弧光接地，A 相接地 6.2s 后发展成两相短路，又延时 1.1s 后发展成三相短路，事故持续 2min，部分二次电缆、端子排及设备和 1 台 100MW 发电机损坏，造成全厂停电的重大事故。

(2) 四川某火电厂因 3 号主变压器中性点接地引下线在入地处严重腐蚀及在外因的诱导下，造成了该厂多台主要机组设备严重损坏事故。

(3) 某变电站一条 110kV 线路发生近距离单相接地短路，由于地网结构不合理，造成电位分布不均匀，使二次电缆绝缘被击穿，交流回路窜入直流回路，引起主变压器保护和微机保护误动。

(4) 某变电站 110kV 断路器线路侧 A 相电容式电压互感器内绝缘击穿，高压窜入 TV 两次，击穿低压端子排，短路电流将接地引下线及地线烧断。交流高压沿电缆进入控制室，引起保护盘内爆炸，直流电源总保险烧断，在大电流过热的情况下，互感器外瓷套成粉碎性爆炸，由于保护失效，故障时间过长，造成地网多处烧断，二次线多处烧损。

(5) 某发电厂进行 110kV 母线倒闸操作，操作时一间隔线路隔离开关 B 相开关侧引线帽脱落，摆到其线路侧 B 相绝缘子底基上，引起弧光接地短路，接地引线烧断，电缆绝缘击穿，交流高压窜入直流控制回路，使主控室母联盘、中央信号盘起火，保护拒动，手动拉闸后，发电机因甩负荷超速运转，造成主机损坏。

（6）某变电站由于雷电波入侵变电站，引起多相闪络接地，短路电流烧断接地引线，造成故障点高电位击穿端子箱及电缆沟内电缆，高压沿电缆进入控制室使操作盘和保护盘起火，开关不能跳闸，扩大为主变压器和母线故障。

（7）湖北某变电站地处高土壤电阻率地区，采用多种办法降低接地电阻，但其电阻值仍高达 1.5Ω，1986 年 4 月 25 日，由于线路故障引入变电站，35kV 设备多处放电，并发展成相间短路。同时，高压窜入厂用电系统、通信系统及保护回路，造成失火及大量设备损坏，引起 110kV、9.0MVA 的主变压器烧坏，事故损失达 3000 万元。

通过对上述事故的分析，可以深刻认识到：电气设备接地在电网安全运行中意义重大，对电网安全稳定运行起着重要作用。

随着电力系统的发展，接地短路电流不断增大，对接地网的安全可靠性提出了很高要求。构成接地网的均压导体常因为焊接不良或土壤腐蚀等原因，使地网均压导体之间或接地引线与均压导体之间存在电气连接不良的故障点，最严重到造成变电站电气设备的“失地”。若电力系统发生接地短路故障，将造成地网本身局部电位差和地网电位异常升高，除给运行人员的人身安全带来威胁外，还可能因反击或电缆皮环流使得二次设备的绝缘遭到破坏，高压窜入控制室，使监测或控制设备发生误动或拒动而扩大事故，造成一次设备的着火、损坏，发电厂、变电站全停，甚至发展成严重的系统事故，给国家带来巨大的经济损失和不良的社会影响。

由于接地装置长期处于地下恶劣的运行环境中，土壤对其产生的电化学腐蚀作用是不可避免的，而且接地装置同时还要承受杂散电流的腐蚀。接地装置虽然在发电厂、变电站的整体投资中所占比重很小，但是它所能引起的事故却是惊人的。接地装置作为保证电力系统安全运行的一项重要措施。因此，其防腐显得尤为重要。

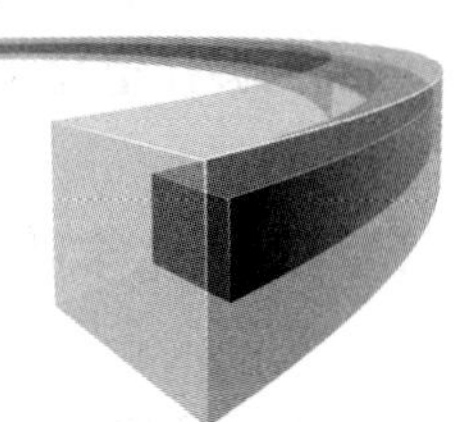

2 电化学腐蚀

2.1 电化学腐蚀现象与特征

电化学腐蚀是金属腐蚀中最普遍的现象。通常认为，金属在电解质中的腐蚀过程是电化学过程，称之为电化学腐蚀。如桥梁、车辆、飞机、枪支等在潮湿大气中的腐蚀；船体、军舰、码头或海上采油平台在海水中的腐蚀；地下管道（输油、输气、输水等管线）及接地网在土壤中的腐蚀；各种金属及其设备在含酸、含碱、含盐的水溶液等工业介质中的腐蚀；金属在熔盐中的腐蚀以及有熔盐覆盖层生成时的高温气体腐蚀等。这些腐蚀的现象都是由于金属与某种电解质接触而发生的电化学腐蚀。一般来说，金属腐蚀的过程是金属被氧化的过程。但是化学腐蚀与电化学腐蚀有着本质区别，在化学腐蚀中，被氧化的金属和被还原的物质之间的电子转移是直接进行的，氧化和还原是不可分割的；而在电化学腐蚀中，金属的氧化过程和介质中物质的还原过程则在不同的部位相对独立地进行，电子传递是间接的。

电化学腐蚀反应具有一般电化学反应的特征：

（1）金属与电解质之间存在一个带电的界面层，与此界面层结构有关的因素，都会显著地影响腐蚀过程的进行。

（2）金属失去电子与氧化剂获得电子这两个过程一般不在同一地点发生，在金属内和电解质中局部区域有电流通过。

（3）二次反应产物可以在近处或远离反应表面处生成。电解质的化学性质、环境因素（温度、压力、流速等）、金属的特性、表面状态、组织结构和成分的微观或宏观的不均匀性以及腐蚀产物的物理化学性质等因素，都会对腐蚀过程产生错综复杂的影响。如铜在不含氧的盐酸中耐腐性良好，而在含氧或其他氧化剂的酸溶液中时，铜的腐蚀显著加剧。相反，奥氏体不锈钢只有在含氧或氧化剂的前提下，才能在酸介质中稳定存在。总之，只有深入地分析内外影响因素，才有可能把握住电化学腐蚀过程的规律。

2.2 电化学腐蚀原理

2.2.1 原电池

金属材料的电化学腐蚀本质上是电子在阴极、阳极间的间接传递，以及伴随发生的阴极、阳极电极反应，其腐蚀模型等同于原电池。以最简单常见的原电池模型为例：将用导线连接的铜板和锌板放入稀硫酸溶液中，就构成了原电池。在锌电极上发生锌的溶解，在铜电极上逸出氢气泡，电极间有电流流动。在电池腐蚀中发生溶解的电极称为阳极，另一电极为阴极。电极反应如下。

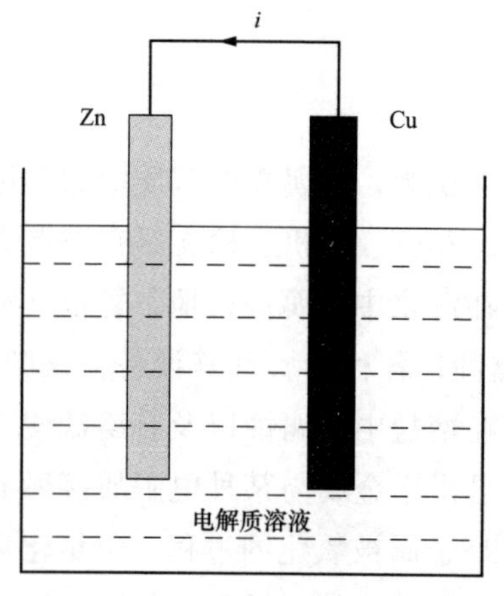

图 2-1 锌铜原电池示意图

阳极反应

$$Zn \rightarrow Zn^{2+} + 2e \tag{2-1}$$

阴极反应

$$2H^{+} + 2e \rightarrow H_2 \uparrow \tag{2-2}$$

电流从阳极流到阴极。产生这种电池作用的推动力是两电极间存在着的电位差。电极电位较低者为阳极，发生氧化反应，阳极溶解；电极电位较高者为阴极，发生还原反应，在阴极上进行某些物质（氧化态）的还原作用。构成原电池的基本条件是两个电极电位不同的电极、两电极构成回路及电解液，锌铜原电池示意图如图 2-1 所示。腐蚀最主要的基本原理之一是金属腐蚀时，氧化速度等于还原速度（用电子的产生和消耗来表示）。

按照物理学上的概念，电流从高电位的一端沿导线流入低电位的一端。按照这种规定，在上述原电池中，电流是由铜板经导线流向锌板。而电子的流动却与此相反，即由锌板经导线流向铜板。从电极反应中可以看出，较活泼的金属锌，其电极电位比铜的低，成为阳极；相对锌来说不活泼的铜则成为阴极。在原电池反应中，锌不断地将电子从连接导线传导给铜，并将自己的正离子投入电解质溶液中，即锌被溶解，遭受腐蚀；与此同时，铜板仅起到传递电子的作用，使其周围的氢离子获得电子成为氢气而从其表面逸出。在整个反应中铜本身并没有任何变化。

从以上的讨论可以看出，电化学腐蚀的产生是由于金属与电解质溶液接触时，金属表面各个部分的电极电位不尽相同，结果形成腐蚀原电池。电极反应如下：

在阳极，金属（Me）溶解成正离子，浸入溶液，产生的电子流到阴极

$$Me \longrightarrow Me^{n+} + ne \qquad (2\text{-}3)$$

在阴极，从阳极传递过来的电子被阴极表面附近溶液中某种能够吸收电子的物质（D）所吸收，成为还原态（eD）

$$e + D \longrightarrow [eD] \qquad (2\text{-}4)$$

式（2-4）的阴极反应对于酸性溶液通常是氢离子的还原反应，见式（2-2），或者是氧与氢离子结合生成水

$$O_2 + 4H^+ + 4e \longrightarrow 2H_2O \qquad (2\text{-}5)$$

对于中性溶液，通常是溶液中的氧还原为氢氧离子

$$O_2 + 2H_2O + 4e \longrightarrow 4OH^- \qquad (2\text{-}6)$$

对于含有高价金属离子的溶液，则优先发生该离子的还原，如铜离子的析出

$$Cu^{2+} + 2e \longrightarrow Cu \qquad (2\text{-}7)$$

如果将铜和锌两块金属直接接触在一起并放入电解质溶液中，也将发生上述原电池反应。在这种情况下，锌和铜仍然可以看作原电池的两极，锌为阳极，它所失去的电子直接流向与它接触的铜，并在铜的表面上为氢离子所接收，于是锌不断地变成锌离子而遭到腐蚀破坏，腐蚀过程如图 2-2 所示。

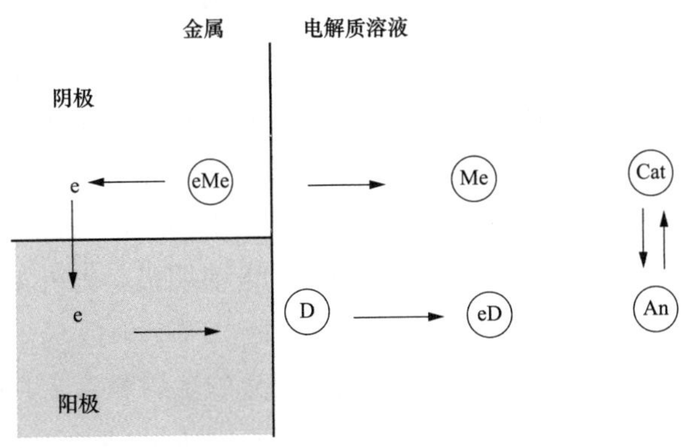

图 2-2　腐蚀过程示意图（阴极 Cat，阳极 An）

2.2.2 微电池

以上介绍的原电池反应是金属腐蚀在理想状态下的模型，实际情况中，金属的腐蚀过程是无法从宏观上分割出阳极和阴极的，而是由不计其数的肉眼无法观察到的微小原电池组合而成，这种微观原电池称之为微电池。

一块金属，放入电解质溶液中后，会因金属成分不纯、结构不均匀构成微观原电池而发生腐蚀。如果将工业中纯锌放入稀硫酸中，用显微镜可以看到金属锌晶粒溶解的同时，有气泡在锌杂质上形成而逸出，实验证明这种气泡为氢气。而且在杂质与锌晶粒间有电流流动，如图 2-3 所示。这种现象在原理上和前面介绍的原电池作用一样，由于锌中存在杂质金属，锌块中与电解质接触的两个电极电位不同的微观部分通过直接接触而构成微电池。

锌晶粒为阳极，杂质为阴极，其腐蚀反应见式（2-1）和式（2-2）。

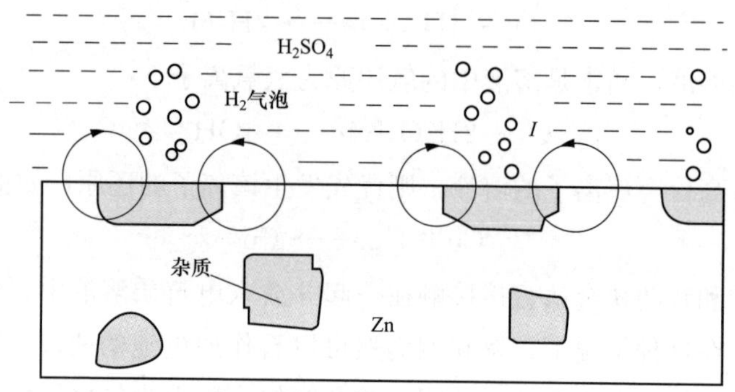

图 2-3　锌在稀硫酸中的腐蚀示意图

注：图中箭头表示电流方向。

可见，所谓微电池是指金属表面由于各种原因形成许多微小电极而构成的电池，在金属表面形成微电池主要是由于金属表面微观的电化学不均匀造成的。而产生微观的电化学不均匀性的主要原因有：

（1）金属化学成分不纯或者合金的化学成分不均匀。如锌中含有铁杂质，以 $FeZn_7$ 的形式存在，它的电位比锌高，构成微电池阴极，另外如碳钢中的 Fe_3C，铸铁中的石墨等。

（2）合金组成不同或者结构上的不均匀。有的金属和合金其晶粒及晶界的电位不完全相同，例如工业纯铝的晶界平均电位差为 0.585V－0.494V＝0.091V。

（3）应力状况上的不均匀。金属表面在压力加工或机械加工时常常造成金属

各部分显微级的形变及内应力的不均匀性，一般形变较大、变形性程度或应力高处为阳极。如接地装置中采用的角钢、扁钢的弯曲处容易发生腐蚀就是这种原因。

（4）金属表面上氧化膜的不完整造成膜孔处与膜完整处之间的电化学差异，膜孔处金属为阴极。

要指出的是，即使是电化学均匀的金属表面也可能产生腐蚀，这时阳极和阴极反应在同一位置发生，金属表面上没有电流流动，称为“均态电化学腐蚀”。这种腐蚀虽然能在电化学不均匀的金属表面发生，但不如在电位不同区域分别进行阳极和阴极反应容易。图 2-4 是常见微电池腐蚀示意图。

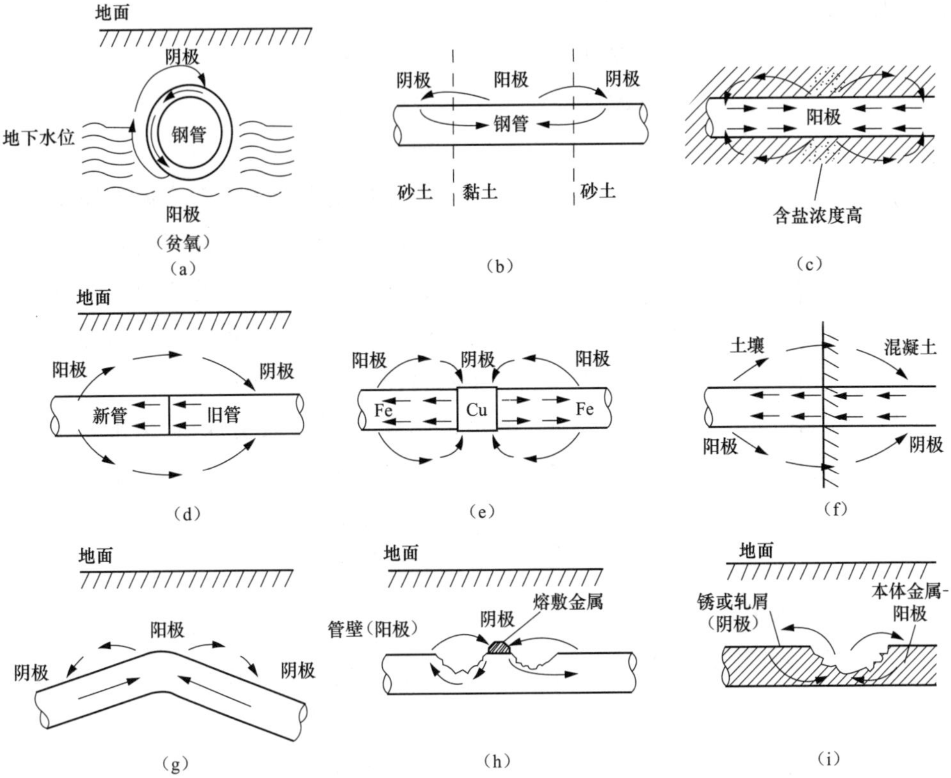

图 2-4　常见微电池腐蚀示意图

（a）土壤—水氧浓差电池；（b）沙土—黏土氧浓差电池；（c）盐浓差电池；（d）新旧管连接电池；（e）异种金属接触电池；（f）土壤—混凝土电池；（g）应力差腐蚀电池；（h）本体金属与熔敷金属电池；（i）本体金属与锈电池

2.3 电化学腐蚀倾向的判断

2.3.1 吉布斯自由能

对于金属腐蚀和大多数化学反应来说，一般都是在恒温恒压的敞开体系条件下进行的，在这种情况下，用系统状态函数吉布斯（Gibbs）自由能判据来判断反应的方向和限度较为方便。吉布斯自由能用 G 表示，它被定义为物质系统的焓减去它的绝对温度与熵的乘积。对于等温、等压并且没有非膨胀功的过程，物质系统的平衡态对应于吉布斯自由能 G 为最低的状态。设物质系统自由能变化为 ΔG，则有：

$$\begin{aligned}(\Delta G)_{T,P} &< 0 \quad \text{自发过程}\\ (\Delta G)_{T,P} &= 0 \quad \text{平衡状态}\\ (\Delta G)_{T,P} &> 0 \quad \text{非自发过程}\end{aligned} \tag{2-8}$$

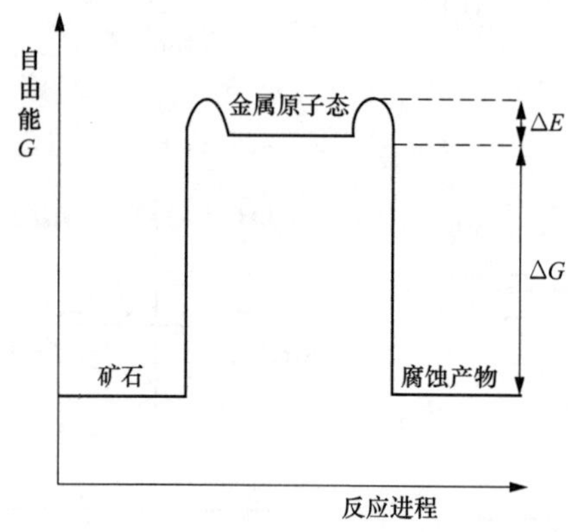

图 2-5 金属及其化合物的热力学能量变化示意图

注：ΔE 为金属电位差。

自然环境中的大多数金属的原子态和化合物状态（矿石和腐蚀产物）的自由能高低表现出图 2-5 所示的状况，即腐蚀产物与矿石一样处于低能的稳定状态，因此金属腐蚀具有自发倾向。一个腐蚀体系是由金属和外围介质组成的多组分敞开体系，恒温（T）恒压（P）条件下，腐蚀反应自由能的变化可由反应中各物质的化学位计算得到

$$(\Delta G)_{T,P} = \sum_i \nu_i \mu_i \tag{2-9}$$

式中：ν_i 为反应式中组分 i 的化学计量系数，反应物的系数取负值，生成物的系数取正值；μ_i 为组分 i 的化学位，化学位是恒温恒压及 i 以外的其他物质量不变的情况下，第 i 物质的偏摩尔自由能。

根据式（2-8）、式（2-9），可得到以化学位表示的腐蚀反应自发性及倾向大小的判据为

$$(\Delta G)_{T,P}=\sum_i \nu_i\mu_i<0 \quad 腐蚀自发进行$$

$$(\Delta G)_{T,P}=\sum_i \nu_i\mu_i=0 \quad 处于平衡状态 \qquad (2\text{-}10)$$

$$(\Delta G)_{T,P}=\sum_i \nu_i\mu_i>0 \quad 非自发过程$$

真实溶液中组分 i 的化学位等温式为

$$\mu_i=\mu_i^0+RT\ln a_i=\mu_i^0+RT\ln(\gamma_i C_i) \qquad (2\text{-}11)$$

式中：a_i、γ_i、c_i 分别为 i 组分的活度、活度系数和浓度。R 为摩尔气体常量；T 热力学温度；μ_i^0 为 i 组分的标准化学位，在数值上等于该组分的标准摩尔生成自由能 $\Delta G_{m,f}^0$，即

$$\mu_i^0=(\Delta G_{m,f}^0)_i \qquad (2\text{-}12)$$

物质的标准摩尔生成自由能是指在 101325Pa（即 1atm）、298.15K 的标准条件下，由处于稳定状态的单质生成 1mol 纯物质时反应的吉布斯自由能的变化。它的值一般可以从物理化学手册等资料中查到。表 2-1 为 Fe-H_2O 体系中的物质组成及其标准化学位。

表 2-1　Fe-H_2O 体系中的物质组成及其标准化学位 μ^0

状态	名称	化学符号	μ^0(kJ/mol)
液态	水	H_2O	−237.190
	氢离子	H^+	0
	氢氧根离子	OH^-	−157.297
	亚铁离子	Fe^{2+}	−84.935
	铁离子	Fe^{3+}	−10.586
	亚铁酸氢根离子	$HFeO_2^-$	−337.606
固态	铁	Fe	0
	四氧化三铁	Fe_3O_4	−1015.550
	三氧化二铁	Fe_2O_3	−741.5
气态	氢气	H_2	0
	氧气	O_2	0

将式（2-11）、式（2-12）代入式（2-10）中，就可计算出 ΔG 的大小，由此来判断腐蚀反应能否自发进行以及腐蚀倾向的大小，ΔG 的负值的绝对值越大，该腐蚀的自发倾向就越大。

在大多数情况下，金属的腐蚀是按电化学机理进行的，金属电化学腐蚀的自

发倾向除了可用吉布斯自由能判据外，更为方便的是采用电极电位或标准电极电位来判断。

2.3.2　电极电位

1. 电极电位定义

电化学腐蚀中电极的含义一般是指电子导体（金属）和离子导体（电解质溶液或熔融盐等）组成的体系，常以金属/溶液表示。如图 2-1 中的锌电极 $Zn/ZnSO_4$ 和铜电极 $Cu/CuCO_4$。此外，习惯上有时也将电极材料，即电子导体（如金属、石墨等）称为电极，此时“电极”不代表电极体系，而只是电极体系中电极材料本身。电极电位通常由下述三种情况之一产生。

（1）当金属浸入电解质溶液中后，金属表面的正离子由于极性水分子的作用，将发生水化。若水化时产生的水化能足以克服金属晶格中金属正离子与电子之间的引力（金属键能），则金属表面一部分正离子就会脱离金属进入与金属表面相接触的液层中形成水化离子，等电量的负电荷电子留在金属表面而使金属表面带负电。与此同时，已被水化了的金属离子由于静电吸附或热运动等作用，也有解脱水化从溶液中重新回到金属表面与电子结合的趋势。当水化过程和解脱水化达到动态平衡时，结果就在金属/溶液界面上形成了图 2-6（a）所示的“双电层”（Double Layer）结构。即

$$M^+ \cdot e + nH_2O \rightleftharpoons M^+ \cdot nH_2O + e$$

（在金属表面上）　　（在溶液中）

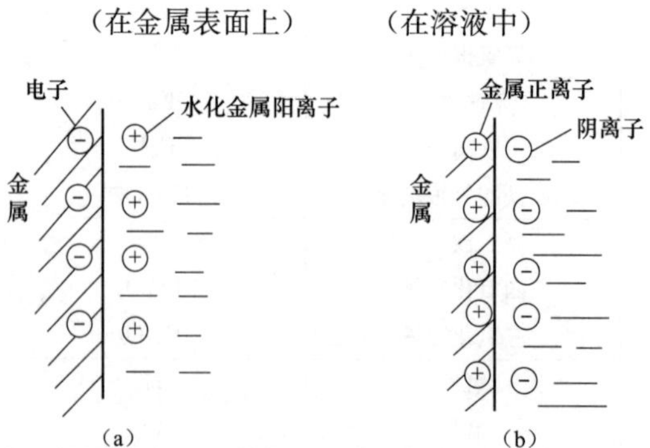

图 2-6　金属在溶液中形成的双电层

(a) 负电性金属；(b) 正电性金属

很多负电性的金属（如 Zn、Mg、Cd、Fe 等）浸入水中或酸、碱、盐的溶液中，就会形成这种类型的双电层。

（2）当金属浸入电解质溶液中后，如果水化的力量不足以克服金属的点阵键能，则金属表面可能从溶液中吸收一部分水化了的金属阳离子（解脱水化作用），结果使金属表面带正电。而与金属表面相接触的液层，由于阴离子的过程而荷负电，这样也可以建立起一个图 2-6（b）所示的“双电层”结构，其荷电情况恰与图 2-6（a）相反。很多正电性的金属在含有正电性金属离子的溶液中常会形成这种类型的双电层，如铜浸在含铜盐的溶液中，汞浸在含汞盐的溶液中，铂在金、银或铂盐溶液中。

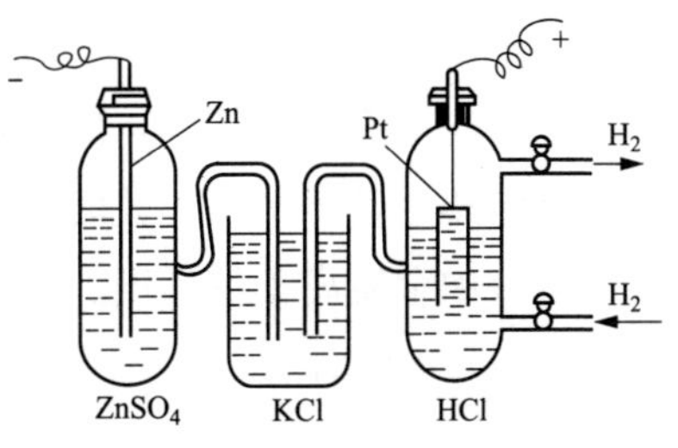

图 2-7　利用标准氢电极测量金属电极电位的装置示意图

（3）对于某些正电性金属（如铂）或导电的非金属（如石墨）浸入电解液中，当它们既不能被水化而进入溶液，也没有金属离子解脱水化沉积到表面，这时将会出现另外一种双电层，其符号与图 2-6（b）所示的“双电层”结构一样。此时，正电性的导体表面上能吸附一层氧分子，氧化性的氧分子在电极上夺取电子并和水作用生成氢氧离子，即发生电化学反应：$O_2+2H_2O+4e \rightleftharpoons 4OH^-$。这种电极称为氧电极，类似地还有氢电极，这类电极也常称为气体电极。气体电极的特点是，作为电极的导体本身不参加反应，仅起电子的导通和反应的载体作用。

通过上述三种方式建立起的金属（或导体）与溶液之间的双电层，使金属与溶液之间产生电位差，这种电位差称之为该金属/溶液体系的绝对电极电位（Electrode Potential）。绝对电极电位目前尚无法直接测得。为此，国际上统一规定了用“标准氢电极”为参照（参比电极），并规定其电位值为零，测量其他电极的电位，由此测得的电极电位称为氢标电位（以 SHE 表示）。标准氢电极如图 2-7 所示，由电解镀铂丝浸在 H^+ 活度等于 1，且通入 101325 Pa 氢气的溶液中构成的。规定在任何温度下，标准氢电极电势都为零。由于标准氢电极使用不方便，因此，实际中广泛应用的是饱和甘汞电极（SCE）、银—氯化银电极、铜—硫酸铜电极等参比电极。参比电极本身必须是稳定的和可逆的。参比电极相对于标准氢电极都有稳定的电位值，由非氢标电极测得的电极电位均可以转换成氢标电位。

2. 平衡电极电位和非平衡电极电位

当金属（Zn、Cu、Ag 等）置入它们自身离子的溶液（$ZnSO_4$、$CuSO_4$、$AgNO_3$ 等）中，电极界面上进行的可逆电极反应建立起如下的电化学平衡时

$$M^{n+} \cdot ne + mH_2O \rightleftharpoons M^{n+} \cdot mH_2O + ne$$

正、反向反应速率相等，即通过金属—溶液界面的物质转移和电量的转移速率两个方向达到动态平衡。此时建立起的电极电位称为平衡电极电位。平衡电极电位与溶液中金属离子的活度、温度有关，可用根据化学热力学推导的著名能斯特（Nernst）方程计算

$$E^{e} = E^{0} + \frac{RT}{nF} \ln \frac{a_{氧化}}{a_{还原}} \tag{2-13}$$

式中：E^e 为平衡电极电位；E^0 为标准平衡电极电位，即在 25℃、101325Pa 标准状态下电极反应中各物质的活度为 1 时，以标准氢电极为参比电极时测得的平衡电极电位；$a_{氧化}/a_{还原}$ 为氧化态物质和还原态物质的活度比；F 为法拉第常数，其值约为 $96500\text{C} \cdot \text{mol}^{-1}$。

当金属电极上同时存在两个或两个以上不同物质参与的电化学反应时，电极上不可能出现物质交换和电荷交换均达到平衡的情况，这种情况下的电极电位称为非平衡电极电位，或不可逆电极电位。如将铁浸在酸性溶液中，阴极与阳极分别发生如下反应：

阳极 $$Fe \longrightarrow Fe^{2+} + 2e$$

阴极 $$2H^{+} + 2e \longrightarrow H_2 \uparrow$$

上述电极反应属于不可逆的，因为电极过程中即使阴极与阳极过程反应速率相等，达到了电荷交换平衡，但物质交换达不到平衡。不平衡电极电位可以是稳定的，也可以是不稳定的。当从金属到溶液和从溶液到金属间的电荷转移速率相等时，就可以达到稳定电位。稳定电极电位也可称为开路电位或自然腐蚀电位，即外电流为零时的电极电位。不平衡电位不服从能斯特方程，只能通过测试得到，其值受金属性质、电极表面状态、电解质种类、温度、浓度、流速等因素影响。由于生产中金属处于自身离子盐的环境中的情况较少，而常常会接触各种电解质腐蚀环境，因而在研究金属腐蚀问题时，不平衡电位有着十分重要的意义。

3. 电化学腐蚀倾向的判断和电动序

对于电化学腐蚀倾向的判断除了可以用吉布斯自由能判据外，还可以用电极电位判据。由电化学热力学知识可知，等温（T）等压（P）条件下可逆电池所做的最大有用电功等于系统反应吉布斯自由能的减小，即

$$-(\Delta G)_{T,P} = W' = nFE$$

或

$$(\Delta G)_{T,P} = -nFE \tag{2-14}$$

式中：n 为参加电极反应的电子数，F 为法拉第常数，E 为可逆电池的电动势。

在忽略液接界电位的情况下，原电池的电动势 E 等于正极平衡电位与负极平衡电位之差，即等于阴极反应的平衡电位 E_C^e 与阳极反应的平衡电位 E_A^e 之差

$$E = E_C^e - E_A^e \tag{2-15}$$

将式（2-13）、式（2-14）代入式（2-15），则得到金属电化学腐蚀倾向的电极电位判据

$$\left.\begin{array}{ll} E_A^e < E_C^e & \text{电位为 } E_A^e \text{ 的金属自发进行腐蚀} \\ E_A^e = E_C^e & \text{平衡状态} \\ E_A^e > E_C^e & \text{电位为 } E_A^e \text{ 的金属不会自发腐蚀} \end{array}\right\} \tag{2-16}$$

表明，只有 $E_A^e < E_C^e$，即 $E>0$ 时，才满足 $\Delta G<0$ 条件，金属的腐蚀才能进行；否则，金属不会腐蚀。如在无氧的还原性酸中，只有金属的电位比该溶液中氢电极电位更低时，才能发生析氢腐蚀；在含氧的溶液中，只有金属的电位比该溶液中氧电极电位更低时，才能发生吸氧腐蚀。因此，利用金属在一定介质条件下的电极电位高低就可以判断某一腐蚀过程能否自发进行。

通常情况下，金属腐蚀电池的阴极反应是水中溶解的氧的还原或氢离子的还原，因而根据式（2-16），可得到金属发生析氢腐蚀倾向的判据：

$E_M^e < E_H^e$　金属有析氢腐蚀倾向

$E_M^e > E_H^e$　金属不会自发进行析氢腐蚀

同样可以得到金属发生吸氧腐蚀倾向的判据：

$E_M^e < E_0^e$　金属有吸氧腐蚀的倾向

$E_M^e > E_0^e$　金属不会自动发生吸氧腐蚀

由于金属的平衡电极电位与金属本性、溶液成分、温度和压力有关，有些情况下不易得到平衡电极电位的数值，为简便起见，通常利用标准电极电位作为电化学腐蚀倾向的热力学判据。

金属的标准平衡电极电位 E^0 既可以从物理化学手册或电化学书籍中查到，也可以从电极反应的热力学数据计算出来，由氢标电极电位的定义可知，如果在标准状态下，将待测金属电极为正极，标准氢电极为负极组成一个电池

$$(-)\mathrm{pt} \mid H_2(101325\quad \mathrm{Pa}),\quad H^+(a_{H^+}=1) \parallel M^{n+}(a_{H^+}=1),\quad M^{n+} \mid M(+)$$

标准氢电极　　　　　　　标准金属电极

则该可逆电池的电动势就是该电极的标准平衡电极电位 E^0，即

$$E^{标} = E^0_{M^{n+}/M} - E^0_{H^+/H} = E^0_{M^{n+}/M} - 0 = E^0_{M^{n+}/M}$$

由式(2-14)可知， $(\Delta G)_{T,P}=-nFE^{标}=-nFE^0$

即 $$E^0=-\frac{1}{nF}(\Delta G^0)_{T,P} \tag{2-17}$$

又即 $$(\Delta G)_{T,P}=\sum_i \nu_i\mu_i^0=\sum_i \nu_i(\Delta G^0_{\mathrm{m,f}})_i$$

故 $$E^0=-\frac{\sum \nu_i\mu_i}{nF} \tag{2-18}$$

或 $$E^0=-\frac{\sum \nu_i(\Delta G_{\mathrm{m,f}})_{T,P}}{nF} \tag{2-19}$$

由于将待测金属电极作正极，所以式（2-17）中的吉布斯自由能变化 ΔG^0 的值是针对电极反应：O（氧化态）$+ne \rightarrow$ R（还原态），因而式（2-17）中的 ν_i 对还原态物质取正值，对氧化态物质取负值。这样，根据电极反应式中各物质的化学计量系数 γ_i 和 i 物质的 μ_i^0 或 $\Delta G^0_{\mathrm{m_1}f}$，可由式（2-18）或式（2-19）计算出该电极的标准电极电位。从物理化学手册或有关书籍中查到的电极电位一般是以标准氢电极（其电位规定为零）为参比电极的相对电位值。若用其他电极作参比电极时，相对电极电位应另加说明。如果按照金属的 E^0 值由低（负）值到高（正）值逐渐增大的次序排列标准电极电位，得到的次序表称为电动序（EMF series）或标准电位序，见表 2-2。

表 2-2　某些金属的标准电位序与其在 3%NaCl 中的腐蚀电偶序的比较（相对于饱和甘汞电极 SCE）

在 3%NaCl 中的电偶序		标准电位序			
金属	电位（V）	电极，pH=7	电位（V）	电极，pH=7	电位（V）
Mg	−1.45	Mg/Mg^{2+}	−2.363	$Mg/Mg(OH)_2$，OH^-	−2.67
Zn	−0.80	Al/Al^{3+}	−1.662	Al/Al_2O_3，OH^-	−1.89
Al	−0.53	Ti/Ti^{2+}	−1.628	Ti/TiO_2，OH^-	−0.54
Cd	−0.52	Cr/Cr^{2+}	−0.913	$Cr/Cr(OH)_3$，OH^-	−0.89
Fe	−0.50	Zn/Zn^{2+}	−0.763	Zn/ZnO，OH^-	−0.83
Pb	−0.30	Fe/Fe^{2+}	−0.440	Fe/FeO，OH^-	−0.46
Sn	−0.25	Cd/Cd^{2+}	−0.402	$Cd/Cd(OH)_2$，OH^-	−0.40
Ni	−0.02	Ni/Ni^{2+}	−0.250	Ni/NiO，OH^-	−0.30
Cu	+0.05	Sn/Sn^{2+}	−0.136	H_2/H_2O，OH^-	−0.414
Cr	+0.23	Pb/Pb^{2+}	−0.126	$Pb/PbCl_2$ OH^-	−0.27
Ag	+0.30	Cu/Cu^{2+}	+0.337	Cu/Cu_2O，OH^-	+0.05

续表

在 3%NaCl 中的电偶序		标准电位序			
金属	电位（V）	电极，pH=7	电位（V）	电极，pH=7	电位（V）
Ti	+0.37	Ag/Ag^{2+}	+0.799	Ag/AgCl，　Cr^-	+0.22
Pt	+0.47	Pt/Pt^{2+}	+1.19	Pt/PtO，　OH^-	+0.57

从表 2-2 中可以看出，根据 pH=7 的中性溶液和 pH=0（$\alpha_{H^+}=1$）的盐酸溶液中氢电极和氧电极的平衡电位：$E_H^e=-0.414V$ 和 0.000V；$E_O^e=+0.815V$ 和 1.229V，可把金属划分为腐蚀热力学稳定性不同的五个组。第一组是热力学很不稳定的金属（贱金属），$E^e_{M^{n+}/M}<-0.414V$，甚至在不含氧和氧化剂的中性介质中也会由于发生 H^+ 还原反应而使金属产生腐蚀；第二组是热力学不稳定的金属（半贱金属），$-0.414V<E^e_{M^{n+}/M}<0.000V$，这些金属在无氧的中性介质中是稳定的，但在酸性介质中能被腐蚀；第三组是热力学上中等稳定的金属（半贵金属），$0.000V<E^e_{M^{n+}/M}<0.815V$，在无氧的酸性介质和中性介质中是稳定的；第四组是热力学高稳定性的金属，$0.815V<E^e_{M^{n+}/M}<1.229V$，在有氧的中性介质中不会腐蚀，在有氧或氧化剂的酸性介质中可能发生腐蚀；第五组是完全稳定的金属，$E^e_{M^{n+}/M}>1.229V$，在有氧的酸性介质中是稳定的，但在含有络合剂的氧化性溶液中，由于电极电位负移，也有可能发生腐蚀。

利用电动序中的标准电极电位，可以方便地判断金属的电化学腐蚀倾向。如铁在酸中的腐蚀反应，实际上可分为铁的氧化和氢离子的还原两个电化学反应

$$Fe = Fe^{2+} + 2e \quad E^0_{Fe^{2+}/Fe} = -0.440V$$

$$2H^+ + 2e = H_2 \quad E^0_{H^+/H_2} = 0.000V$$

$$E^{标} = E^0_{H^+/H_2} - E^0_{Fe^{2+}/Fe} = 0.440V > 0$$

$$(\Delta G^0)_{T,P} = -nFE^{标} = -2\times 96500\times 0.44 = -84920J/mol$$

可见，不管是从 $E^0_{Fe^{2+}/Fe}<E^0_{H^+/H_2}$，还是根据（$\Delta G^0$）$_{T,P}<0$，都说明 Fe 在酸中的腐蚀反应 $Fe+2H^+=Fe^{2+}+H_2\uparrow$ 是可能发生的。

同理，铜在含氧与不含氧酸性溶液（pH=0）中可能发生的电化学反应为

$$Cu = Cu^{2+} + 2e \quad E^0_{Cu^{2+}/Cu} = +0.337V$$

$$2H^+ + 2e = H_2\uparrow \quad E^0_{H^+/H_2} = 0.000V$$

$$\frac{1}{2}O_2 + 2H^+ + 2e = H_2O \quad E^0_{O_2/H_2O} = 1.229V$$

因为 $E^0_{Cu^{2+}/Cu}>E^0_{H^+/H_2}$，故铜在不含氧酸中不会被 H^+ 氧化而腐蚀；但是

$E^0_{Cu^{2+}/Cu} < E^0_{O_2/H_2O}$，故铜在含氧酸中可能发生腐蚀。

一般情况下考虑腐蚀能否发生，应采用具体条件下（不同 pH 值）的平衡电位，而该条件不一定是标准状态，因此用标准电极电位是不准确的，而只可能是近似的。表 2-3 为一些具体阴极反应的平衡电位。

表 2-3　　　　阴极反应的平衡电位

阴极反应	电极电位（V）
中性介质（pH=7）	
$Zn(OH)_2+2e \Leftrightarrow Zn+2OH^-$❶	−0.83
$Fe(OH)_2+2e \Leftrightarrow Fe+2OH^-$❶	−0.463
$H^-+H_2O+2e \Leftrightarrow H_2+OH^-$❶	−0.414
$Fe_3O_4+H_2O+2e \Leftrightarrow 3FeO+2OH^-$❶	−0.315
$O_2+2H_2O+2e \Leftrightarrow H_2O_2+2OH^-$❶	+0.268
$CuO+H_2O+2e \Leftrightarrow Cu+2OH^-$❶	+0.156
$O_2+2H^++2e \Leftrightarrow 2OH^-$❶	+0.815
$H_2O_2+2e \Leftrightarrow 2OH^-$❶	+1.356
酸性介质（pH=0）	
$2H^++2e \Leftrightarrow H_2$❶	0
$Fe^{3+}+e \Leftrightarrow Fe^{2+}$	+0.771
$O_2+4H^++4e \Leftrightarrow 2H_2O$❶	+1.229
碱性介质（pH=14）	
$2H_2O+2e \Leftrightarrow H_2+2OH^-$❶	+0.828
$FeCO_3+2e \Leftrightarrow Fe+CO_3^{2-}$	+0.756
$O_2+2H_2O+4e \Leftrightarrow 4OH^-$❶	+0.401

❶ 有 H^+ 或 OH^- 参加，因而其电位与 pH 值有关。

应当指出的是，用标准电极电位 E^0 作为金属腐蚀倾向的判据虽简单易行，但很粗略，有一定的局限性。首先，金属在大多数情况下是处于非标准状态；其次，表 2-3 中的数据都是指金属在裸露状态下的标准电极电位，而大多数金属表面被一层氧化膜所覆盖。氧化膜的致密性、完整性的程度将给金属腐蚀行为带来显著影响；此外，腐蚀过程往往不是简单的一个阳极反应和一个阴极反应，常有一些反应同时发生，不仅金属的阳极反应的平衡电位要受溶液中该金属离子活度的影响，而且阴极反应（氧化还原电极和气体电极）的平衡电位也受溶液 pH 值和离子活度、气体压力的影响。所以，仅根据金属标准电极电位和阴极反应平衡电位判断腐蚀过程能否发生是粗略的，最好根据电位 E-pH 图来判断。

在实际的腐蚀介质中，金属腐蚀的可能性大小并不一定与电动序相同。如在实际电偶腐蚀中，金属在含有与其本身离子相平衡的腐蚀电偶是很少发生的，其电位是不可逆电极电位。另外，目前使用的大多数工程材料都是合金，而合金一般含有两种或两种以上的反应组分，要建立它的可逆电极电位也是不可能的。因此，不能使用标准电极电位的电动序表作为电偶对中极性判断的依据。而只能使用实际测量得到的电极在溶液中的稳定电位，即采用金属（或合金）的电偶序作为判据。所谓电偶序（Galvanic series），是指金属（或合金）在一定电解质溶液条件下测得的稳定电位的相对大小排列而成的次序表（表 2-2）。从表 2-2 中可以看到，Al 的标准电位（－1.66V）比 Zn（－0.763V）低，Al 的腐蚀倾向比 Zn 大；但在 3%NaCl 中，Al 的稳定电位（－0.53V）比 Zn（－0.83V）高，Al 比 Zn 还耐腐蚀。当 Al 和 Zn 在此溶液中连在一起，Zn 将遭到腐蚀，这表明电偶序比电动序更能反映金属实际腐蚀的性质。

2.3.3 电化学 E-pH 图

1. E-pH 图绘制

常见的金属腐蚀过程一般都发生在与水溶液相接触的环境中。水溶液中含有 H^+ 和 OH^-，因此对于有 H^+（或 OH^-）参加的腐蚀反应来说，电极电位也将随溶液的 pH 值变化而变化，因此将金属腐蚀体系中各种反应的平衡电位与溶液 pH 值的函数关系绘制成图，就能直观地从图上判断在给定条件下发生腐蚀反应的可能性。这种图称为 E-pH 图（或称电位-pH 图、Pourbaix 图），它首先是由比利时学者布拜（Pourbaix）在 20 世纪 30 年代提出并用于金属腐蚀问题的研究，后来被广泛应用于电化学、无机化学、化学分析、地质和冶金科学等方面。

最简单的 E-pH 图仅涉及一种元素（及其氧化物和氢氧化物）与水构成的体系。除了水与金属的 E-pH 图外，近年来，人们又把金属的 E-pH 图同金属的腐蚀与防护的实际情况紧密结合起来，建立了多元体系的电位-pH 图。利用这些图可以很方便地判断金属腐蚀的热力学倾向，所以 E-pH 图已成为分析和研究金属腐蚀的重要工具。

E-pH 图是以平衡电位［相对于氢标电极（SHE)］为纵坐标，pH 值为横坐标的电化学平衡相图。金属的 E-pH 图通常指在气压为 101325Pa、温度为 25℃时，某金属在水溶液中不同价态时的平衡电位和 pH 值间关系图。

根据参加电极反应的物质不同，E-pH 图上的曲线可分为三类：

(1) 反应只与电极电位有关，而与溶液的 pH 值无关。

这类反应是只有电子参加而无 H^+（或 OH^-）参加的电极反应，如电极反应

$$Fe^{3+} + e \rightleftharpoons Fe^{2+}$$

$$Fe^{2+} + 2e \rightleftharpoons Fe\text{（固）}$$

其反应通式为

$$aA + ne \rightleftharpoons bB$$

式中：A 为物质的氧化态；B 为物质的还原态；a，b 分别为反应物和产物的化学计量系数；n 为参加反应的电子数。

平衡电位的通式可写成

$$E^e = E^0 + \frac{2.3RT}{nF}\lg\frac{a_A^a}{a_B^b} \tag{2-20}$$

式中：a，E^0 分别为活度和标准电极电位。

显然，这类反应的平衡电位与 pH 无关，在一定温度下随比值 a_A^a/a_B^b 的变化而变化，当 a_A^a/a_B^b 一定时，E^e 也将固定，在 E-pH 图上这类反应为一水平线。

(2) 反应只与 pH 值有关，而与电极电位无关。

这类反应是只有 H^+（或 OH^-）参加，而无电子参与的化学反应，因此这类反应不构成电极反应，不能用 Nernst 方程表示电位与 pH 的关系。如沉淀反应

$$Fe^{2+} + 2H_2O \rightleftharpoons Fe(OH)_2 \downarrow + 2H^+$$

和水解反应

$$2Fe^{3+} + 3H_2O \rightleftharpoons Fe_2O_3 + 6H^+$$

其反应通式为

$$aA + cH_2O \rightleftharpoons bB + mH^+$$

其平衡常数 K 为

$$K = \frac{a_B^b \cdot a_{H^+}^m}{a_A^a} \tag{2-21}$$

由 $pH = -\lg a_{H^+}$，可得

$$pH = -\frac{1}{m}\lg k - \frac{1}{m}\lg\frac{a_A^a}{a_B^b} \tag{2-22}$$

可见，这类反应的平衡与电极电位无关，在一定温度下，K 一定，若给定 a_A^a/a_B^b，则 pH 为定值。因此，在 E-pH 图上这类反应表示为一垂直线段。

(3) 反应既与电极电位有关，又与溶液的 pH 值有关。

$$Fe_2O_3 + 6H^+ + 2e = 2Fe^{2+} + 3H_2O$$

这类反应的特点是有 H^+（或 OH^-）参加的电极反应，即 H^+ 和电子都参加反应，反应的通式可写为

$$aA + mH^+ + ne \rightleftharpoons bB + cH_2O$$

该反应的平衡电位为

$$E^e = E^0 - \frac{2.3RT}{nF}mpH + \frac{2.3RT}{nF}\lg\frac{a_A^a}{a_B^b} \tag{2-23}$$

可见，在一定温度下，反应的平衡条件既与电极电位有关，又与溶液的 pH 值有关。在一定温度下，给定 a_A^a/a_B^b 值，平衡电位随 pH 升高而降低，在电位-pH 图上这类反应为一斜线，其斜率为$-2.3mRT/nF$。

分别代表三类不同反应的水平线、垂直线和斜线都是两相平衡线，它们将整个 E-pH 图坐标平面划分成若干区域，这些区域分别代表某些物质的热力学稳定区，线段的交点则表示两种以上不同价态物质共存时的状况。

一般情况下给定体系的 E-pH 图可按下列步骤绘制而成：

(1) 列出体系中可能存在的各种组分及其标准化学位 μ^0 或标准生成自由能 $\Delta G_{m,f}^0$。

(2) 根据各组分的特征和相互作用，列出体系中可能发生的各种化学反应和电极反应。

(3) 计算相应的平衡电极电位或 pH 表达式，得到各反应的平衡条件。

(4) 在 E-pH 坐标图上画出各反应的平衡线，经综合整理得到该体系的 E-pH 图。

下面以应用最多也是最成熟的 $Fe-H_2O$ 体系的 E-pH 图为例介绍其绘制方法。

$Fe-H_2O$ 体系中可能存在的各组分物质和它们的标准化学位见表 2-1，平衡条件是根据各反应的类型，按式（2-20）、式（2-22）和式（2-23）计算出来的。

在 $Fe-H_2O$ 体系，部分有关反应及计算出的平衡条件如下（规定温度为 25℃）

ⓐ $2H^+ + 2e \Longleftrightarrow H_2$　$E = -0.0591pH$

ⓑ $2H_2O \Longleftrightarrow O_2 + 4H + 4e$　$E = 1.228 - 0.0591pH$

① $Fe^{3+} + e \Longleftrightarrow Fe^{2+}$　$E = 0.771 + 0.0591\lg(a_{Fe^{3+}}/a_{Fe^{2+}})$

⑥ $Fe(OH)_2 + 2H^+ + 2e \Longleftrightarrow Fe + 2H_2O$　$E = -0.045 - 0.0591pH$

⑦ $Fe(OH)_3 + H^+ + e \Longleftrightarrow Fe(OH)_2 + H_2O$　$E = 0.271 - 0.0591pH$

⑧ $Fe^{2+} + 2e \Longleftrightarrow Fe$　$E = -0.440 + 0.0295\lg a_{Fe^{2+}}$

⑨ $Fe(OH)_2+2H^++2e \Longleftrightarrow Fe+2H_2O$ $\lg a_{Fe^{2+}}=13.29-2pH$

⑩ $Fe(OH)_3+3H^++e \Longleftrightarrow Fe^{2+}+3H_2O$ $E=1.057-0.1773pH-0.0591\lg a_{Fe^{2+}}$

⑪ $Fe(OH)_3+3H^+ \Longleftrightarrow Fe^{3+}+3H_2O$ $\lg a_{Fe}^{3+}=4.84-3pH$

根据以上平衡条件，如果以电位 E 为纵坐标，以 pH 值为横坐标作图，则得到图 2-8。这种图称为电位 E-pH 图。图中线条上带圆圈的标号对应着上述反应及其平衡条件方程的序号。线束⑪上面标出的数值 0、－2、－4、－6 分别表示 Fe^{3+} 活度为 10^0、10^{-2}、10^{-4}、10^{-6}M 的情况。线束⑧和⑩上面标出的相应数值则表示 Fe^{2+} 活度的指数。图 2-6 是以 Fe、$Fe(OH)_2$ 和 $Fe(OH)_3$ 为平衡固相的。如果以 Fe、Fe_3O_4 和 Fe_2O_3 为平衡固相，利用相关的反应式（不完全与上列各式相同）的平衡条件（方程）就可作出图 2-9。电位 E-pH 图中各相区表示该稳定的电位、pH 值条件，相邻相区间的交接线则表示以一定离子活度使两相平衡的电位、pH 值条件。图中ⓐ、ⓑ线分别表示前面ⓐ、ⓑ的平衡条件。ⓐ和ⓑ线之间的区域是水稳定存在的电位、pH 值条件，在ⓐ线以下的电位、pH 值条件下有氢析出，在ⓑ线以上则有氧发生。图的上部分（高电位区）表示强氧化性条件，图的下部分（低电位区）表示还原性条件。

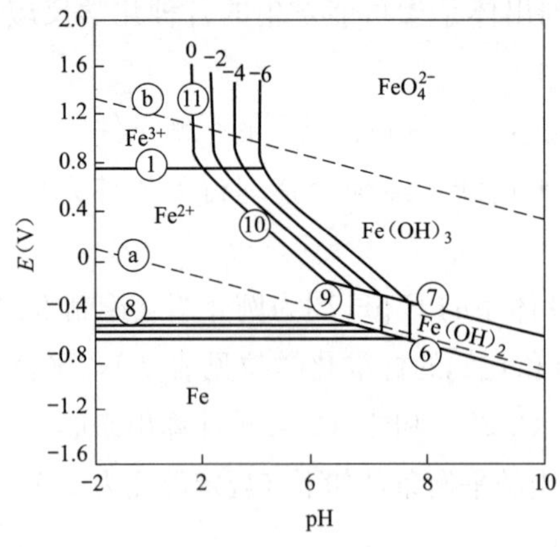

图 2-8　Fe-H_2O 系电位 E-pH 图 1

注：平衡固相为 Fe，$Fe(OH)_2$，$Fe(OH)_3$。

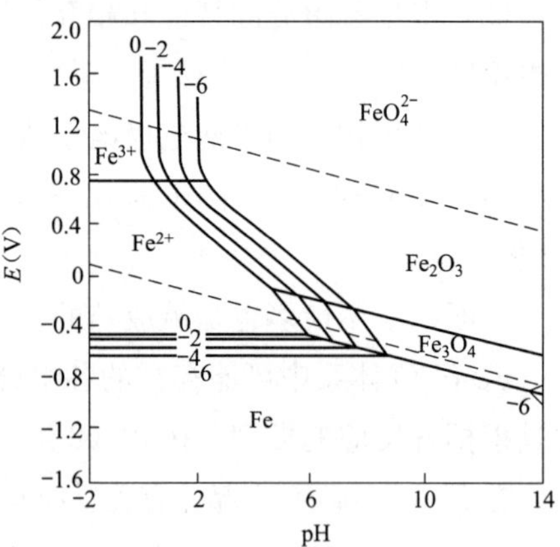

图 2-9　Fe-H_2O 系电位 E-pH 图 2

注：平衡固相为 Fe，Fe_3O_4，Fe_2O_3。

2. E-pH 图的应用

图 2-8 和图 2-9 中每条线代表一个平衡反应，如果在电极反应中有关离子的浓度都低于 10^{-6}mol/L，则可以认为金属、金属氧化物和金属氢氧化物都是稳定

的，从而可得到简化后的E-pH图，如图2-10所示。图中每条线代表固相与溶液相之间的平衡，因此Fe-H_2O的电位E-pH图被分割成三块区域。

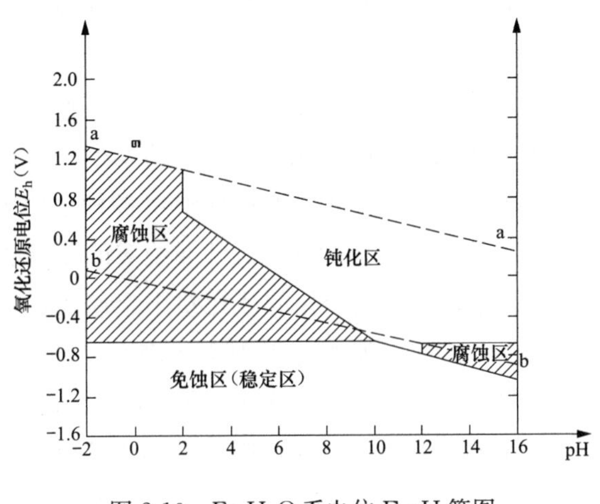

图2-10　Fe-H_2O系电位E-pH简图

（1）稳定区：金属Fe处在热力学稳定状态，不腐蚀。

（2）腐蚀区：金属Fe以离子形式存在于溶液的热力学稳定状态，对金属而言是不稳定的，有腐蚀倾向。

（3）钝化区：金属表面生成氧化膜，所以金属不被氧化而处于钝化态。

根据电位E-pH图，我们可以从理论上分析金属的腐蚀倾向从而选择控制腐蚀的措施。以Fe-pH体系为例，可根据水溶液的pH值和Fe在该水溶液中所具有的电极电位值，通过电位E-pH图可明确地显示Fe的各种不同类型的腐蚀，并提出腐蚀防护的方向。如当铁处于图2-10中的腐蚀区（左侧阴影区域）时，为防止或减缓铁的腐蚀，可采取以下三种措施：

（1）降低铁的电位至免蚀区（稳定区），这就是工程中常用的阴极保护依据的原理。

（2）把铁的电极电位升高使它进入钝化区，其工程应用有阳极保护法和添加阳极缓蚀剂等。

（3）调节溶液pH值，使之在9～12之间，这时若铁的电极电位低则落在稳定区，若高则落在钝化区。

因此，借助电位E-pH图可以较方便的指导金属的防腐研究，但电位E-pH图都是根据热力学的数据绘制而成的理论图像，与实际情况可能会有较大的出入，因此在工程应用中会有如下的局限性：

（1）电位 E-pH 图只考虑了 OH^- 对平衡产物的影响，但实际的腐蚀环境中，往往存在 Cl^-，SO_4^{2-}，PO_4^{3-} 等阴离子，它们的存在会导致腐蚀次生反应更加复杂化。

（2）电位 E-pH 图只是一种热力学意义上的电化学平衡图，它只能用来预判金属的腐蚀倾向的大小，而无法判断金属腐蚀速率的大小。

（3）理论电位 E-pH 图中的钝化区并不能反映出各种金属氧化物、氢氧化物究竟具有多大的保护作用，因此所谓的钝化区并非绝对的非腐蚀区。

（4）在电位 E-pH 图中，我们理想化的认为整个金属表面附近的溶液层与溶液本体的 pH 值是相等的，但实际腐蚀体系中金属表面局部区域的 pH 值可能不同，金属表面的 pH 值和溶液内部的 pH 值也会有一定的差距。

虽然理论电位 E-pH 图有上述的诸多局限，但如果能结合实际情况，补充试验数据，绘制出经验性的电位 E-pH 图，并同时考虑电极反应的动力学因素，那么它在金属腐蚀与防护领域将会有更加广泛的应用。

必须注意的是，不管是使用电极电位判据，还是使用吉布斯自由能判据，都只能判断金属腐蚀的可能性及腐蚀倾向的大小，而不能确定腐蚀速度的大小。腐蚀倾向大的金属不一定腐蚀速度大。速度问题是属于动力学讨论的范畴。金属实际的耐腐蚀性主要看它在指定环境下的腐蚀速度。

2.4 电化学腐蚀速率

2.4.1 电化学腐蚀速率表达式

腐蚀速率表示单位时间内金属腐蚀进行程度的大小。表达式为

$$V=\frac{\Delta w}{st} \tag{2-24}$$

式中：V 为腐蚀速率，$g/m^2 \cdot h$；Δw 为腐蚀量，一般为腐蚀增重或者失重，g；s 为腐蚀表面积，m^2；t 为腐蚀时间，h。

法拉第第 1 定律：电流通过后所产生的反应物质，其量与所通过的电流成正比；法拉第第 2 定律：同一电流所产生的腐蚀量与该物质的原子量成正比。

法拉第定律数学表达式

$$\Delta w = \frac{M}{nF} It \tag{2-25}$$

式中：I 为电极流出电流的大小，mA；M 物质的摩尔质量，g/mol；n 阳极反应中的电子数；F 为法拉第常数 96500。

电化学腐蚀通常是按原电池作用历程进行的，电极电位较负的金属作为阳极发生氧化反应，由于在任意时刻单位面积上金属溶解失去的质量与该时刻通过腐蚀电池的电流密度遵守法拉第定律，电化学腐蚀速率表达式为

$$V = \frac{\Delta w}{st} = \left(\frac{M}{nF} It\right)/st = \frac{M}{nF} \times \frac{I}{s} = \frac{Mi_a}{nF} \tag{2-26}$$

式中：i_a 为腐蚀产生的电流密度，A/cm^2，

可见，电化学腐蚀速率与电流密度成正比，只要求出腐蚀时的电流密度，即可得到腐蚀速率。

2.4.2 腐蚀速率的控制因素

电化学腐蚀过程的速率既决定于腐蚀电池的电动势，即阴极和阳极反应平衡电位差 $E_c^0 - E_u^0$，也取决于腐蚀反应各步骤的阻力大小。这些阻力是由阳极极化、电阻和阴极极化造成的。腐蚀电池电动势就消耗在克服这些阻力上面

$$E_c^0 - E_a^0 = \Delta E_a + \Delta E_c + IR = I(P_a + P_c + R) \tag{2-27}$$

式中：P_a 和 P_c 为阳极和阴极的极化率，其量纲与电阻 R 相同。

式（2-27）可变为

$$I = \frac{E_u^0 - E_a^0}{P_a + P_c + R} \tag{2-28}$$

式（2-28）表明腐蚀电流决定于腐蚀电池电动势（热力学因素）、阳极极化率、阴极极化率和电阻等四个因素。但这四个因素在不同的腐蚀过程中作用大小不同。从电化学腐蚀过程来看，腐蚀过程是由各个步骤串联组成的。其中某一最慢的步骤，将对腐蚀速率起决定性的作用，这一步最难进行，控制了整个腐蚀过程，称之为控制因素。从极化图来看，主要的腐蚀类型如图 2-11 所示。如果阳极反应最慢，则表现为阳极极化 ΔE_a 很大，如图 2-11（a）所示，腐蚀电池电动势主要降落在 ΔE_a 上，称为阳极控制，如不锈钢和铝处于钝化时即属于这种控制。同理，由阴极控制时，阴极极化 ΔE_c 很大，如图 2-11（b）所示。此时，氧较难到达阴极表面，如钢铁在中性电解质溶液中的腐蚀。

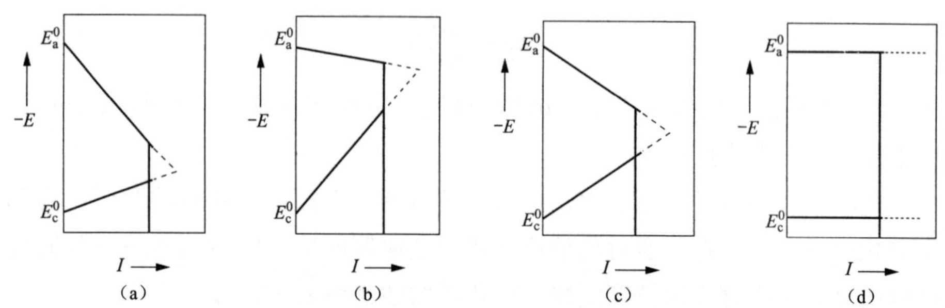

图 2-11　腐蚀控制因素的基本类型

(a) 阳极控制；(b) 阴极控制；(c) 阴极和阳极混合控制；(d) 电阻控制

除动力学因素外，腐蚀速率还受阴极和阳极的反应平衡电位差影响。当体系的电阻很小，而阴极和阳极极化率也都很小时，腐蚀电流主要由阴极和阳极反应平衡电位差决定。了解腐蚀控制因素的目的是，通过分析电化学反应的内在过程，采取相应的措施增大腐蚀反应的阻力，最终达到减缓腐蚀的目的。

各种因素对材料腐蚀速率所起的作用大小，通常称为控制程度。一般以式（2-8）所示各项阻力对整个过程的总阻力的百分比表示。

阳极控制程度

$$C_a = \frac{\Delta E_a}{\Delta E_a + \Delta E_c + IR} \tag{2-29}$$

阴极控制程度

$$C_c = \frac{\Delta E_c}{\Delta E_a + \Delta E_c + IR} \tag{2-30}$$

电阻控制程度

$$C_R = \frac{IR}{\Delta E_a + \Delta E_c + IR} \tag{2-31}$$

以上三者中较大者为腐蚀的控制因素，如果三者或三者中较大的两者相差不多，则为混合控制。

金属腐蚀以微电池腐蚀居多。微电池腐蚀的腐蚀电阻很小，即电阻 R 趋于 0。因此

$$E_c^0 - E_a^0 = \Delta E_a + \Delta E_c \tag{2-32}$$

这样根据腐蚀电位 E_{cr}、E_c^0 和 E_a^0 就可以确认 ΔE_a 和 ΔE_c

$$|\Delta E_c| = E_c^0 - E_{cr} \tag{2-33}$$

$$|\Delta E_a| = E_{cr} - E_a^0 \tag{2-34}$$

再根据式（2-29）和式（2-30）计算得到 C_a 和 C_c，从而判断腐蚀过程是阳极控制还是阴极控制。

2.4.3 极化曲线的测量与应用

极化曲线为极化电位与极化电流之间的关系曲线。通过实验可以测定出极化电位与极化电流两个变量之间的对应数据，从而绘制出相应的极化曲线。极化曲线按控制类型可划分为：活化极化控制、浓度极化控制、电阻极化控制。金属腐蚀主要为活化极化控制，因此以下只对活化极化控制的动力学方程加以简单介绍。

2.4.3.1 活化极化控制的极化曲线

由电化学步骤来控制电极反应过程速度的极化，称为电化学极化。电化学步骤的缓慢是由于阳极反应或阴极反应所需的活化能较高，所以电极电位必须向正移或向负移，才能使阳极反应或阴极反应以一定速度进行。因此，电化学极化又称活化极化。对于活化极化控制的腐蚀体系，当被腐蚀金属上同时进行有两个电极反应，即阳极氧化和阴极还原反应时，而金属的腐蚀电位又与两个局部电极反应所对应的平衡电位相去甚远时，其电极电位与外加极化电流密度的函数关系式如下：

阳极极化

$$I_a = i_a - i_c = i_K\left\{\exp\left[\frac{2.3(E-E_K)}{b_a}\right]-\exp\left[\frac{2.3(E_K-E)}{b_c}\right]\right\} \tag{2-35}$$

阴极极化

$$I_c = i_c - i_a = i_K\left\{\exp\left[\frac{2.3(E_K-E)}{b_c}\right]-\exp\left[\frac{2.3(E-E_K)}{b_a}\right]\right\} \tag{2-36}$$

$$\Delta E = E - E_K \tag{2-37}$$

上式中：I_a 和 I_c 分别为外加阳极电流密度和外加阴极电流密度，i_a 和 i_c 分别为局部阳、阴极电流密度；i_k 为自然腐蚀电流密度，在腐蚀电化学中表示腐蚀速度，利用法拉第定律同样可以将其换算成以质量或深度表示的腐蚀速度；b_a 和 b_c 分别为金属阳极溶解反应和去极化剂阴极还原反应的 Tafel 常数；E 为局部反应的平衡电位；E_K 为自然腐蚀电位；ΔE 为极化电位差。

当外加极化电位 ΔE 较大时（通常 $|\Delta E>100/n$mV），式（2-24）和式（2-25）中的负指数项可以省略，此时

$$I_a = i_k \exp\left[\frac{2.3(E-E_K)}{b_a}\right] = i_a \tag{2-38}$$

$$I_c = i_k \exp\left[\frac{2.3(E_K-E)}{b_c}\right] = i_c \tag{2-39}$$

式（2-38）和式（2-39）说明当极化电位较大（即在强极化区内）时，腐蚀金属电极的试验极化曲线与其局部阳、阴极的理论极化曲线近似吻合。对其两边取对数，有

$$E - E_K = -b_a \lg i_k + b_a \lg I_a \tag{2-40}$$

$$E_K - E = -b_c \lg i_k + b_c \lg I_c \tag{2-41}$$

由式（2-40）和式（2-41）可以得出，在强极化情况下，极化电位与外加电流的对数成直线关系。此时在 E-lg$I$ 半对数坐标上，可以获取一条直线，即 Tafel 直线。当 ΔE 等于零时，根据式（2-40）和式（2-41）应有 $I_a = I_c = I_k$。因此，阴、阳极极化曲线的 Tafel 直线段的延长线应在 E_k 处相交，如图 2-12 所示，并可依据此确定该体系的自然腐蚀电流密度 i_k，亦即得到该体系的腐蚀速度。b_a 和 b_c 分别为 E-lg$I$ 半对数坐标中阳、阴极极化曲线的 Tafel 直线段的斜率。

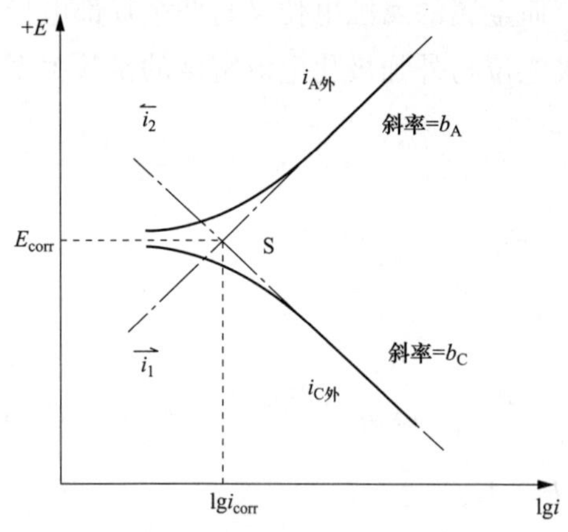

图 2-12　极化曲线外延法原理图

当外加极化值 ΔE 较小时（一般 $|\Delta E| < 15$mV），式（2-35）和式（2-36）中指数幂都远小于 1，将指数项按泰勒级数式展并略去高次项，可得到近似公式

$$R_p = \left(\frac{dE}{dI}\right)_{E_K} = \frac{b_a b_c}{2.3(b_a + b_c)} \cdot \frac{1}{i_k} = \frac{B}{i_k} \tag{2-42}$$

$$B = b_a b_c / 2.3(b_a + b_c) \tag{2-43}$$

上式表明，腐蚀速率与弱极化时的极化阻力成反比，根据这个规律创立了快速测定腐蚀速度的线性极化技术。

2.4.3.2　极化曲线的测量方法

极化曲线的测量一般采用三电极测量体系，三电极分别是指：工作电极、辅助电极和参比电极。其中工作电极是待测量的金属材料；辅助电极用于给工作电极施加过电压或电流，一般为铂电极；参比电极用于准确测量工作电极的电极电

位，表 2-4 列出了几种常见的参比电极。

表 2-4　　几种常见的参比电极

名称	结构	电极电位	温度系数	适用介质	代码
标准氢电极	Pt[H_2]1atm|H^+(a=1)	0.000	0	酸性介质	SHE
饱和甘汞电极	Hg[Hg_2Cl_2]|饱和 KCl	0.244	−0.65	中性介质	SCE
1mol/L 甘汞电极	Hg[Hg_2Cl_2]|1mol/L KCl	0.280	−0.24	中性介质	NCE
标准甘汞电极	Hg[Hg_2Cl_2]|Cl^-(a=1)	0.2676	−0.32	中性介质	
海水甘汞电极	Hg[Hg_2Cl_2]|海水	0.296	−0.28	海水	
饱和氯化银电极	Ag[AgCl]|饱和 KCl	0.196	−1.10	中性介质	
1mol/L 氯化银电极	Ag[AgCl]|1mol/L KCl	0.2344	−0.58	中性介质	
标准氯化银电极	Ag[AgCl]|Cl^-(a=1)	0.2223	−0.65	中性介质	
标准硫酸铜电极	Cu[$CuSO_4$]|SO_4^{2-}(a=1)	0.342	0.008	土壤、中性介质	

三电极体系测量极化电位如图 2-13 所示，经典的三电极体系包含两个回路：电源 E、可变电阻 R、电流表 G、工作电极 A 和辅助电极 B 构成极化回路；高输入阻抗的电位测量仪表 V、工作电极 A 和参比电极 C 构成电位测量回路。在极化回路中，E 为极化电源，通过调整可变电阻 R 可以改变流过工作电极 A 的极化电流 I 的大小，辅助电极 B 的作用是构成完整的电回路。通过调节施加到工作电极上的电压，并同时测量流过的电流大小，可得到一系列电流随电位变化的数据，从而可绘制出相应的极化曲线。在电位测量回路中，由于采用了高输入阻抗的电位测量仪表，所以在研究电极和参比电极之间产生的电流 I' 是很小的，可以忽略。此时电位测量仪表所实际测得的电位差为

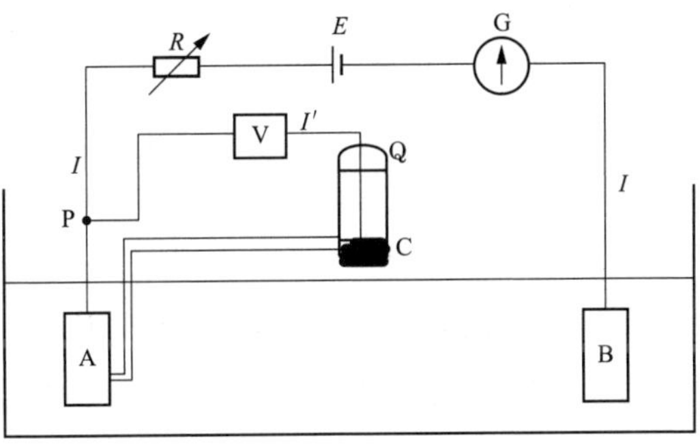

图 2-13　三电极体系测量极化电位

$$E = E_{研究} - E_{参比} + IR_L \tag{2-44}$$

式中：$E_{研究}$ 和 $E_{参比}$ 分别为工作电极和参比电极的电极电位；IR_L 为电流 I 流经工作电极和参比电极之间的溶液而产生的欧姆电压降；R_L 为溶液电阻。

为消除欧姆压降的影响，在极化测量中使用了 Luggin 毛细管。Luggin 毛细管是一端拉的很细的玻璃管或塑料管，测量时其尖端靠近被测电极，另一端与参

比电极相连。Luggin 毛细管的尖端尽可能逼近工作电极表面。但是由于毛细管本身对工作电极表面的电力线有屏蔽作用，一般要求管口离电极表面的距离不小于毛细管的孔径。

2.4.4 腐蚀速率的电化学测量方法

对于金属的腐蚀问题，人们最关心的是材料的腐蚀速率。目前，腐蚀速率最经典的测量方法仍然是失重法，失重法准确可靠，但最大的缺点是实验周期太长。以金属的土壤腐蚀为例，埋地试片的腐蚀周期一般以年为单位，无法满足快速测量的要求。电化学方法一般快速简便且可用于现场监测。常用的腐蚀速率测量方法有：Tafel 直线外推法和线性极化法。Tafel 直线外推法在 2.4.3.1 节中已有介绍，因此不再赘述。这里主要介绍线性极化法，并简单介绍电化学频率调制技术在腐蚀测量中的应用。

2.4.4.1 线性极化法

在 2.4.3.1 节中提到，对于活化控制的腐蚀体系，在外加极化值 ΔE 较小时，有式（2-42），对式（2-42）进行简单变形有

$$i_k = B/R_p \tag{2-45}$$

式（2-45）即线性极化测量腐蚀速率的基本公式。

运用线性极化方程式时，可通过试验测定 R_p，但还需知道 Tafel 常数 b_a 和 b_c 或 B 才能计算出腐蚀电流密度 i_k。确定 Tafel 常数 b_a 和 b_c 的方法有：理论计算、在强极化区测定 E-lgI 极化曲线、用挂片校正法确定 B 和 Barnatt 三点法计算方法。

1. 理论计算

由活化极化动力学方程式的推导可知

$$b_a = \frac{2.303RT}{\beta_a mF}, \quad b_c = \frac{2.303RT}{\alpha_c nF} \tag{2-46}$$

式中：R 为气体常数；T 为绝对温度；F 为法拉第常数；β_a 和 α_c 分别为组成腐蚀金属电极的局部阳、阴极反应的传递系数；n 是电极反应速度控制步骤的得失电子数。

式（2-46）是根据迟缓放电理论获取的，对于不同的电化学反应机理，b_a 和 b_c 的表达形式也不一样。一般地，b_a 和 b_c 的范围是有限度的，通常在 30～180mV 之间，由不同的 b_a 和 b_c 组合可计算出 B 的理论值在 6.51～52.1mV 之间。

2. 在强极化区测定 E-lg$I$ 极化曲线

测定强极化区（一般 $\Delta E>100/n$mV）的 E-lg$I$ 极化曲线的方法常被用来确定局部阳、阴极过程的 Tafel 常数 b_a 和 b_c，因为 b_a 和 b_c 是半对数坐标上极化曲线 Tafel 直线段的斜率，即

$$b_a=\left(\frac{\mathrm{d}E_a}{\mathrm{dig}i_a}\right)_{E=E_K};\quad b_{ca}=\left(\frac{\mathrm{d}E_c}{\mathrm{dig}I_c}\right)_{E=E_K} \tag{2-47}$$

3. 用挂片校正法确定 B

用挂片校正法确定 B 值，这种方法无须具体测定 b_a 和 b_c 值，只需在某一试验周期内测定不同时刻的研究电极的 R_p 值及最终做一次质量损失测定，即可求取总常数 B 值。具体步骤为：

（1）由不同时刻测定的 R_p，利用图解积分或数值积分求出试验周期内的 R_p；

（2）根据质量损失数求出腐蚀速度，利用法拉第定律换算求出自然腐蚀电流密度 i_k；

（3）根据线性极化方程式，由 $B=i_k\cdot R_p$ 求出腐蚀体系 B 值。

4. Barnatt 三点法计算方法

极化曲线测试试验中提到，腐蚀体系的两个局部反应均受到活化极化控制，金属的自然腐蚀电位与两个局部电极反应所对应的平衡电位相去甚远时，电极电位与外加极化电流密度的函数关系式见式（2-35）和式（2-36）。此时可在弱极化区（一般为 ΔE 在 10～50mV）选择极化电位值分别为 ΔE、$2\Delta E$、$-2\Delta E$ 的三个点，进行三次极化测量，相应的极化电流密度和极化电位的关系为

$$i_{(\Delta E)}=i_k\left\{\exp\left(\frac{2.3\Delta E}{b_a}\right)-\exp\left(\frac{-2.3\Delta E}{b_c}\right)\right\} \tag{2-48}$$

$$i_{(2\Delta E)}=i_k\left\{\exp\left(\frac{4.6\Delta E}{b_a}\right)-\exp\left(\frac{-4.6\Delta E}{b_c}\right)\right\} \tag{2-49}$$

$$i_{(-2\Delta E)}=i_k\left\{\exp\left(\frac{4.6\Delta E}{b_c}\right)-\exp\left(\frac{-4.6\Delta E}{b_a}\right)\right\} \tag{2-50}$$

可以看出式（2-48)～式（2-50）有三个待定系数，即 i_k、b_a 和 b_c。所以利用这三个方程式原则上可以求出三个参数。具体求解过程为

令
$$u=\exp\left(\frac{2.3\Delta E}{b_a}\right)\nu=\exp\left(\frac{-2.3\Delta E}{b_c}\right) \tag{2-51}$$

则式（2-48)～式（2-50）可写为

$$i_{(\Delta E)}=i_k(u-\nu) \tag{2-52}$$

$$i_{(2\Delta E)} = i_{\mathrm{k}}(u^2 - \nu^2) \tag{2-53}$$

$$i_{(-2\Delta E)} = i_k(\nu^{-2} - u^{-2}) \tag{2-54}$$

从测量得到的三个极化电流密度值可得到两个比值

$$r_1 = \frac{i_{(2\Delta E)}}{i_{(-2\Delta E)}} = \frac{u^2 - \nu^2}{\nu^{-2} - u^{-2}} = u^2\nu^2 \tag{2-55}$$

$$r_2 = \frac{i_{(2\Delta E)}}{i_{(\Delta E)}} = \frac{u^2 - \nu^2}{u - \nu} = u + \nu \tag{2-56}$$

从式（2-55）和式（2-56）中消去 u 或 ν，可得到两个对称的一元二次方程

$$\begin{cases} u^2 - r_2 u + \sqrt{r_1} = 0 \\ \nu^2 - r_2 \nu + \sqrt{r_1} = 0 \end{cases} \tag{2-57}$$

根据 u 和 ν 的定义，$u>1$ 和 $\nu<1$，解上述一元二次方程，有

$$u = \frac{1}{2}\left(r_2 + \sqrt{r_2^2 - 4\sqrt{r_1}}\right) \tag{2-58}$$

$$\nu = \frac{1}{2}\left(r_2 + \sqrt{r_2^2 - 4\sqrt{r_1}}\right) \tag{2-59}$$

进而可得到

$$i_k = \frac{i_{(\Delta E)}}{\sqrt{r_2^2 - 4\sqrt{r_1}}} \tag{2-60}$$

$$b_{\mathrm{a}} = \frac{\Delta E}{\lg\left(r_2 + \sqrt{r_2^2 - 4\sqrt{r_1}}\right) - \lg 2} \tag{2-61}$$

$$b_{\mathrm{c}} = \frac{-\Delta E}{\lg\left(r_2 - \sqrt{r_2^2 - 4\sqrt{r_1}}\right) - \lg 2} \tag{2-62}$$

至此 Tafel 常数 b_{a} 和 b_{c} 以及腐蚀电流密度 i_{k} 均可以获取。

为了提高 Barnatt 三点法的测量精度，在进行数据处理时还可引进统计分析方法，对 Tafel 常数 b_{a} 和 b_{c} 以及腐蚀电流密度 i_{k} 进行更精确的求取。

2.4.4.2 电化学频率调制技术

电化学频率调制技术（Electrochemical Frequency Modulation，EFM）是 20 世纪 90 年代末发展的电化学测量技术。EFM 技术通过向腐蚀体系施加两个不同频率的正弦电位扰动，测量体系在互调频率处的电流响应，从而计算出腐蚀速度。EFM 技术的优点在于，不需要预知 Tafel 常数即可得到腐蚀速率；且施加电位信号微弱，不会对测试体系造成破坏性扰动；测试时间短，尤其适合腐蚀速率

的在线监测。

对腐蚀体系施加两个不同频率的正弦电位扰动（扰动角频率 ω_1 和 ω_2），引起的电流响应由不同频率的交流成分组成，这些频率包括零频、谐调频率（$n\omega_1$ 和 $n\omega_2$，n=1、2、3、…）和互调频率（$n\omega_1 \pm m\omega_2$，n=1、2、3、…，m=1、2、3、…）。测量各频率下的电流响应值，结合电化学动力方程即可计算出腐蚀电流密度和 Tafel 斜率 b_a，b_c。图 2-14 是电位扰动下电流响应示意图，将电流响应的时域结果进行傅里叶变换，得到电流响应的频域谱图，从谱图中可读取各频率下的电流值大小。

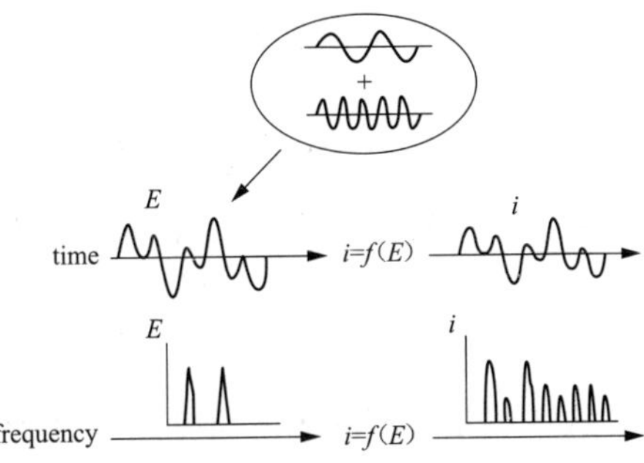

图 2-14 电位扰动下电流响应示意图

假设构成电位扰动的两个不同频率电位正弦波具有相同的振幅 A，则电位扰动

$$\Delta E = A\sin\omega_1 t + A\sin\omega_2 t \tag{2-63}$$

对于活化极化控制的腐蚀体系，有

$$I = i_k[\exp(2.3\Delta E/b_a) - \exp(2.3\Delta E/b_a)] \tag{2-64}$$

将式（2-63）代入式（2-64），得到

$$\begin{aligned} I = i_k[&\exp(2.3A\sin\omega_1 t/b_a)\exp(2.3A\sin\omega_2 t/b_a) \\ &-\exp(-2.3A\sin\omega_1 t/b_c)\exp(-2.3A\sin\omega_2 t/b_c)] \end{aligned} \tag{2-65}$$

将指数项按泰勒级数展开，并利用三角函数关系整理，最终得到

$$i_{\omega_1,\omega_2} = i_{\omega_1} = i_{\omega_2} = i_k\left(\frac{2.3A}{b_a} + \frac{2.3A}{b_c}\right) \tag{2-66}$$

$$i_{2\omega_1} = i_{2\omega_2} = \frac{1}{4}i_k\left[\left(\frac{2.3A}{b_a}\right) - \left(\frac{2.3A}{b_c}\right)^2\right] \tag{2-67}$$

$$i_{3\omega_1} = i_{3\omega_2} = \frac{1}{24}i_k\left[\left(\frac{2.3A}{b_a}\right)^3 + \left(\frac{2.3A}{b_c}\right)^2\right] \tag{2-68}$$

$$i_{\omega_2\pm\omega_1} = \frac{1}{2}i_k\left[\left(\frac{2.3A}{b_a}\right)^2 - \left(\frac{2.3A}{b_c}\right)^3\right] \tag{2-69}$$

$$i_{2\omega_2\pm\omega_1} = i_{2\omega_1\pm\omega_2} = \frac{1}{8}i_k\left[\left(\frac{2.3A}{b_a}\right)^3 + \left(\frac{2.3A}{b_c}\right)^3\right] \tag{2-70}$$

可解出

$$i_k = \frac{i^2_{\omega_1,\omega_2}}{2\sqrt{8i_{\omega_1,\omega_2}i_{2\omega_2\pm\omega_1} - 3i^2_{\omega_2\pm\omega_1}}} \tag{2-71}$$

$$b_a = \frac{2.3Ai_{\omega_1,\omega_2}}{\sqrt{8i_{\omega_1,\omega_2}i_{2\omega_2\pm\omega_1} - 3i^2_{\omega_2\pm\omega_1} + i_{\omega_2\pm\omega_1}}} \tag{2-72}$$

$$b_c = \frac{2.3Ai_{\omega_1,\omega_2}}{\sqrt{8i_{\omega_1,\omega_2}i_{2\omega_2\pm\omega_1} - 3i^2_{\omega_2\pm\omega_1} - i_{\omega_2\pm\omega_1}}} \tag{2-73}$$

对于阴极反应完全受扩散控制的腐蚀体系，经相似的推导可得到

$$i_k = \frac{i^2_{\omega_1,\omega_2}}{2i_{\omega_2\pm\omega_1}};\quad b_a = \frac{2.3Ai_{\omega_1,\omega_2}}{2i_{\omega_2\pm\omega_1}};\quad b_c \rightarrow \infty \tag{2-74}$$

而对于阳极反应完全钝化的腐蚀体系，有

$$i_k = \frac{i^2_{\omega_1,\omega_2}}{2i_{\omega_2\pm\omega_1}};\quad b_c = \frac{2.3Ai_{\omega_1,\omega_2}}{2i_{\omega_2\pm\omega_1}};\quad b_a \rightarrow \infty \tag{2-75}$$

从 2.4.4.1 节的内容可知，线性极化法利用的是在腐蚀电位附近电位与电流呈线性关系的原理，对极化曲线进行直线拟合，计算得到极化阻抗 R_p 和腐蚀电流密度 i_k，方法本身具有较好的准确度，但线性极化法最大的弊端在于，必须预知 Tafel 斜率 b_a 和 b_c。2.4.4.1 节中介绍了几种求 Tafel 斜率的方法，都比较烦琐，尤其是在长期的腐蚀监测中，b_a、b_c 值是随着腐蚀的进行发生变化的。

相比之下，EFM 技术则没有这样的困扰，我们只需给待测量的腐蚀体系施加一个频率适当的电位扰动，经过数据处理和计算即可得到腐蚀电流密度 i_k、Tafel 斜率等结果。由于施加的电位扰动非常微弱（电位幅值 A 一般小于 15mV），因此 EFM 对测量体系不会造成破坏性的干扰，也是一种原位无损测量技术。EFM 测量对仪器设备有一定的要求，且数据处理相对较复杂。美国 Gamry 公司已开发出模块化的 EFM 测量元件，用户只需设定频率、幅值等测量参数即可得到腐蚀速率结果，简便快速。

但就目前而言，EFM 在腐蚀领域的应用远不如线性极化法普遍，除去仪器设备普及率不高的原因外，EFM 技术存在的最大争议是其测量的准确性受到质疑。与线性极化法不同，EFM 测量结果仅取决于若干谐调频率和互调频率下的电流值，腐蚀速率测量结果波动性大。为了检验测量结果的准确性，研究者引入了一对校验因子（Causality Factor）$CF2$，$CF3$：

$$CF2 = \frac{i_{\omega_1\pm\omega_2}}{i_{2\omega_2}};\quad CF3 = \frac{i_{2\omega_1\pm\omega_2}}{i_{3\omega_2}} \tag{2-76}$$

$CF2$ 和 $CF3$ 的理论值分别为 2 和 3，只需检验校验因子的测量值与理论值的偏差，即可评估测量结果的准确性。校验因子的引入在一定程度上改进了 EFM

技术的不足，但国内仍有研究者对以校验因子，尤其是 $CF3$ 来检验测量结果准确性提出疑议，具体内容这里就不再展开。

EFM 技术发展时间较短，在国外，EFM 主要应用于缓蚀剂的筛选评价。近年来，EFM 技术也受到了国内学者的关注，利用 EFM 测量海水中碳钢、不锈钢等材料腐蚀速率的文献也相继出现。就目前的研究结果看，EFM 在完全受活化极化控制的腐蚀体系，如 Q235 碳钢在 NaCl 溶液中的腐蚀，具有较强的适用性。至于在阴极扩散和阳极钝化控制体系中的应用，以及更深入的探索仍需进一步研究。

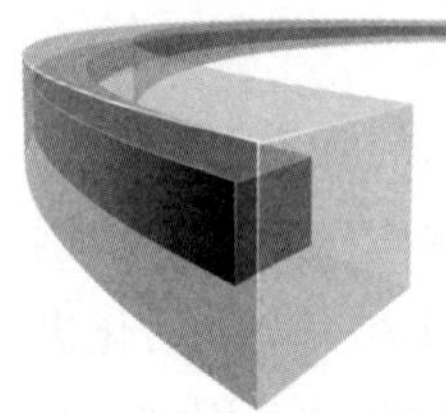

3 接地材料腐蚀的特征及机理

3.1 接地材料的腐蚀类型

接地材料的腐蚀形式一般分为化学腐蚀和电化学腐蚀两类。

化学腐蚀是指单纯由化学作用而引起的腐蚀，属于自然腐蚀的范畴，是接地装置金属表面与非电解质直接发生纯化学作用而引起的腐蚀。它发生在金属与介质相接触的界面上，腐蚀时没有电流产生。化学腐蚀是接地体和周围环境里接触到的介质直接进行化学反应而引起的一种自发腐蚀，接地体与空气中的水分、氧气和二氧化碳产生化学反应，使金属接地体被腐蚀而生锈。钢铁生锈的过程之一，就是铁缓慢转化为碱性碳酸盐的过程。当空气中扩散着含氮的气体化合物时，这些介质和接地体相接触，使接地体更快、更厉害地腐蚀。纯化学腐蚀的情况不多。主要为金属在无水的有机液体和气体中的腐蚀以及在干燥气体中的腐蚀，对接地装置来说，主要是接地线在空气中的腐蚀。化学腐蚀的反应过程的特点是金属表面的原子与非电解质中的氧化剂直接发生氧化还原反应，形成腐蚀产物。腐蚀过程中电子的传递是在金属与氧化剂之间直接进行的，因而没有电流产生。如金属和一些有害气体（O_2、H_2S、SO_2、Cl_2 等）接触时，在金属表面上生成相应的化合物（如氧化物、硫化物、氯化物等）。

电化学腐蚀是指金属表面与离子导电的介质（电解质）发生电化学反应而引起的破坏，与化学腐蚀不同，电化学腐蚀的特点在于其腐蚀历程可分为两个相对独立并可同时进行的过程，即阴极反应（还原过程）和阳极反应（氧化过程）。由于在被腐蚀的金属表面上存在着空间或时间上分开的阳极区和阴极区，腐蚀反应过程中电子的传递可通过金属从阳极区流向阴极区，其结果必有电流产生。

尽管无论是发生化学腐蚀还是电化学腐蚀，都会使金属元素的价态升高而被氧化，但是电化学腐蚀与化学腐蚀有着显著的区别。表 3-1 是对电化学腐蚀和化学腐蚀的比较。

表 3-1　电化学腐蚀与化学腐蚀的比较

项目	化学腐蚀	电化学腐蚀
介质	干燥气体或非电解质溶液	电解质溶液
反应式	$\sum_i \nu_i M_i = 0$	$\sum_i \nu_i M_i^{n+} \pm n\mathrm{e} = 0$
过程规律	化学反应动力学	电极过程动力学
能量转换	化学能与机械能和热	化学能与电能
电子传递	直接的，不具备方向性，测不出电流	间接的，有一定的方向性，能测出电流
反应区	在碰撞点上瞬时完成	在相对独立的阴、阳极区同时完成
产物	在碰撞点上直接形成	一次产物在电极上形成，二次产物在一次产物相遇处形成
温度	主要在高温条件下	室温和高温条件下

电化学腐蚀机理可以细分为原电池腐蚀、浓差腐蚀、应力腐蚀、电偶腐蚀、杂散电流腐蚀、微生物腐蚀机理。

3.2　接地材料的电化学腐蚀机理

3.2.1　原电池腐蚀机理

原电池腐蚀的基本原理可以形象地用图 3-1 进行说明。当把一块锌片和一块铜片平行地插入盛有稀硫酸溶液的烧杯里，并将铜片和锌片通过安培计连接，这时可以看到安培计发生偏转。

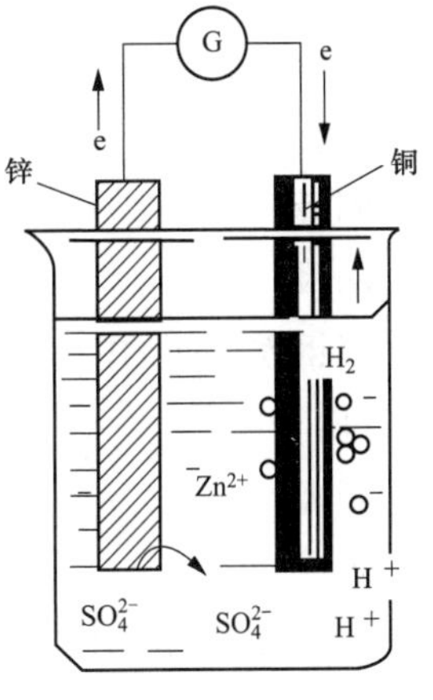

图 3-1　原电池示意图

在此过程中锌片不断溶解，铜片上有氢气产生。电流计上指针发生偏转。这说明当铜片和锌片一同浸入稀 H_2SO_4 时，由于锌比铜活泼，容易失去电子，锌被氧化成 Zn^{2+} 而进入溶液，电子由锌片通过导线流向铜片，溶液中的 H^+ 从铜片获得电子，被还原成氢原子，氢原子结合成氢分子从铜片上放出。变化过程可以表示如下：

$$\text{锌片}\quad Zn - 2e = Zn^{2+}\ \text{（氧化反应）} \tag{3-1}$$

$$\text{铜片}\quad 2H^+ + 2e = H_2\uparrow\ \text{（还原反应）} \tag{3-2}$$

整个电池总反应为

$$Cu^{2+} + Zn \longrightarrow Zn^{2+} + Cu \tag{3-3}$$

接地材料的电化学腐蚀实际上是由大量微小的电池构成的原电池群自发放电的结果，是金属原子失去电子成为金属离子的氧化过程。埋地金属构成原电池的形式也分两种。一是埋地金属的材质不同，不同金属间构成原电池，比较活泼的金属容易失去电子，发生氧化反应，遭受腐蚀；二是金属与其自身中的杂质构成的原电池，如钢铁中一般都含有碳，于是构成了铁为阳极、碳为阴极的很多微小原电池如图 3-2（a）所示，在这些原电池里，作为阳极的铁就失去电子而被氧化，钢铁在潮湿的空气里通过原电池反应而发生了电化腐蚀如图 3-2（b）所示。

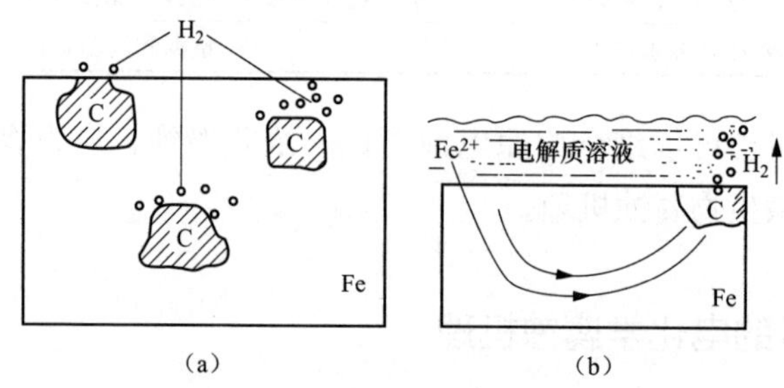

图 3-2　钢铁形成原电池腐蚀示意图

（a）钢铁表面形成的微小原电池示意图；（b）钢铁的电化学腐蚀示意图

当钢铁表面的电解质溶液的水膜酸性较强时，钢铁发生析氢腐蚀，其电极反应式是：

阳极　$$Fe = Fe^{2+} + 2e \tag{3-4}$$

阴极　$$2H^{+} + 2e = H_2\uparrow \tag{3-5}$$

当钢铁表面的电解质溶液的水膜酸性较弱时，钢铁发生吸氧腐蚀，其电极反应式是：

阳极　$$Fe = Fe^{2+} + 2e \tag{3-6}$$

阴极　$$2H_2O + O_2 + 4e^{-} = 4OH^{-} \tag{3-7}$$

钢铁发生的电化学腐蚀主要是这种吸氧腐蚀，导致钢铁表面生成铁锈。

3.2.2　浓差腐蚀机理

浓差腐蚀的形成是由同一金属的不同部位所接触的介质的浓度不同所致。接地材料浓差腐蚀有两种，一种是盐浓差腐蚀，另一种是氧浓差腐蚀。

3.2.2.1 盐浓差腐蚀机理

盐浓差电池是由于同一金属浸入不同浓度的电解液中形成的。如一根长铜棒的两端分别与稀的硫酸铜溶液和浓的硫酸铜溶液相接触。根据能斯特公式有

$$E^{e}_{Cu^{2+}/Cu}=E^{0}_{Cu^{2+}/Cu}+\frac{RT}{2F}\ln a_{Cu^{2+}} \tag{3-8}$$

可知，与较稀硫酸铜溶液接触的铜棒一端因其电极电位较低，作为腐蚀电池的阳极将遭受到腐蚀，但与浓硫酸铜溶液接触的铜棒另一端由于其电极电位较高，作为腐蚀电池的阴极，故溶液中的 Cu^{2+} 离子将在这一端的铜上面析出。这种溶解和析出反应一直进行到铜棒两端所处溶液中硫酸铜浓度相等为止。

土壤的 pH 值、含盐量、含水量的变化会造成电化学，出现腐蚀坑，这与土壤中广泛存在的盐浓差腐蚀电池有关。接地体在变电站土壤层中接触各种不同的土壤，土壤的饱和程度存在差异，回填土质地差异及盐分分布不同等，都会造成土壤中电解质浓度的不均匀性，使土壤中接地体的不同部分之间产生电位差，于是盐浓差电池就有形成的可能。在多数情况下，位于盐浓度低的土壤中的部分管线是阴极。湿润的土壤本身就起着某种电解质的作用，接地体本身就成为连接电路。如图 3-3 所示，电流从阳极区流入土壤，经过土壤，进入阴极区，然后沿着金属管线流到阳极区，阳极区遭遇腐蚀而出现局部腐蚀坑。

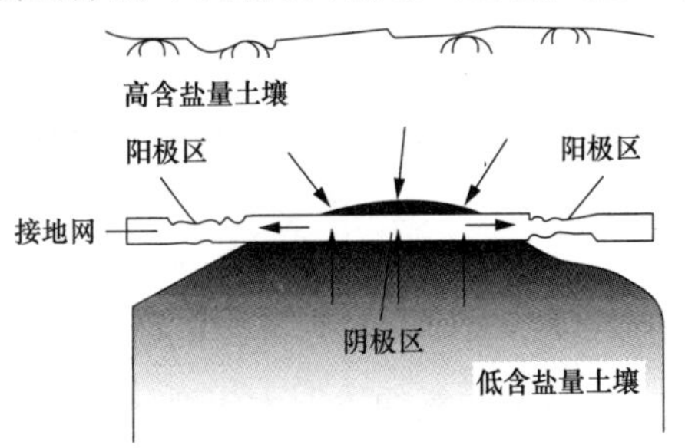

图 3-3 土壤盐浓差引起的腐蚀电池

此外，在电力系统中采用降阻剂来降低接地电阻，由于降阻剂敷设不均，有些接地体部位周围没有降阻剂。因为降阻剂具有很好的吸水性，所以有和没有降阻剂的部位的金属导体接触到的土壤湿度不同，这样就形成了宏观原电池，加速了接地体的腐蚀。

3.2.2.2 氧浓差腐蚀机理

变电站开挖检查发现，许多接地体上的腐蚀发生在底部的四分之一表面上，这与土壤不同区域供氧差异形成的氧浓差电池有关。不同的透气性条件下，氧的扩散速度变化幅度很大，强烈地影响着与不同区域土壤相接触的金属各部分的电位，这是促进建立氧浓差腐蚀电池的基本因素。把两个相同的金属电极放在同一个电解质溶液中，假如对这两个电极的供氧情况有差别，则在这两个电极之间就

有电位差，于是就能起到一种腐蚀电池的作用。这样形成的电池称为氧浓差电池供氧差异电池或差异氧气电池。因为氧气影响电化学反应中阴极反应过程，所以这样的氧浓差电池中，缺氧的那个电极是阳极，而供氧充分的那个电极是阴极。土壤中的氧气部分溶解在水中，部分停留在土壤的缝隙内，土壤中的含氧量与土壤的湿度、结构有密切关系，在干燥的砂土中，氧气容易通过，含氧量较高；在潮湿的砂土中，氧气难以通过，含氧量较低；在潮湿而又致密的黏土中，氧气的通过就更加困难，故含氧量最低。埋在地下的各种金属物体，如果通过结构和干湿程度不同的土壤将会引起氧浓差腐蚀。假如，接地材料部分埋在砂土中，另一部分埋在黏土中，由腐蚀电池：

阳极 $$Fe = Fe^{2+} + 2e \tag{3-9}$$

阴极 $$O_2 + 2H_2O + 4e = 4OH^- \tag{3-10}$$

由能斯特公式可知，阴电极电位与氧的分压大小有关，氧的分压（溶液中氧的浓度）越大，氧电极电位越高。因此，如果土壤介质中各部分含氧量不同，就会因氧浓度的差别产生电位差。接地材料在氧浓度较低的区域相对于氧浓度较高的区域来说，因其电极电位较低而成为阳极，故在阳极区的金属将遭受腐蚀。

$$E^{e}_{O_2/OH^-} = E^{0}_{O_2/OH^-} + \frac{RT}{4F}\ln\frac{P_{O_2} \cdot a^2_{H_2O}}{a^2_{OH^-}} \tag{3-11}$$

因砂土中氧的浓度大于黏土中氧的浓度，故在砂土中更容易进行还原反应，即在砂土中铁的电极电势高于在黏土中铁的电极电势，于是黏土中铁管便成了差异充气电池的阳极而遭到腐蚀。同理，埋在地下的金属构件，由于埋设的深度不同，也会造成差异氧气腐蚀，其腐蚀往往发生在埋在深层的部位，因深层部位氧气难以到达，便成为氧浓差电池的阳极，那些水平放置而直径较大的金属物，受腐蚀之处也往往是金属物的下部，这就解释了为何许多接地体上的腐蚀发生在底部的四分之一表面上。

对于埋在土壤中的接地网来说，这种电池作用可能是最经常遇到的。如将接地体放入挖好的沟渠的底部（那里的土是未经挖掘的），然后将挖出来的土再填回去，所以接地体两侧与上部的土壤相对底部来说比较疏松，于是从地面渗入的氧更容易到达这些部位，形成了一个供氧差异电池，接地体的底表面是阳极而管线的其余表面则是阴极。土壤就是电解质，连接电路就是接地体本身（见图 3-4）。当接地网从变电站混凝土路面下通过时，位于路面下的那部分比上方不铺有路面的那些部位来说，氧气较难进入，于是形成了这样的一个电池，位于路面下方的那部分接地体是阳极，接地网的其余部分则是阴极，所以腐蚀集中发生在这个位于混凝土路面下方的部位（见图 3-5）。

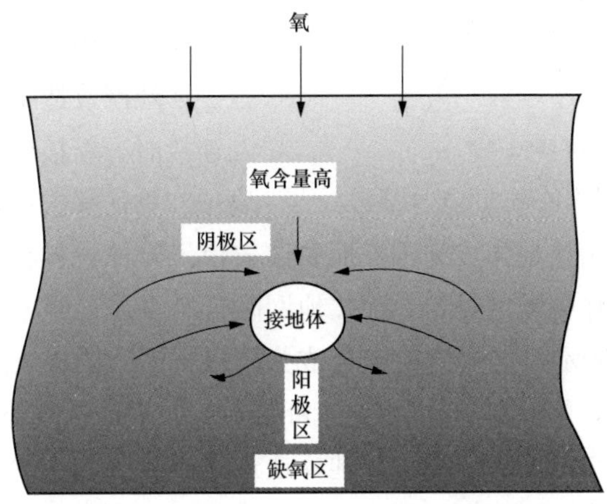

图 3-4　埋地接地体上回填土形成的氧浓差电池

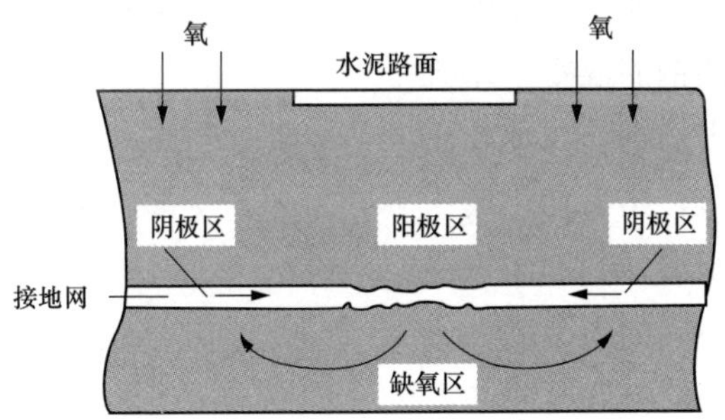

图 3-5　混凝土路面产生的氧浓差电池

3.2.3　应力腐蚀电池机理

接地体在拐弯处常常出现腐蚀较严重的情况，这是因为应力腐蚀电池发生在处于应力状态下的金属结构件上。在地网的拐弯处，接地体经受冷弯，这种情况下能够产生了应力腐蚀电池，加剧了腐蚀问题的发生。金属结构件处于较高应力状态的部位成为阳极，而处于较低应力状态的部位成为阴极，应力诱发的腐蚀电池示意图如图 3-6 所示。

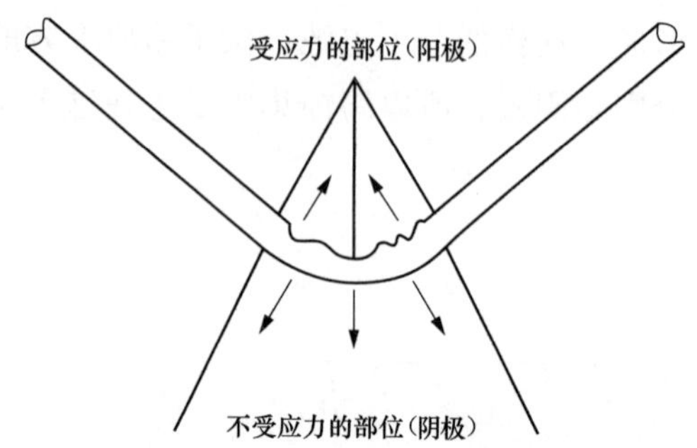

图 3-6　应力诱发的腐蚀电池示意图

3.2.4　电偶腐蚀机理

当两种不同的材料连接时，两材料之间的电位差使电流从电偶序较低的金属（阳极）流入电解质，导致腐蚀。如地网改造中，新、旧接地网相互连接时，新接地体因表面尚未形成腐蚀产物的保护层，新、旧接地体之间构成电偶腐蚀，新接地体成为阳极而腐蚀较快。异种材料腐蚀在铜接地系统中比较多。如果用铜作接地网材料，而接地网附近有很多混凝土和钢构及地下电缆管道等，如图 3-7 所示，这些钢材电极成为阳极，铜为阴极，形成腐蚀电池，其腐蚀电压为 0.75V，因而加速构架钢材和混凝土内钢筋及地下管道电缆的腐蚀，这就成为变电站的事故隐患。当钢接地棒通过不同成分的土壤时，电偶电池形成了，使在一种土壤中的钢相对于另一种土壤中的钢成为阳极，发生腐蚀。由于水泥也是一种电解质，当变电站利用电气设备下面的钢筋混凝土基础作接地体时，水泥中的钢筋与埋在土壤中的钢接地体连接，结果使土壤中的钢棒成为阳极遭受腐蚀，而水泥中的钢筋受到保护。不同的电阻率的土壤中也存在这种类型的电偶腐蚀。

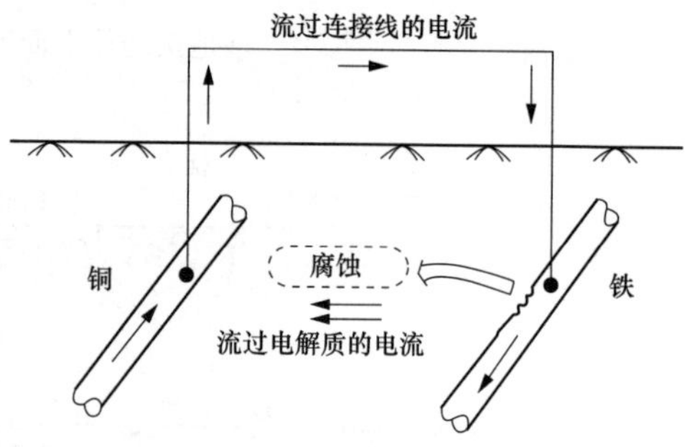

图 3-7　电偶腐蚀电池示意图

3.2.5　杂散电流腐蚀机理

由于某种原因，一部分电流离开了指定的导体，而在原来不该有电流的导体内流动，这部分不按预定线路流通的电流，称为杂散电流，根据杂散电流的性质，可分为直流电流腐蚀和交流电流腐蚀两种。把杂散电流引起的腐蚀称为杂散电流腐蚀。

杂散电流腐蚀的典型特征为不是由于接地体本身的电极电位引起的，与金属本身材质和活性无关，而是由于外部电流的作用引起的电解腐蚀。来自直流电车路轨、直流电焊等杂散电流源的电流可引起地下管道、电缆等腐蚀。杂散电流腐蚀受许多因素的影响，如土壤电阻率、埋地金属的绝缘状况、杂散电流密度及距杂散电流源的距离等。在不同的情况下所引起的腐蚀状况大不相同，但其腐蚀机理是相同的，即杂散电流从土壤流经金属导体的地方是阴极，而电流经金属导体再流进土壤的地方是阳极，阳极区会发生腐蚀，阴极处不会发生腐蚀。以钢铁为例来说明电解腐蚀过程，阳极附近的电化学反应式为

$$Fe \longrightarrow Fe^{2+} + 2e \tag{3-12}$$

$$Fe^{2+} + 2OH^- \longrightarrow Fe(OH)_2 \tag{3-13}$$

$$4Fe(OH)_2 + 2H_2O + O_2 \longrightarrow 4Fe(OH)_3 \tag{3-14}$$

从上述反应式可知，Fe 被电解成离子态从阳极进入电解质后，即和电解质中的 OH^- 离子生成氢氧化亚铁，然后再进一步变成氢氧化铁——一种红褐色的稀松组织，使钢铁阳极逐渐消耗。这将导致接地网中某些局部位置的严重腐蚀，如接地引线等。由电解造成的地网材料的腐蚀，如果伴随氧气或氢气析出，阳极材料的腐蚀还将进一步加剧。此外，析氢反应还会使溶液的 pH 值下降，引起介质的酸化。由于接地网是埋设在土壤中的，那么由于气体和离子的扩散受阻，阳极周围的一个小区内的土壤会变得越来越有腐蚀性。

3.2.6 微生物腐蚀机理

土壤中微生物对金属的腐蚀是微生物的生命活动参与下发生的腐蚀过程，微生物自身对金属并不直接具有侵蚀作用，而是其生命活动的结果参与腐蚀的间接过程。这种间接过程主要表现为以下四种方式：

（1）新陈代谢产物的腐蚀作用。微生物能产生一些具有腐蚀性的代谢产物，如硫酸、有机酸和硫化物等，增强了环境的腐蚀性。

（2）微生物的活动影响电解的动力学过程。如硫酸盐还原菌的存在，能促进腐蚀的阴极去极化过程。

（3）改变了金属周围环境的状况，如氧浓度、盐浓度及 pH 值等，形成局部腐蚀电池。

（4）破坏保护性覆盖层或缓蚀剂的稳定性。

硫酸盐还原菌的腐蚀特征是造成金属构件的局部损坏，并生成黑棕色而带有难闻气味的硫化物。腐蚀产物中硫化物较松、较脆，用手即可轻易掰开，能发现腐蚀产物大片大片落下，接地体上露出腐蚀坑。一般而言，微生物腐蚀多发生在地势较低的沼泽地带及有机质含量较高的土壤中。其反应机理为：

阳极反应

$$Fe \longrightarrow Fe^{2+} + 2e \tag{3-15}$$

阴极反应

$$H_2O \longrightarrow H^+ + OH^- \tag{3-16}$$

$$2H^+ + 2e \longrightarrow H_2 \tag{3-17}$$

细菌参与的阴极去极化

$$SO_4^{2-} + 8H^+ \xrightarrow{\text{还原菌吸附}} S^{2-} + 4H_2O \tag{3-18}$$

次生反应

$$Fe^{2+} + S^{2-} \longrightarrow FeS \tag{3-19}$$

$$3Fe^{2+} + 6OH^- \longrightarrow 3Fe(OH)_2 \tag{3-20}$$

总的反应式为

$$4Fe + SO_4^{2-} + 4H_2O \longrightarrow FeS + 3Fe(OH)_2 + 2OH^- \tag{3-21}$$

3.3 接地网具体部位腐蚀机理

3.3.1 主接地网腐蚀

主接地网埋入变电站土壤中，而土壤是由固、液、气三相组成的胶质体，颗粒间充满空气、水分和各种盐类等物质，使土壤成为电解质，接地网在土壤中遭受电化学腐蚀。主地网接地体的腐蚀产物以锈层形式发展，成层状，严重腐蚀处时能大块完全脱离接地体。土壤中主接地网的腐蚀主要包括微电池腐蚀、宏电池腐蚀、杂散电流腐蚀和微生物腐蚀。统计资料表明，从全国土壤腐蚀网站十多年的埋设试验来看，钢铁试件80%左右的腐蚀是宏电池引起的。

阴阳极相距仅数毫米或数微米的，一般称为微电池腐蚀。如土壤中小片金属试样的腐蚀基本上可看成是微电池腐蚀，其外形特征十分均匀。当腐蚀电池达几十厘米、数米乃至几千米时，这种大阳极和大阴极就构成宏电池腐蚀，它是主地网腐蚀的主要形式，其结果导致地网导体形成穿孔和严重局部锈蚀，而且腐蚀速度较高。

3.3.2 接地引下线腐蚀

接地引下线将接地装置与主接地网连接起来，其所处的环境比较特别，一部分位于大地上方的空气中，一部分位于土壤。变电站接地引下线通常要采取刷沥青漆等防腐蚀措施。接地引下线典型示意如图 3-8 所示。

由于接地引下线埋设深度不同，会构成宏观腐蚀电池。其影响因素很多，如土壤的性质、温度及均匀性等都对腐蚀速度有一定影响，影响较大的是氧浓差电池引起的电化学腐蚀。接地引下线（如扁钢）从空气中垂直入地，扁钢与土壤间会有一很小的间隙，使垂直段的扁钢周围充满空气。而拐弯处或拐弯以后的扁钢与土壤能较紧密地贴在一起，其周围的空气则比垂直段少，由此导致接地引下线不同部位周围土壤形成氧浓差腐蚀电池。缺氧的拐弯段为阳极，不缺氧的垂直段为阴极。腐蚀电流从缺氧的拐弯段（阳极）出发，经过土壤到不缺氧的垂直段（阴极），通过接地体构成回路。因电流走距离最小路径。在缺氧区与不缺氧区的距离最短处电流比较集中，腐蚀也最严重。

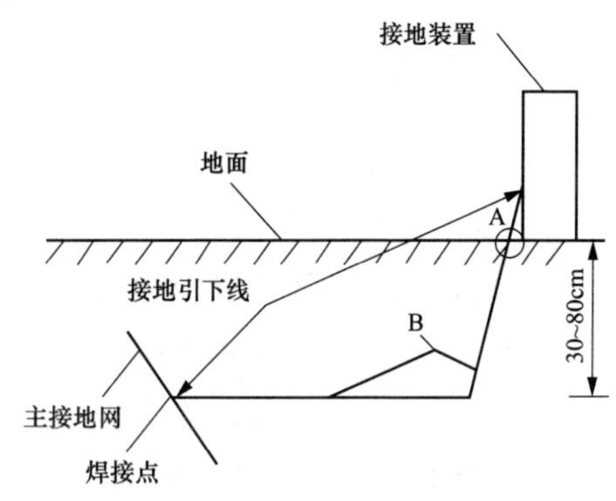

图 3-8　接地引下线典型示意图

应力也是造成接地引下线拐弯处腐蚀的原因之一，接地扁钢与一定的介质（如碱、硝酸及工业大气）接触将会产生应力腐蚀。由于应力撕破了金属的保护膜，使金属表面出现许多微小裂纹，造成表面电化学过程不均匀，裂纹尖端的微小表面相对没有裂纹表面的电位为负而成为阳极，没有裂纹的表面为阴极，由于它们两个部分的面积相差很大，造成了大阴极和小阳极，使裂纹的尖端部分成为腐蚀的活性点，裂纹不断向纵深发展，最终导致断裂。显然，污秽地区的应力腐蚀较清洁区更为严重。

泄漏电流也会使接地引下线腐蚀。当有泄漏电流流过接地引下线时会加速其腐蚀，虽然交流电流产生的腐蚀较弱，但大约有 0.01%的交流电流在钢筋和水泥的交界处被整流成直流，而小的直流电流会造成钢材料的腐蚀。

此外，两种土壤的交界处接地引下线腐蚀也很严重，其原因主要是当接地体通过不同成分的土壤时，会形成腐蚀电偶（宏观腐蚀电池的一种）。当接地体在一种土壤中的部分相对在另一种土壤中的部分为阳极时，发生腐蚀。如当变电站利用电气设备下面的钢筋混凝土基础作接地体时，混凝土中的钢筋与埋在土壤中的钢接地体连接，混凝土的高碱度使钢筋钝化不易腐蚀，结果使土壤中的钢成为阳极遭到腐蚀。不同电阻率的土壤中也存在这种类型的腐蚀。接地网水平接地体同样存在这种腐蚀。

3.3.3 电缆沟中接地体腐蚀

外观检查以及腐蚀数据测量表明，电缆沟内接地体的腐蚀比较突出，许多运行不久的变电站内接地体已严重腐蚀。与主地网接地体只在局部区域形成腐蚀坑不同，电缆沟内接地体的腐蚀产物成鳞片状，锈层遍布整个接地体基体表面。产物虽坚硬，但用手可将其从接地体上剥落，发现锈层往往由疏松的外锈层及致密的内锈层构成。电缆沟接地体腐蚀主要为全面腐蚀。电缆沟内接地体平均腐蚀速度比主接地网中接地体通常要大很多。

电缆沟内接地体暴露于大气中，遭受大气腐蚀，受到电缆沟内大气中所含的水分、氧气和腐蚀性介质（包括雨水中杂质、烟尘、表面沉积物等）的联合破坏作用。电缆沟中接地体腐蚀大多数情况下是电化学腐蚀，但它又不同于主接地网内接地体全浸在土壤电解质中的电化学腐蚀，而是在电解液薄膜下的电化学腐蚀。由于电缆沟内比较潮湿，潮气在接地扁钢表面形成许多小水珠或一层水膜。由于氧气在水珠或水膜中的浓度不均匀（如水珠边缘部分氧的浓度大于中心），在水珠的边缘和中心间就形成了氧浓差腐蚀电池，边缘为阴极，中心为阳极，造成了接地扁钢的腐蚀。

电缆沟内接地体的腐蚀与各站电缆沟所处环境相关。电缆沟内接地体腐蚀与潮湿的环境有关。根据大气相对湿度的大小，其对钢铁的腐蚀分为三种形式：一是相对湿度小于25%时，钢铁表面无潮湿感觉，特别是相对湿度为零时，钢铁表面为绝对干燥，这在钢铁处于高温状态才能形成，此时发生的腐蚀称为干燥腐蚀，属于化学腐蚀类型；二是相对湿度大于25%至钢铁的临界湿度75%时，钢铁表面逐渐形成一层由不相连续的厚度小于1μm的薄水膜，称之为潮腐蚀；三是相对湿度75%～100%时，这是钢铁表面的水膜不仅完整连续，而且水膜厚度从1μm逐渐可以达到1mm，后两种形式的腐蚀属于电化学腐蚀，而且腐蚀性会显著加强，相对湿度越高，腐蚀速度越快，如相对湿度90%～100%时，锈蚀量约增大20倍左右。如果相对湿度小于25%，对接地体就几乎没有危害，若变电站由于下雨等原因造成电缆沟经常积水，且水气不易扩散使得电缆沟内潮气较大，会造成电缆沟接地带腐蚀率增大。

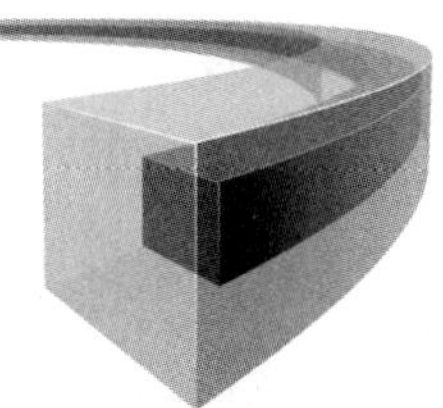

4 接地材料腐蚀环境和影响因素

接地材料的腐蚀环境主要分为三种：大气腐蚀环境、土壤腐蚀环境、海水腐蚀环境。接地引下线土壤上部、电缆沟中接地材料均暴露在空气中，其腐蚀是大气环境造成的；接地装置大部分埋在土壤中，如水平接地网、垂直接地极埋在土壤中，其腐蚀是土壤环境造成的；此外在高压直流输电系统中，为了降低接地电阻，防止接地极发热，有时需要建立岸边和海水中的接地装置，其腐蚀是海水环境造成的。

4.1 大气腐蚀及其影响因素

金属材料与所处的自然大气环境作用而引起的变质或破坏称为大气腐蚀，主要是金属材料受大气中所含的水分、氧气等腐蚀性介质联合作用产生的破坏。其中水分和氧气是决定大气腐蚀速度的主要因素。按腐蚀反应可分为化学腐蚀和电化学腐蚀。但它又有别于全浸电解液中的电化学腐蚀，它是一种液膜下的电化学腐蚀，由于液膜直接与空气接触，因此液膜中存在饱和氧，使液膜下的腐蚀以氧去极化过程进行。

4.1.1 大气腐蚀的类型

大气腐蚀可以按照不同的方法分类。按地理和空气中含有微量元素的情况可以分为工业大气腐蚀、海洋大气腐蚀和农村大气腐蚀。按气候条件可以分为热带大气腐蚀、湿热带大气腐蚀和温带大气腐蚀。从腐蚀条件看，大气的主要成分是水分和氧气，而大气中的水汽是决定大气腐蚀速度和历程的主要因素，因此，可以根据金属表面的潮湿程度（或水汽在金属表面的附着状态）对大气腐蚀进行更为直观的分类。

金属表面的潮湿程度与大气的相对湿度有密切关系。所谓相对湿度，是指在某一温度下，空气中水蒸气含量与该温度下空气中所能容纳的水蒸气的最大含量的比值（一般以百分比表示），即

$$\text{相对湿度}（RH）=\frac{\text{空气中水蒸气的含量}}{\text{该温度下空气所容纳的最大水蒸气含量}}\times 100\%$$

不同物质或同一物质的不同表面状态，对大气中水分的吸附能力是不同的。当空气中相对湿度达到某一临界值时，水分在金属表面形成水膜，从而促进电化学腐蚀过程的发展，此时的相对湿度称为金属腐蚀的临界相对湿度。

空气中的氧气是电化学腐蚀阴极过程中的去极剂，水膜的厚度直接影响着大气腐蚀过程。应此，可以根据腐蚀金属表面的潮湿程度把大气腐蚀分为“干的大气腐蚀”、“湿的大气腐蚀”和“潮的大气腐蚀”三种类型。

（1）干的大气腐蚀。在空气非常干燥的条件下，金属表面不存在水膜时的腐蚀称为干的大气腐蚀，其特点是在金属表面形成一层保护性氧化膜（1～10nm），并常常伴随金属表面的失泽。如铜、银被硫化物污染的空气腐蚀所造成的失泽现象。

（2）潮的大气腐蚀。大气的相对湿度在100%以下，金属表面存在着肉眼不可见的薄水膜（10nm～1μm）时所发生的腐蚀称为潮的大气腐蚀。如铁在大气中没被雨雪淋到时的生锈即属于潮的大气腐蚀。

（3）湿的大气腐蚀。水分在金属表面已成液滴凝聚而形成肉眼可见的液膜层（1μm～1mm）时所发生的腐蚀称为湿的大气腐蚀。当空气中的相对湿度在100%左右或者雨、雪、霜及水沫等直接落在金属表面上时，就会发生湿的大气腐蚀。

4.1.2 大气环境腐蚀性分类

由于大气环境的腐蚀条件对金属材料的腐蚀行为有重要的影响，因此国际标准组织制定了 ISO 9223—2012《金属与合金的腐蚀—大气腐蚀性分类、测定和评估》，这种方法是根据金属标准试样在某环境中自然暴露试验所得出的腐蚀率或综合环境中大气污染物浓度和金属表面潮湿时间而进行分类的，其总体结构如图 4-1 所示。

按测定金属标准试样腐蚀率进行分类，将大气腐蚀性分为 C1、C2、C3、C4、C5，即腐蚀性很低、低、中、高、很高 5 类（见表 4-1）。

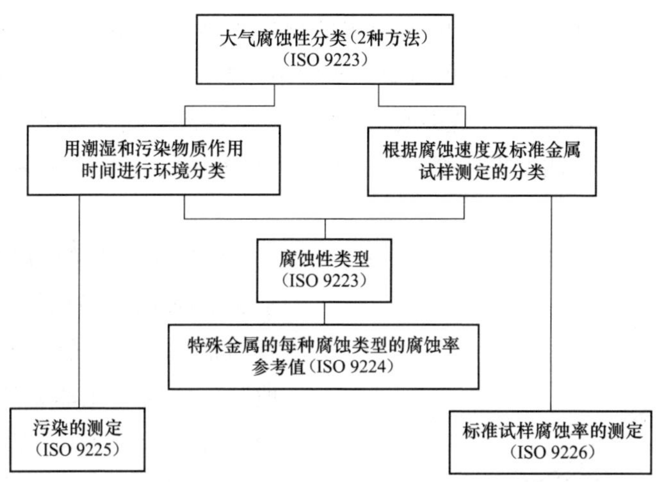

图 4-1　国际标准化组织关于大气腐蚀性的分类方法

表 4-1　　以不同金属暴露第一年的腐蚀率进行环境腐蚀性分类

腐蚀	金属的腐蚀率				
类型	单位	碳钢	锌	铜	铝
C1（很低）	$g/(m^2 \cdot a)$ m/a	<10 <1.3	<0.7 <0.1	<0.9 <0.2	<0.2
C2（低）	$g/(m^2 \cdot a)$ m/a	10～200 1.3～25	0.7～5 0.1～0.7	0.9～5 0.1～0.6	
C3（中）	$g/(m^2 \cdot a)$ m/a	200～400 25～50	5～15 0.7～2.1	5～12 0.6～1.3	0.6～1.3
C4（高）	$g/(m^2 \cdot a)$ m/a	400～650 50～80	15～30 2.1～4.2	12～25 1.3～2.8	
C5（很高）	$g/(m^2 \cdot a)$ m/a	650～1500 80～200	30～60 4.2～8.4	25～50 2.8～5.6	

4.1.3　大气腐蚀机理

金属的表面在潮湿的大气中会吸附一层很薄的湿气层即水膜，当这层水膜达到 20～30 个分子层厚时，就变成电化学腐蚀所必需的电解液膜。所以在潮和湿的大气条件下，金属的大气腐蚀过程具有电化学腐蚀的本质，是电化学腐蚀的一种特殊形式。金属表面上的这种液膜是由于水分（雨、雪等的直接沉降），或者是由于大气湿度或气温的变动以及其他种种原因引起的凝聚作用而形成的。如果金属表面只存在着纯水膜时，因为纯水的导电性较差，还不足以促成强烈的腐蚀。在实际情况中，随着水分的凝聚，水膜中可能溶入大气中的气体（CO_2、O_2、SO_2 等），还可能落上尘土、盐类或其他污物。一些产品或金属材料在加工、搬运或使用过程中，还会沾上手汗等，这些都会提高液膜的导电性和腐蚀性，促进腐蚀加速。

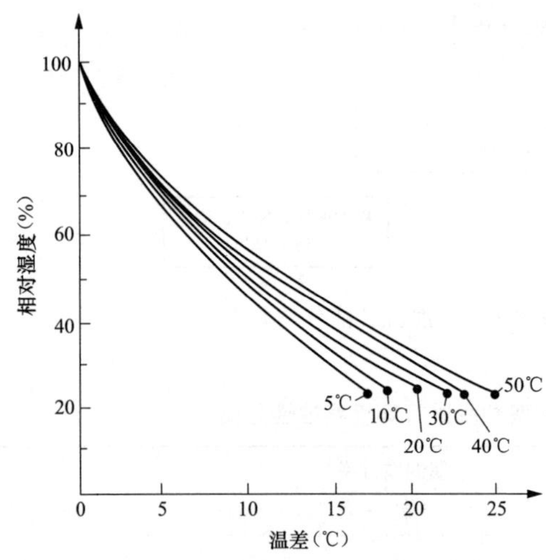

图 4-2　在一定温度下，引起凝露的温差与大气湿度间的关系

空气中水分的饱和凝结现象也是非常普遍的。这是由于有些地区，特别是热带、亚热带及大陆性气候地区，气候变化非常剧烈，即使在相对湿度低于 100%的气候条件下，也容易造成空气中水分的冷凝。图 4-2 为一定温度下，引起凝露的温度差与大气湿度间的关系。由图 4-2 可知，在空气温度为 5～50℃的范围内，当气温剧烈变化达 6℃左右时，只要空气相对湿度达到 65%～75%左右就可引起凝露现象。温差越大，引起凝露的相对湿度也会越低。昼夜温差达 6℃的气候，在我国各地是常见的，达 10℃以上的也很多。此外，强烈的日照也会引起剧烈的温差，因而造成水分的凝结现象。即使在中纬度地区的国内各地，向阳面和背阳面的温差达 20℃以上的现象也不少见，这样，在日落后的降温过程中水分很容易凝结。

在大气条件下，结构零件之间的间隙和狭缝、氧化物和腐蚀产物及镀层中的孔隙、材料的裂缝，以及落在金属表面上的灰尘和碳粒下的缝隙等，都具有毛细管的特性，它们能促使水分在相对湿度低于 100%时发生凝聚。

在相对湿度低于 100%，未发生纯粹的物理凝聚之前，由于固体表面对水分子的吸附作用也能形成薄的水膜，这称为吸附凝聚。吸附的水分子层数随相对湿度的增加而增加。吸附水分子层的厚度也与金属的性质及表面状态有关，一般为几十个分子层厚，空气中相对湿度与金属表面吸附水膜的关系如图 4-3 所示。

当物质吸附了水分之后，即与水发生化学作用，这种水在物质上的凝聚称为化学凝聚。如金属表面落上或生成了吸水性的化合物（$CuSO_4$、$ZnCl_2$、NaCl、

NH_4NO_3等），即使盐类已形成溶液，也会使水的凝聚变得容易，因为盐溶液上的水蒸气压力低于纯水的蒸汽压力。可见，当金属表面上落上铵盐或钠盐（手汗、盐粒等）就特别容易促进腐蚀。在这种情况下，水分在相对湿度70％～80％时便会凝聚，且又有电解质存在，所以就会加速腐蚀。

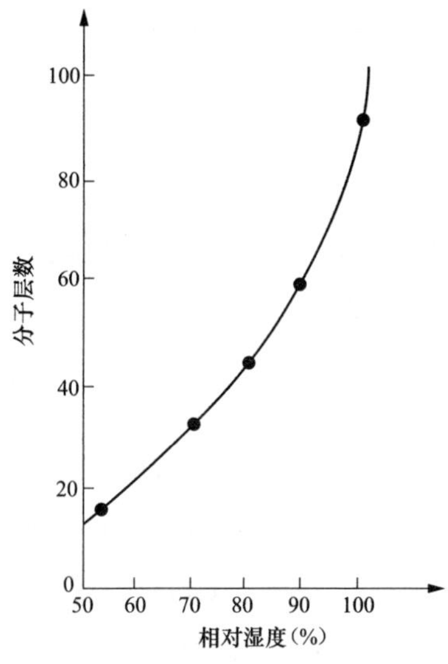

图 4-3 空气中相对湿度与金属表面吸附水膜的关系

（1）阴极过程。金属发生大气腐蚀时，由于氧很容易到达阴极表面，故阴极过程主要依靠氧的去极化作用，即氧向阴极表面扩散，作为去极化剂，在阴极进行还原反应。氧的扩散速度控制着阴极上氧的去极化作用的速度，进而控制着整个腐蚀过程的速度，阴极过程的反应与介质的酸碱性有关，在中性或碱性介质中发生如下反应

$$O_2+2H_2O+4e\rightarrow4OH^-$$

在酸性介质（如酸雨）中则发生如下的反应

$$O_2+4H^++4e\rightarrow2H_2O$$

由于大气中的阴极去极化剂是多种多样的，因而大气腐蚀也不能排除 O_2 以外的其他阴极去极化剂（如 H^+、SO_2 等）的作用。

（2）阳极过程。腐蚀的阳极过程就是金属作为阳极发生溶解的过程，在大气腐蚀的条件下，阳极过程反应为

$$M+\chi H_2O\rightarrow M^{n+}\cdot\chi H_2O+ne$$

式中：M 代表金属，M^{n+} 为 n 价金属离子，$M^{n+}\cdot\chi H_2O$ 为金属离子化水合物。

一般来讲，随着金属表面电解液膜的减薄，大气腐蚀的阳极过程的阻滞作用增大。其可能的原因包括两个方面：一是当金属表面存在很薄的液膜时，会造成金属离子水化过程较难进行，使阳极过程受到阻滞；另一重要原因是在很薄液膜条件下，易于促使阳极钝化现象的产生，因而使阳极过程受到强烈的阻滞。总之，极化过程随着大气条件的不同而变化。对于湿的大气腐蚀，腐蚀过程主要受阴极控制，但这种阴极控制已比全浸时大为减弱，并且随着电解液膜的减薄，阳极过程变得困难。可见随着水膜厚度的变化，不仅表面潮湿程度不同，而且电极

过程控制因素也会不同。

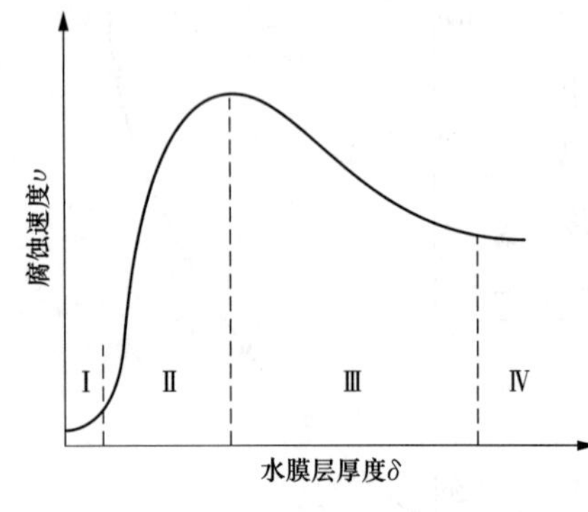

图 4-4 大气腐蚀速度与金属表面水膜厚度的关系

大气腐蚀速度和金属表面水膜厚度的关系如图 4-4 所示，区域Ⅰ（$\delta=1\sim10$nm）为金属表面上只有几个分子层厚的吸附水膜情况，没有形成连续的电解液，腐蚀速度很小，相当于干大气条件腐蚀，此条件下发生化学腐蚀。区域Ⅱ（$\delta=10$nm～1μm）中，膜开始具有电解质溶液的特点，金属腐蚀性质由化学腐蚀转变为电化学腐蚀，此区域对应于潮的大气腐蚀。腐蚀速度随着膜的增厚而增大，在达到最大腐蚀速度后，进入区域Ⅲ（$\delta=1\mu$m～1mm）。Ⅲ区为可见的液膜层下腐蚀，随着液膜厚度进一步增加，氧的扩散变得困难，因而腐蚀速度呈下降变化趋势。液膜进一步增厚，就进入Ⅳ区（$\delta>1$mm），这与全浸泡在溶液中的行为相同，由于这时氧通过液膜有效扩散层的厚度已经基本上不随液膜厚度的增加而增加了，所以腐蚀速度也只是略有下降。

一般大气环境条件下的腐蚀都是在Ⅱ区和Ⅲ区中进行的，随着气候条件和相应的金属表面状态（氧化物或盐类的附着情况）的变化，各种腐蚀形式会互相转换。

4.1.4 大气腐蚀的影响因素

大气腐蚀复杂，影响因素颇多，主要包括气候条件、大气中有害杂质及腐蚀产物等影响因素。

4.1.4.1 气候条件的影响

大气的相对湿度、温度及温度差、日照时间、风向和风速等都对金属的大气腐蚀速度有影响。

（1）大气相对湿度的影响。大气腐蚀强烈地受到大气中水分含量的影响。湿度的波动和大气尘埃中的吸湿性杂质容易引起水分凝结，在含有不同数量污染物的大气中，金属都有一个临界相对湿度，超过这一临界值，腐蚀速度就会突然猛增，而在临界值以下，腐蚀速度很小或几乎不腐蚀。出现临界相对湿度，标志着金属表面上产生了一层吸附的电解液膜，这层液膜的存在使金属从化学腐蚀转变成了电化学腐蚀，腐蚀大大增强。

一般来说，金属的临界相对湿度在70％左右。临界相对湿度随金属种类、金属表面状态以及环境气氛的不同而有所不同。测试表明，上海地区在SO_2污染较重的情况下（0.02～0.1mg/m^2），Al腐蚀的临界相对湿度为80％～85％；Cu约为60％；钢铁为50％～70％；Zn与Ni则大于70％。在大气中，如含有大量的工业气体，或含有易于吸湿的盐类、腐蚀产物、灰尘等情况下，临界相对湿度要低得多。铁的大气腐蚀与空气相对湿度和空气中SO_2杂质的关系如图4-5所示，当大气中有SO_2存在时，相对湿度低于75％的情况下，腐蚀速度增加很慢，与洁净空气中的差不多。但当相对湿度达到75％左右时，腐蚀速度突然增大，并随相对湿度增大而进一步增加，且污染情况愈严重，增加趋势愈大。

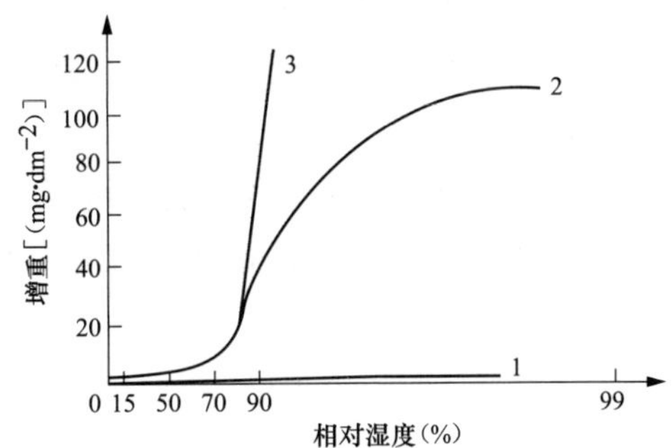

图4-5　铁的大气腐蚀与空气相对湿度和空气中SO_2杂质的关系

1—纯净空气；2—含0.01％SO_2的空气；3—含0.01％SO_2和碳粒的空气

（2）温度和温度差的影响。空气的温度和温度差也是影响大气腐蚀的主要因素，尤其是温度差比温度的影响更大（见图4-5），因为它不但影响着水汽的凝聚，而且还影响着凝聚水膜中气体和盐类的溶解度。对于湿度很高的雨季和湿热带，温度会起较大的作用。一般说来，随着温度的升高，腐蚀加快。

在生产和储存金属产品的车间和库房中应尽可能避免剧烈的温度变化。对于高寒地区或日夜温差较大的地区可以利用暖气控制温差，并控制相对湿度。在不可避免有剧烈的温度变化时，则应采用可靠的防锈方法。

（3）日照时间和气温。如果温度较高并且阳光直接照射到金属表面上时，由于水膜蒸发速度较快，水膜的厚度迅速减薄，停留时间大为减少。如果新的水膜不能及时形成，则金属腐蚀速度就会下降。如果气温高、湿度大而又能使水膜在金属表面上的停留时间较长，则会使腐蚀速度加快。如我国长江流域的一些城市在梅雨季节时就是如此。

（4）风向和风速。风向和风速对金属的大气腐蚀影响也很大。在沿海地区，在靠近工厂的地区，风将带来多种不同的有害杂质，如盐类、硫化物气体、尘粒等，从海上吹来的风不仅会带来盐分，还会增大空气的湿度，这些情况都会加速金属的腐蚀。

4.1.4.2 大气中有害杂质的影响

在污染大气的杂质中，SO_2 的影响最为严重，大气中的 SO_2 主要来源于石油、煤燃烧的废气和工厂生产排出的废气。实验证明，空气中的 SO_2 对钢、铜、锌、铝等金属的腐蚀速度影响很大。虽然大气中的 SO_2 含量很低，但它在水溶液中的溶解度比氧高 1300 倍，使溶液中 SO_2 达到很高的浓度，大大加速金属的腐蚀。

SO_2 溶于金属表面上的水膜，可反应生成 H_2SO_3 或 H_2SO_4，其 pH 值可达 3～3.5。H_2SO_3 是强去极化剂，对大气腐蚀有加速作用，在阴极上去极化反应如下

$$2H_2SO_3+2H^++4e \longrightarrow S_2O_3^{2-}+3H_2O$$

$$2H_2SO_3+H^++2e \longrightarrow HS_2O_4^-+4H_2O$$

上述反应产物的标准电极电位比大多数工业用金属的稳定电位高得多，可使这些金属成为构成腐蚀电池的阳极，而遭受腐蚀。如大气中 SO_2 对 Fe 的加速腐蚀是一个自催化反应过程，其反应为

$$Fe+SO_2+O_2 \longrightarrow FeSO_4$$

$$4FeSO_4+O_2+6H_2O \longrightarrow 4FeOOH+4H_2SO_4$$

$$2H_2SO_4+2Fe+O_2 \longrightarrow 2FeSO_4+2H_2O$$

生成的硫酸亚铁又被水解形成氧化物，重新形成硫酸，硫酸又加速铁腐蚀，反应生成新的硫酸亚铁，再被水解生成硫酸，如此循环往复而使铁不断被腐蚀。研究表明碳钢的腐蚀速度与大气中的 SO_2 含量呈线性关系增大。

HCl 是一种腐蚀性很强的气体，溶于水膜中生成盐酸，对金属的腐蚀破坏甚大。H_2S 气体在干燥大气中易引起铜、黄铜、银等变色，而在潮湿大气中会加速铜、镍、黄铜、铁和镁的腐蚀。NH_3 极易溶于水膜，增加水膜的 pH 值，这对钢铁有缓蚀作用，且与有色金属生成可溶性的络合物，促进了阳极去极化作用。特别是对铜、锌、镉有强烈的腐蚀作用。

金属受大气中氯化物盐类腐蚀，主要表现在沿海地区受海风吹起的海水形成细雾，这种含盐的细雾称为盐雾。当盐雾降落在金属表面时，由于氯离子的作用，促进金属的腐蚀破坏。氯化物的另一个主要来源是手汗等人体分泌物。一般

汗液中，总盐分含量约为0.5%～2.5%，水分含量约为99.5%～97.5%。

工件热处理后表面附着的残盐、焊接后的焊药，如果处理不干净也容易引起锈蚀。

4.2 土壤腐蚀及其影响因素

接地网均埋设于地面下的土壤中，因此土壤是造成其腐蚀的环境介质。土壤是由气、液、固三相物质构成的复杂系统，其中还存在若干微生物，同时还存在杂散电流，因此土壤腐蚀是指土壤的不同组分和性质对材料的腐蚀，土壤使材料产生腐蚀的性能称为土壤的腐蚀性。作为腐蚀介质，土壤具有三个特点：多相性、不均匀性、相对固定性。土壤是由土粒、土壤溶液、土壤气体、有机物、无机物、带电胶粒和非胶体粗粒等在内的多种成分组成的极为复杂的多相体系。从宏观方面来看，一个土体的整个剖面包括若干土层，每一层又是由不同直径的颗粒组合而成的不同大小的团聚物和土块所构成。从微观来看，土壤又是由各种原生矿物和次生矿物以及有机质以复杂的方式组合而成的，而且还含有多种微生物；不像大气、海水具有流动性，组成土壤的固体组分具有相对固定性。从以上这些特点我们不难看出，土壤的腐蚀性是一个非常复杂的问题。

土壤的物理性质主要是土壤的种类、土壤的透气性、土壤的含水率和土壤电阻率。土壤的种类主要有：沙性土壤、黏性土壤、沙黏性土壤；从土壤组成来分，可分为无机质土壤和有机质土壤；从盐分组成又可分为碱性土壤和盐类土壤。这种不同性质的土壤将影响到土壤的透气性、土壤的含水量保持，从而影响腐蚀的特征。

4.2.1 土壤透气性

土壤的透气性不同，会使氧气扩散到土壤不同部位的浓度不同，而产生氧浓度差异充气电池，产生腐蚀。一般认为钢表面不透气区（点）会成为阳极产生腐蚀，透气区（点）成为阴极不产生腐蚀。不均匀的透气性，会产生局部腐蚀。密实性的土壤发生均匀性腐蚀可能性更高一些。土壤的透气性受土壤的质地、结构、结合松紧度和水分的影响，地网土壤的透气性还受到安装施工中回填土壤的密实性和土壤中石块、草根及建筑垃圾的影响，土壤的透气性可以用孔隙率定量表示，表4-2为常见岩土孔隙。

表 4-2 常见岩土孔隙

岩土类型	岩土名称	孔隙度（%）
沉积岩	土壤	20.0～69.4
	砂	13.0～63.2
	黏土	10.1～62.9
	砾石	20.1～37.7
	页岩	1.5～44.8
	砂岩	2.0～18.4
	灰岩	0.7～10.0
变质岩	结晶石灰岩	0.9～8.6
	片麻岩	0.4～7.5
	大理石	0.0～2.1
火成岩	玄武岩	18.7
	安石岩	6.0
	辉长岩	0.4～1.9
	花岗岩	0.4～4.1
	辉缘岩	0.2～5.1
	闪长岩	0.4～4.0
	正长岩	0.9～2.9

土壤空气是土壤的重要组成部分，土壤空气中除有大量氮、氧外，还有二氧化碳和水蒸气等，一般认为氧是土壤腐蚀的重要原因之一，在氧化还原反应中均有氧参加，土壤中的含氧量对腐蚀过程也有很大的影响，除了酸性很强的土壤另作别论外，通常金属在土壤中的腐蚀，主要是由下面的阴极反应所支配

$$O_2+2H_2O+4e\longrightarrow 4OH^-$$

氧也是去极化剂，在微电池为主的腐蚀中，氧含量高，腐蚀速率大但金属在土壤中的腐蚀主要是宏电池腐蚀，这主要是由于氧浓差电池引起的金属在水分较多、含氧量较少的紧实黏土中电位较低，成为阳极区而遭受腐蚀而通气较好的部位是阴极区，免遭腐蚀土壤通气性主要受土壤水分、地质条件等的影响，试验证明土壤松紧度对钢铁的电位和土壤导电性造成很大的差异土壤中的氧主要来源于：

(1) 从地面渗透来的空气。

(2) 在雨水、地下水中原来溶解的氧。

后者的含氧量是有限的，对土壤起主要作用的是土壤颗粒缝隙中的氧，在干燥的砂土中，由于氧容易渗透，所以含氧量较多，在潮湿的砂土中，因氧较难通

过，含氧量少，在这样含氧量不同的土壤中埋设的金属导体，就可能形成含氧量不均的腐蚀电池在透气性良好的土壤中，腐蚀速度尽管一开始很大，但随时间很快下降，因为在氧供应充足的条件下，铁氧化生成三价的氢氧化铁，并以此形式紧密沉积在金属的表面，这种方式产生的保护膜有使腐蚀随时间而减轻的倾向另一方面，在透气性极差的土壤中初始腐蚀速度如果说随时间增加而有所降低的话，也十分缓慢，在这种条件下，腐蚀产物保持着二价氧化物的状态，倾向于扩散进入土壤，所以对腐蚀金属起极小的保护作用，也可以说根本不起保护作用点蚀深度随时间变化的曲线斜率也可能受土壤腐蚀性的影响，即使在透气良好的土壤中，过高的溶解盐浓度会阻止腐蚀产物保护层的沉积，所以腐蚀速率也不会随时间而下降。土壤的含气量一般用含气率来表示，它是单位体积的土壤中，孔隙中气体体积占有的比率，土壤的含气率与土壤容积含水量有密切的相关性，土壤容积越小，含水量越低，则土壤的含气率越高，土壤的含气率是随时间而变化的，也随季节而变化。

4.2.2 土壤含水量

不少学者对含水率与腐蚀速率的关系进行过研究，但很少给出明确的数量关系。从国家土壤腐蚀站的结果来看，如果只考虑中碱性土壤，两者之间的关系还是有一定的规律（见表 4-3）。

表 4-3　　中碱性土壤的含水率与腐蚀速率

站名	含水率（%）	腐蚀速率（$g \cdot dm^{-2} \cdot a^{-1}$）	最大点蚀速率（$mm \cdot a^{-1}$）
新疆中心站	10.4～20.0	14.3	1.48
伊宁站	9.3～22.0	13.16	1.24
阜康站	10.0～10.3	12.11	1.42
乌尔禾站	9.3～12.7	10.34	1.38
敦煌站	16.1～33.0	8.03	
玉门东站	5.9～6.6	6.18	0.47
大纲中心站	19.2～34.6	4.61	0.59
成都昭觉寺	25.3～30.1	5.42	
南充站	21.2～25.5	5.49	0.84
长辛店站	21.1	5.16	1.09
西安气象站	14.5～16.1	5.13	0.8
泸州阳一井	18.7～21.1	5.03	0.41

续表

站名	含水率（%）	腐蚀速率（g·dm^{-2}·a^{-1}）	最大点蚀速率（mm·a^{-1}）
成都中心站	21.3～35.2	4.57	0.33
三峡站	18.7～24.0	4.39	
成都铁中站	22.9～29.9	4.39	
托克逊站	4.3～9.3	4.37	0.95
哈密战	5.2～6.1	4.15	1.17
沈阳中心站	23.1～29.8	3.94	0.6
济南站	13.7～27.8	3.74	0.45
昆明站	22.4～27.4		0.39
泸州飞机坝	16.9～22.7	3.2	0.6
泽普站	2.5～6.5	2.43	0.74
舟山站	26.6～35.2	1.73	0.2
大庆中心站	31.9～35.2	1.73	0.21
轮沙三井站	31.1～35.0	1.24	<0.01
仪征站	28.9～36.1	0.99	0.03
鄯善站	1.0～3.7	0.94	0.04
玉门镇站	10.4～21.9		0.1
张掖站	30.1～34.6		0.014

在含水率极低，即含水率在10%甚至5%以下，不管其含盐情况及电阻率如何，其腐蚀速率都很低。含水率在10%～25%时，腐蚀速率最高，在20%左右时出现腐蚀速率的峰值。含水率达30%左右时，腐蚀速率明显降低，当达35%左右饱和含水率时，腐蚀速率降至最低。当含水率处于极端值即含水率极低或饱和时，腐蚀速率处于最低值，其氯离子含量、全盐量、电阻率等的大小对腐蚀速率没有影响。在这种情况下，含水率实际上是控制腐蚀速率的决定因素。特强腐蚀性土壤含水率大都在10%～25%，只有极少数低于10%。强腐蚀性土壤中的大港滨海盐土，全盐量、氯离子含量都很高，但由于其大部分时间含水率在30%以上，因此，其腐蚀速率偏低的成都中心站也因经常处于水饱和状态，而出现较低的腐蚀速率。托克逊、哈密及鄯善站含盐量及氯离子含量均很高，与强腐蚀性土壤在差不多的数量级，但由于含水率的限制，托克逊、哈密的腐蚀速率明显偏低，鄯善站更低，只有0.94g/(dm^2·a）总的来看，强腐蚀及中等腐蚀性土壤，含水率大都在15%～25%之间，而弱腐蚀性土壤的含水率则在5%以下及30%以上。由于金属材料在大多数土壤中的腐蚀过程为氧去极化腐蚀过程，需要有氧与水的参与，因此在缺乏氧的水饱和土壤或缺少水分的干燥土壤中，出现极低腐蚀

速率应该是很合理的。

实际上，单独讨论含水率与腐蚀速率之间的定量或半定量关系，往往还是比较困难的，因为在现场条件下，很难找到除含水率不同外，其他土壤环境都相同的埋藏点来进行比较。为此只能选取土壤类型相同的埋藏点来讨论。如图 4-6 为同是荒漠盐土的新疆中心站等 10 个埋寒点的土壤含水率与碳钢管腐蚀速率的相互关系，各类荒漠盐土的化学组成等性质差异不是很大，彼此有一定的可比性。从图 4-6 中可以看出，含水率很低时，腐蚀速率也很低，随着含水率的上升，腐蚀速率也增加，当达到一个峰值时，腐蚀速率随含水率的增加而下降，当水分达到饱和时（35%左右），腐蚀速率降至最低。

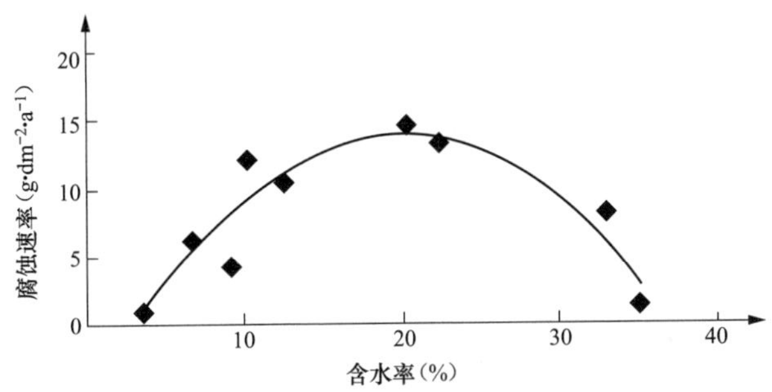

图 4-6　荒漠盐土含水率对腐蚀速率的影响

4.2.3　土壤电阻率

土壤电阻率在防腐工程中是判断土壤腐蚀性的基本参数，土壤电阻率越低，腐蚀性越强。表 4-4 为常见土壤电阻率参考值。

表 4-4　　常见土壤电阻率参考值

类别	常见土壤名称	电阻率近似值（Ω·m）	不同情况下电阻率的变化范围（Ω·m）		
			较湿时（一般地区、多雨区）	较干时（少雨区、沙漠区）	地下水含盐碱时
土	陶黏土	10	520	10～100	3～10
	泥炭、泥灰岩、沼泽地	20	10～30	50～300	3～30
	捣碎的木炭	40	—	—	—
	黑土、园田土、陶土	50	30～100	50～300	10～30
	白垩土、黏土	60	30～100	50～300	10～30
	砂质黏土	100	30～300	80～1000	10～80

续表

类别	常见土壤名称	电阻率近似值（Ω·m）	不同情况下电阻率的变化范围（Ω·m）		
			较湿时（一般地区、多雨区）	较干时（少雨区、沙漠区）	地下水含盐碱时
土	黄土	200	100～200	250	30
	含沙黏土、砂土	300	100～1000	100 以上	30～100
	河滩中的砂	—	300	—	—
	煤	—	350	—	—
	多石土壤	400	—	—	—
	上层红色风化黏土、下层红色页岩	500（30%湿度）	—	—	—
	表层土夹石、下层砾石	600（15%湿度）	—	—	—
砂	砂、沙砾	1000	250～1000	1000～2500	—
	砾层深度大于 10m、地下水较深的草原 地面黏土深度不大于 1.5m、底层多岩石	1000	—	—	—
岩石	砾石、碎石	5000	—	—	—
	多岩山石	5000	—	—	—
	花岗岩	200000	—	—	—
混凝土	在水中	40～55	—	—	—
	在湿土中	100～200	—	—	—
	在干土中	500～1300	—	—	—
	在干燥的大气中	12000～18000	—	—	—
矿	金属矿石	0.01～1	—	—	—

土壤电阻率、含盐量与土壤腐蚀性的关系见表 4-5。

表 4-5　　金属腐蚀程度与土壤电阻率和含盐量的关系

腐蚀程度	强	中	弱
金属腐蚀速率（mm/a）	>0.2	0.1～0.2	<0.1
土壤电阻率（Ω·cm）	<20	20～50	>50
含盐量（%）	>0.2	0.05～0.2	<0.05

由于在水分处于极端值时，水分是腐蚀速率的控制因素，因此只有在通常含水条件下，讨论腐蚀速率与电阻率的关系才有意义。通常含水率条件下中碱性土壤的电阻率与腐蚀速率见表 4-6。从表 4-6 可以看出，特强腐蚀性土壤的电阻率均在 10Ω·m 以下；强腐蚀性土壤电阻率一般在 30Ω·m 以下，多数在 10～30Ω·m

的范围；中等腐蚀性土壤的电阻率都在 30Ω·m 以上，但一般不超过 50Ω·m；弱腐蚀性的土壤电阻率比前面几类土壤的电阻率要高得多。在通常含水率条件下，电阻率与腐蚀速率之间的这一关系，跟一般工程上应用的标准基本一致。但如果把极端干旱或水分饱和的土壤，与通常含水条件的土壤一起进行考虑，将会出现一些混乱的结果。此外碳钢管在酸性土壤与中碱性土壤中的腐蚀机理是不同的，因此讨论腐蚀速率与电阻率的关系时，必须把酸性土壤与中碱性土壤区分开来，否则将会出现一些不合理结果。

表 4-6　　通常含水率条件下中碱性土壤的电阻率与腐蚀速率

站名	电阻率（Ω·m）	腐蚀速率（$g\cdot dm^{-2}\cdot a^{-1}$）	最大点蚀速率（$mm\cdot a^{-1}$）
新疆中心站	6.7	14.3	1.48
伊宁站	5.5	13.16	1.24
阜康站	4.3	12.11	1.42
乌尔禾站	5.5	10.34	1.38
敦煌站	5.5	8.03	
成都昭觉寺	13.5	5.42	
南充站	12.3	5.49	0.84
长辛店站	16.8	5.16	1.09
西安气象站	27.1	5.13	0.8
泸州阳一井	29	5.03	0.41
成都铁中站	15.9	4.39	
沈阳中心站	32.9	3.94	0.6
济南站	29.3	3.74	0.45
昆明站	66		0.39
泸州飞机坝	73.6	3.2	0.6
玉门镇站	176		0.1

对于接地网材料来说，土壤电阻率与腐蚀的关系取值建议，见表 4-7。

表 4-7　　土壤电阻率与接地网腐蚀的关系

土壤电阻率（Ω·m）	腐蚀速率（$mm\cdot a^{-1}$）			
	引下线		主接地网	
	圆钢	扁钢	圆钢	扁钢
5～20	1～0.3	1～0.2	1～0.2	1～0.15
20～100	0.3～0.2	0.2～0.1	0.2～0.1	0.15～0.075
100～300	0.2～0.1	0.1～0.05	0.1～0.05	0.075～0.05
>300	<0.1	<0.05	<0.05	<0.05

表 4-8 为美国国家标准局公布的土壤电阻率对埋在土壤中的铜材的腐蚀性的影响。

表 4-8　　土壤电阻率对埋在土壤中的铜材的腐蚀性的影响

土壤电阻率（Ω·m）	腐蚀程度
＜7	剧烈腐蚀性
7～20	腐蚀性严重
20～50	中等腐蚀性
＞50	轻度腐蚀

4.2.4　土壤的 pH 值

土壤的酸碱性影响金属腐蚀，土壤的酸碱性一般用 pH 值表示，土壤 pH 值的大小，对地网材料的腐蚀有重要的影响。在高酸性土壤中，由于氢的析出，在阴极上发生去极化，因此腐蚀随酸性增加而增加。土壤 pH 值小于 4.5，对地网材料具有极强腐蚀性，土壤 pH 值 4.5～5.5 为强腐蚀性，土壤 pH 值 5.5～6.5 为中等腐蚀性，土壤 pH 值 6.5～7.5 为弱腐蚀性，土壤 pH 值大于 7.5 基本不腐蚀。

当埋地金属腐蚀决定于微电池或距离不太长的宏腐蚀电池时，腐蚀主要为阴极过程控制，而绝大多数 pH 为 6.5～9.0 的中性或近中性土壤中阴极过程主要是氧的还原，与氯离子浓度无直接关系。由于土壤具有缓冲性能，即使是 pH 为中性的土壤，有的腐蚀性仍较强，这与土壤的总酸度有关。表 4-9 为 A3 碳钢在不同的 pH 土壤中的腐蚀速率，可见 pH 越低，腐蚀速率越高。

表 4-9　　A3 碳钢在不同的 pH 土壤中的腐蚀速率

土壤类型	原土 pH 值	调节后土壤 pH 值	平均腐蚀速率（$g \cdot dm^{-2} \cdot a^{-1}$）
赤红壤	4.92	7.56	3.09
		4.92	26.55
		2.95	65.41
苏打盐土	9.67	9.67	15.01
		5.28	20.86

4.2.5　土壤的含盐量

土壤的含盐量可用土壤电导率来表示，土壤中盐的存在，可减少土壤的电阻率，但也增加了土壤的不均一性。一方面，土壤里的盐分在腐蚀过程中起介质导电作用；另一方面，土壤里的盐分直接参与碳钢的电化学反应，酸性盐类会增加腐蚀，碱性盐类可起着缓蚀作用。弱氧化性盐类具有腐蚀性，而强氧化性盐类使钢表面钝化不发生腐蚀。土壤的含盐量与腐蚀的对应关系不密切，与土壤中的盐类性质有较密切关系。因此，不能简单用土壤含盐量大小来判断土壤对接地网钢材的腐蚀强度，而是要由盐分的组成来分析判断。图 4-7 为大庆某区域土壤含盐量与碳钢腐蚀速率之间的关系，可见，土壤含盐量与碳钢腐蚀速率呈抛物线关系，含盐量越高，腐蚀速率越大。

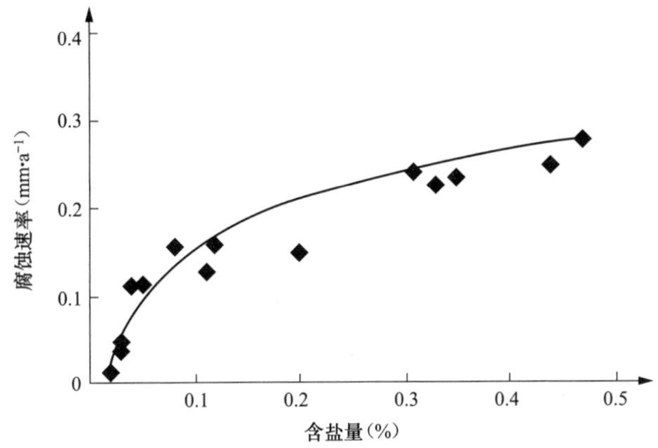

图 4-7　大庆某区域土壤含盐量与碳钢腐蚀速率之间的关系

4.2.6　土壤的化学成分

土壤中 Cl^-、SO_4^{2-} 一般会促进金属的腐蚀，特别是含有 Cl^- 的盐类土壤，在有水分存在的环境中，Cl^- 会向腐蚀小孔里面迁移，使小孔内形成了金属氯化物的浓溶液，氯化物水解后生成盐酸使小孔进一步腐蚀，阻碍金属表面钝化膜的形成并促进阳极过程；SO_4^{2-} 离子促进钢的腐蚀，对钢铁的危害性仅次于氯离子；硫酸盐还原菌的存在会使土壤变成酸性，加速金属材料的腐蚀；但土壤中 CO_3^{2-} 离子能够抑制钢的阳极过程，硝酸根和钙、镁离子的高含量有可能减少钢铁材料的腐蚀。因此土壤的化学成分对钢铁的腐蚀是一个复杂的制约关系，在特定环境中哪种离子发生关键作用还需具体深入研究才能确定。

氯离子是腐蚀性极强的阴离子，在特强腐蚀性土壤中氯离子含量大都在 0.1%以上，或接近 0.1%，只有个别站点较低。强腐蚀性土壤除接近水饱和的大港滨海盐土及含水率极低的托克逊、哈密的棕漠土外，氯离子含量大都在 0.01

以下。只有长辛店与西安气象站略高，分别达0.02%～0.04%。中等腐蚀性土壤氯离子含量，也大都在0.01%以下，只有济南黄潮土较高，达0.02%。弱腐蚀性土壤氯离子含量变异极大，从氯离子含量极低（0.003%）的玉门镇灰钙土到氯离子含量极高（达1.28%）的轮台沙三并氯化物典型盐土，都属于这一腐蚀等级。显然处于水分极端值的弱腐蚀性土壤，其腐蚀速率主要受水分控制，而与氯离子含量无关。

硫酸根离子在特强腐蚀性土壤中含量很高，大都在0.2%以上，最高达1.38%。强腐蚀性土壤中除滨海盐土与棕漠土外，硫酸根离子含量都在0.06%以下。中等腐蚀性土壤的硫酸根离子含量则都在0.03%以下。弱腐蚀性土壤硫酸根离子含量从1.22%到0.003%，变异范围很大，但和氯离子一样，由于弱腐蚀性土壤一般均处于极端水分条件下，水分含量成为腐蚀速率的控制因素，因此，硫酸根离子含量与腐蚀速率之间没有明确的相关关系。

含盐量的影响与氯离子、硫酸根离子含量有类似的趋势，特强腐蚀性土壤含盐量大都在0.5%以上，最高达2.48%。强腐蚀性土壤除滨海盐土与棕漠土外，含盐量大都在0.1%以下，只有长辛店与西安气象站的褐土含盐量偏高，分别为0.13%与0.17%。中等腐蚀性土壤含盐量都在0.08%以下。弱腐蚀性土壤最高含盐量可达2.79%，最低小于0.04%，腐蚀速率的制约因素是土壤中的水分含量，因此掩盖了含盐量高低与腐蚀速率的关系。

总的来看，氯离子、硫酸根离子及盐分含量高低对腐蚀速率的影响为含水率所左右。最明显的例子是可溶盐离子普遍较高的各类棕漠土，当含水率在10%左右或以上时，腐蚀性特别强，如新疆中心站等；含水率在5%～10%时，腐蚀速率明显降低；当含水率降至1.0%～3.7%时，如鄯善站，腐蚀速率降至极低，仅为0.94g/（dm^2·a），而鄯善站的含盐率高达2.284%。因此只有在含有适当水分时，氯离子等的强腐蚀性才能起作用。

4.2.7 温度

温度升高，腐蚀速率也增加，通常腐蚀速率与温度之间呈指数关系。土壤温度对土壤腐蚀的影响是通过对其他一些影响因素的作用而间接地发挥作用，例如，土壤温度影响土壤电阻率，影响微生物的生机活动。一般来说，不同的微生物都有一个适宜的温度，当土壤温度低于零下时，微生物的活动将趋于停滞，随着温度的提高，微生物的活动增强，腐蚀作用增大。直流接地装置长期有较大的电流通过，将引起温度的增加，从而加快接地装置的腐蚀。

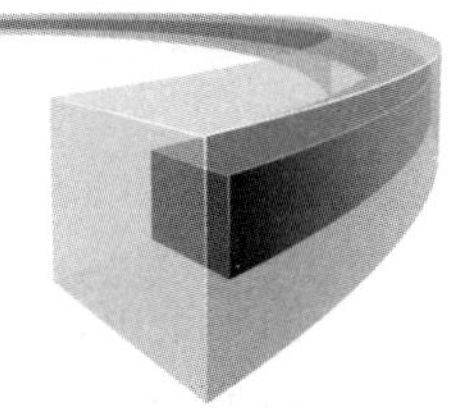

5 接地材料的杂散电流腐蚀与防护

由于某种原因，一部分电流离开了指定的导体，而在原来不该有电流的导体内流动，这一部分不按预定线路流通的电流，称为杂散电流，根据杂散电流的性质，可将杂散电流腐蚀分为直流电流腐蚀和交流电流腐蚀两种。把杂散电流引起的腐蚀称为杂散电流腐蚀。杂散电流腐蚀机理在 3.2.5 节已经介绍，在此不再赘述。

5.1 杂散电流的产生

直流杂散电流的主要来源是直流输电系统利用大地作为回路时，将 100A 以上的直流电流流过大地。另外直流杂散电流也可以由正常的电路漏电产生，其主要来源是应用直流电源的大功率电气装置，如电气化铁道，电解及电镀槽，电焊机或电化学保护装置等。图 5-1 为埋在电气化铁道负极的金属管道或接地受杂散电流所致的腐蚀情况。

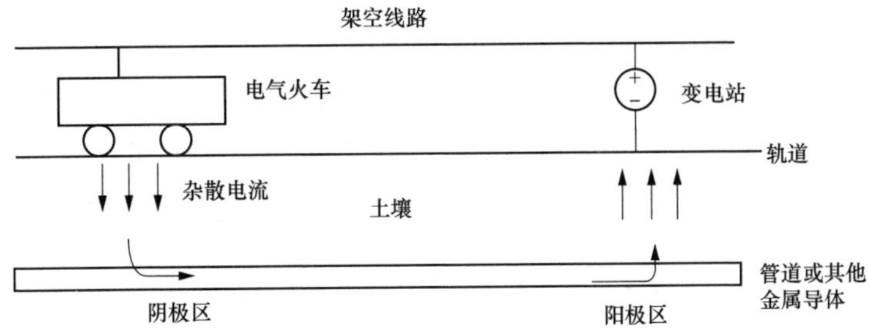

图 5-1 电气化铁道杂散电流腐蚀示意图

注：箭头方向为电流方向。

在正常情况下，电流自电源的正极通过电力机车的架空线路再沿铁轨回到电源的负极。但是当铁轨与土壤间的绝缘不良时，有一部分电流就会从铁轨漏失到土壤中。如果在这附近埋设有金属管道等，杂散电流便由此良导体通过，然后再流经土壤及轨道回到电源。在这种情况下，相当于产生了两个串联的电解池：

铁轨（阳极）—土壤—管线（阴极）

管线（阳极）—土壤—铁轨（阴极）

第一个电池会引起铁轨的腐蚀，但发现这种腐蚀和更新路轨并不困难。第二个电池引起管线腐蚀，这就难以发现和修复了。显然这里被腐蚀的都是电流从铁轨或管线流出的阳极区域。

交流杂散电流一般为工频杂散电流，它主要来源于交流电气化铁路、两线一地制的输电线路、高压和超高压输电网。交流电流通过接地网时也会使接地网产生腐蚀，交流腐蚀的机理要比直流腐蚀复杂。

杂散电流腐蚀的破坏特征是阳极区的局部腐蚀。在管线的阳极区，绝缘涂层的破坏处，腐蚀破坏尤为严重。在使用铅皮电缆的情况下，在杂散电流流入的阴极区也会发生腐蚀，这是由阴极区产生的铅酸盐所致。在某些极端情况下，流过金属构件的杂散电流强度可达十几上百安培，长时间会造成地下金属设施的严重腐蚀破坏。

5.2 杂散电流腐蚀的危害

杂散电流腐蚀是电化学腐蚀的一种，它能够使接地网结构产生很快的腐蚀，这种腐蚀程度通常比其他环境因素引起腐蚀的更为恶劣。直流杂散电流腐蚀破坏区域比较集中，破坏速度比较大，对接地网材料造成的腐蚀作用比自然腐蚀严重得多。

根据法拉第定律可以计算出金属材料受到直流杂散电流腐蚀时的腐蚀程度，表 5-1 为理论计算得到的 1mA 直流电流施加 1 年所产生的腐蚀量。由表 5-1 可见，每一年 1mA 的电流能腐蚀铁 9.1kg、铜 20.7kg，这种腐蚀速度相当惊人。

表 5-1　　1mA 直流电流施加 1 年所产生的腐蚀量

金属	原子价	化学当量	腐蚀量（kg）
铜	1	63.54	20.8
铜	2	31.77	10.4
铅	2	103.6	33.9
锡	2	59.35	18.7

续表

金属	原子价	化学当量	腐蚀量（kg）
锡	4	29.67	9.7
镍	2	29.36	9.6
镍	3	19.57	6.4
铁	2	27.92	9.1
铁	3	18.62	6.4
锌	2	32.69	10.7

交流杂散电流能够在正半周产生阳极性腐蚀，其腐蚀影响没有直流杂散电流的腐蚀影响大，其作用约为直流电流的1%。由于交流电流所产生的电化学腐蚀与直流电流相比在理论上探讨的比较少，交流腐蚀程度的室内测试数据列在表5-2，表5-2中所列结果为将金属材料置于各种环境中施加交流电流所产生的腐蚀。所谓的腐蚀比是指对同一电流密度的直流腐蚀理论计算结果与交流腐蚀量之比。从表5-2中可以看出，与直流腐蚀相比交流腐蚀并不十分严重。只要在交流接地网附近没有大的直流地电流，交流接地网的电解腐蚀是不严重的。对于钢铁，考虑到交流大电流通过接地网的时间不长，所以交流腐蚀通常可以不予考虑。

表5-2　　不同金属的交流电化学腐蚀量

金属	电解质溶液	交流电流密度（mA/cm^2）	对直流的腐蚀比（%）
铝	5000mg/L 氯化钠	0.2	0
	5000mg/L 氯化钠	1.5	5.0
	5000mg/L 氯化钠	3.5	15.0
	饮料水	2.2	13.5
	人工土壤水	5	20.0
	人工土壤水	10	31.0
	人工土壤水	20	39.0
	人工土壤水	40	40.0
	人工土壤水	200	84.0
铁	人工土壤水	5	0.06
	人工土壤水	10	0.10
	人工土壤水	20	0.11
	人工土壤水	40	0.13
	中性土壤	7.7	0.04
	中性土壤	15.5	0.04
	中性土壤	46.5	0.05
	中性土壤	77.5	0.05

续表

金属	电解质溶液	交流电流密度（mA/cm^2）	对直流的腐蚀比（%）
铜	饮料水	2.2	0.50
	人工土壤水	5	0.27
	人工土壤水	10	0.18
	人工土壤水	20	0.11
	人工土壤水	40	0.09
	中性土壤	15.5	0.08

另外，针对铁的腐蚀，施加交流和直流以及交直流同时施加 3 个月的腐蚀量见表 5-3。从表 5-3 中可以看出，直流产生的腐蚀比较严重，而交流腐蚀则相对较小。

表 5-3　　铁的电化学腐蚀量　　(g/dm^2)

电解质溶液	电流种类，电流密度/(mA/dm^2)		
	直流，1.2	交流，1.2	直流 1.2+交流 1.2
NaCl（10^{-4}N）	2.40～2.60	0～0.04	2.48
土壤	3.64～3.72	1.04～1.36	3.98～4.11

5.3　杂散电流腐蚀特点

杂散电流对接地网材料腐蚀特点主要是以下两个方面：

1. 强度大、危害大

土壤中的杂散电流腐蚀，一般属于电解电池腐蚀的模型，即外来的直流电流或电位差，造成了土壤溶液中金属的腐蚀，其腐蚀量与杂散电流强度成正比。

实际在土壤中发生的杂散电流强度是很大的。假设接地网电位高达 8～9V，通过的最大电流能大几百安培，那么壁厚为 7～8mm 的接地网钢材在杂散电流的作用下，4～5 个月即可发生穿孔腐蚀，快则 2～3 个月。因此，杂散电流的腐蚀相比其他环境因素引起的腐蚀更为严重，是不能忽视的一个重要腐蚀。

2. 范围广、随机性强

杂散电流的作用范围很广，其影响可达几千米、几十千米，这与引起杂散电流的外部电流源密切相关。杂散电流腐蚀的发生常常是不确定的，其电流方向和强度都随外界电力设施的负载情况、材料的绝缘状况等状况而变化。因此，杂散电流的干扰也称为动态干扰，这给杂散电流的测量、排除带来了一定的困难。

5.4 杂散电流腐蚀判断标准

我国针对杂散电流的腐蚀与防护问题也进行了若干研究与实践工作，制定的相关标准有 CJJ 49—92《地铁杂散电流腐蚀防护技术规程》、CJJ 95—2013《城镇燃气埋地钢质管道腐蚀控制技术规程》、SY/T 0017—2006《埋地钢质管道直流排流保护技术标准》，但是目前还没有变电站接地网杂散电流腐蚀与防护标准，但可以参考埋地管道标准。

埋地管道及地下金属构筑物遭受直流杂散电流干扰影响，可用对地电位偏移、地电位梯度、泄漏电流密度判定。通常以对地电位较自然电位正向偏移值不小于 20mV 作为遭受干扰腐蚀的指标；以地电位梯度（见表 5-4）作为判定直流杂散电流强弱的指标；以管路全日泄漏入地中的电流密度值 $I>75\text{mV/m}^2$ 作为有腐蚀危险的指标。

表 5-4　　地电位梯度判定指标

地电位梯度（$\text{mV}\cdot\text{m}^{-1}$）	杂散电流强弱
<0.5	弱
0.5-5.0	中
>5.0	强

5.5 杂散电流的防护

阴极保护法的一般概念是接入辅助（牺牲）阳极，使原本从被保护埋地金属物中流出的电流改为从这个接入的辅助阳极中泄漏出去，因而使被保护埋地金属成为阴极不再发生电化学腐蚀而得到充分保护。铁的电位-pH 图是说明电化学保护的又一理论基础。图 5-2 是从热力学理论获得的电位-pH 图。从图 5-2 中可以看出，当 pH 为 7 时，铁处于活化腐蚀状态，使其电位上升或下降都可实现保护的目的。当金属达到平衡后，再施加阴极电流，金属的电极电位从原平衡电位向负移动，使金属进入了免腐区，实现了保护。

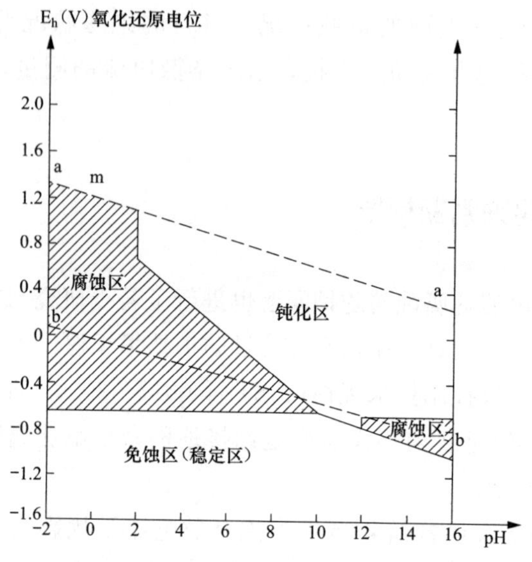

图 5-2　铁的电位-pH 图（室温）

一般来说，杂散电流的防护是一项比较系统的工程，设计中常用的防护方法大致可归纳为以下四类：

（1）控制和减小杂散电流产生的根源，隔离所有可能的杂散电流泄露途径，俗称“堵”；

（2）为杂散电流提供一条畅通的低电阻通路，俗称“排”；

（3）监测杂散电流大小，以便超标时及时采取措施，俗称“测”。

总而言之，杂散电流的防护应以“以堵为主，以排为辅，防排结合，加强监测”为原则。

（4）安全距离防护，保持足够的安全距离是杂散电流有效的方法，表 5-5 为埋地管道与交流接地体的最小安全距离。

表 5-5　　为埋地管道与交流接地体的最小安全距离

接地形式	电力等级（kV）			
	10	35	110	220
	安全距离（m）			
临时接地点	0.5	1.0	3.0	5.0
铁塔或电杆接地	1.0	3.0	5.0	10.0
电站或变电接地体	2.5	10.0	15.0	30.0

注　不考虑两线一地输电线路。

尽管一般认为从源头上控制和减小杂散电流是比较理想的方法，但实际工程中不可能做到完全消除杂散电流，因此，在实践中，一方面要尽可能减少泄露杂散电流，另一方面要对各种设施和结构钢分别采取相应的防护措施。常用杂散电流防护方法有阴极保护法和排流保护法。

5.5.1 阴极保护法

阴极保护法的一般概念是接入辅助（牺牲）阳极，使原本从被保护埋地金属物中流出的电流改为从这个接入的辅助阳极中泄露出去，因而使被保护埋地金属成为阴极不再发生电化学腐蚀而得到充分保护，如图 5-3 所示。阴极保护法应用最广泛的是牺牲阳极法，该方法的优点是，既有排流作用，又有阴极保护作用。

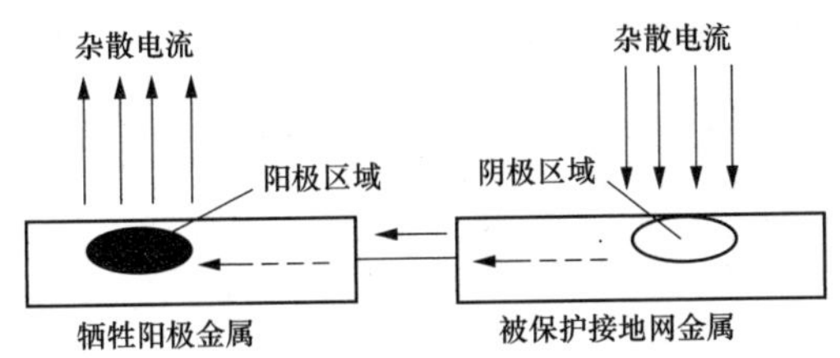

图 5-3 牺牲阳极保护法示意图

5.5.2 排流保护法

排流保护法主要是为被保护埋地金属提供一个排出杂散电流的通道同时又不让该埋地金属遭受电化学腐蚀。原理是将管道与一个接地良好的接地极连接，使接地网中的杂散电流通过这个接地极流入大地，并以大地为回路流回电气化铁路的负回归线。

该方法又可分为直接排流法、极性排流法、强制排流法、电容排流法和嵌位排流五种。

其中直接排流法指当杂散电流干扰影响的电位极性稳定不变时，可以将接地网与轨道用排流线直接进行电连接，排除杂散电流进行保护。为防止杂散电流逆流，使杂散电流只能从接地网流向行走轨，必须在排流线路中设置单向导通的二极管整流器或逆电压继电器等装置，这种防止逆流的排流法称为极性排流法。强制排流是通过整流器进行排流，当有杂散电流存在时利用排流进行保护，当无杂散电流时用整流器供给保护电流，使保护体处于阴极保护状态。表 5-6 为各种排流方法的比较。

表 5-6　　各种排流方法的比较

排流法	特点	适用范围
直接排流法	接地小于该设备接地电阻时排流效果显著，设备简单，但导致阴极保护电流泄漏	不适用有阴极保护的设备和埋地管道
极性排流法	为防止杂散电流逆流，必须在排流线路中设置单向导通的二极管整流器或逆电压继电器等装置	适用于杂散电流较大的设备和埋地管道
强制排流法	通过整流器进行排流，当有杂散电流存在时利用排流进行保护，当无杂散电流时用整流器供给保护电流，使保护体处于阴极保护状态	使用范围广泛，适合大型接地网保护
电容排流法	可排除交流感应电压，防止阴极保护电流流失，但电容耐压低，大容量电容容易损坏	宜选用 300μF 或者 5000μF 的电容
嵌位排流法	利用单项导通原理，消除正方交流电压，保留负荷电位。可为被保护物提供负压，利于阴极保护。但峰值电压会升高，对防腐涂层有剥离作用	宜选用硅管，容量 20～30A

对接地网这个比较特殊的情况而言，最具可行性的是强制排流法。

强制排流法是在外部直流电源的作用下，将被保护接地网金属中的电流强制"吸"出来流回变电所负母线端子，此方法在被保护接地网金属处于杂散电流交替干扰区间时特别有效。图 5-4 是强制排流模拟装置图。

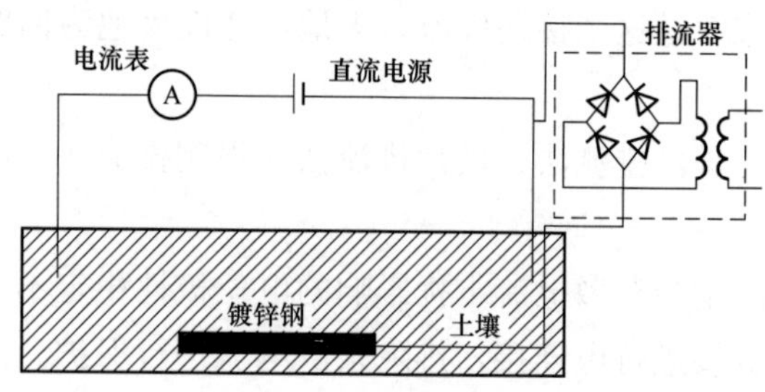

图 5-4　强制排流模拟装置图

5.5.3　排流效果评价

采用硫酸铜电极作为参比电极，用万用表监测排流前后的交直流接地网/地电位，每天进行一次数据监测，图5-5是电位测试示意图。排流后接地网/地电位达到阴极保护电位标准，或达到或接近接地网未受干扰时的自然腐蚀电位，就是说接地网/地电位恢复到直流干扰前的正常值。

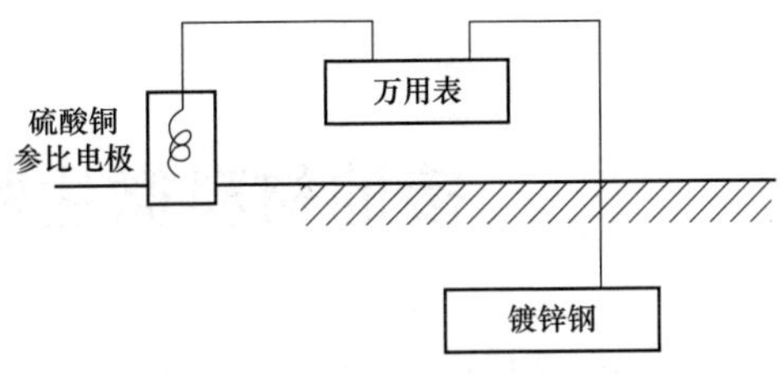

图5-5　电位测试示意图

排流保护效果的评定，可以采用排流前后正电位平均值的变化来评定排流保护的效果。

$$\eta=\frac{V_{前}-V_{后}}{V_{前}}\times 100\%$$

式中：η为排流保护前后正电位平均值下降率，%；$V_{前}$为排流前正电位平均值，V；$V_{后}$为排流后正电位平均值，V。

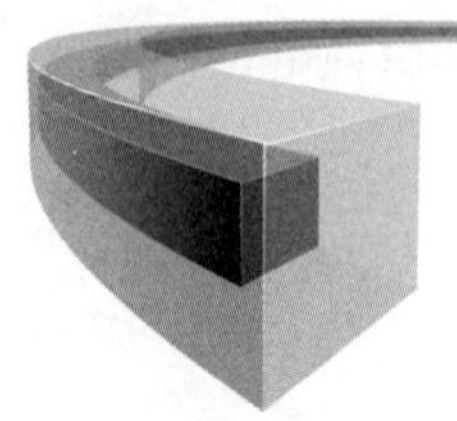

6 接地材料微生物腐蚀与防护

微生物腐蚀（Microbiological Corrosion）是指在微生物生命活动参与下所发生的腐蚀过程。微生物腐蚀主要是促进金属材料的破坏，往往和电化学腐蚀同时发生，两者很难截然分开。此外，微生物腐蚀还会降低非金属材料的稳定性。近年来微生物对材料形成的腐蚀破坏越来越突出，引起了人们的关注。如发电厂、化工厂大量使用的水冷管道，输油、储油装置，大型船舶，纸浆处理设备，飞机整体油箱内部环境等都很适于细菌的寄生和生存，为微生物腐蚀创造了条件。由于微生物腐蚀速度很快，且常在局部区域形成突然穿孔，对设施的安全性构成威胁，甚至发生重大人身伤害事故，并带来巨大的经济损失。

20 世纪 30 年代，荷兰学者 Kuhr 提出土壤中硫酸盐还原菌厌氧腐蚀理论后，世界各国微生物学工作者相继对此进行了大量研究，同时也引起各国政府有关部门的重视，成立专门研究机构，召开国际性微生物腐蚀学术会议，使微生物腐蚀研究得以深入。微生物对土壤中材料的腐蚀，目前已成为众所周知的事实。据各国腐蚀调查确定，地下构筑物腐蚀中由微生物引起和参与的占 50%～80%，因此微生物造成材料腐蚀的损失结果也相当惊人。

我国在研究微生物腐蚀方面，从 1959 年开始建立全国土壤腐蚀实验网站至今，注意收集有关腐蚀微生物数量分布、类型、环境影响因素以及腐蚀菌类参与地下埋件腐蚀的评价等资料。

6.1 生物种类

微生物是形体微小、结构简单，且肉眼看不见，必须借助显微镜才能看得见，甚至有的需借助电子显微镜才能看清其形体的一类生物。微生物类群庞杂，种类繁多。按其细胞结构可分成原核微生物和真核微生物，原核微生物包括细菌、放线菌、蓝细菌；真核微生物包括霉菌和酵母菌。在材料腐蚀过程中起到腐蚀作用的微生物都包括在内，同时也称之为腐蚀微生物。根据地下材料埋件的不同，微生物参与腐蚀的状况也有所不同。归纳起来，参与金属和无机非金属材料腐蚀的主要微生物是自然界中参与硫、铁元素循环的菌类，如硫氧化细菌、硫酸盐还原菌、铁细菌等；参与有机材料腐蚀分解的主要是能降解天然或高分子合成材料的微生物。依据微生物生长对氧要求的不同，则可分为好氧腐蚀菌和厌氧腐蚀菌。

6.2 微生物腐蚀的特点

6.2.1 海洋中微生物引起的腐蚀特点

通常在温暖条件下和低流速（小于1m/s）海水中，许多微生物和海生物能吸附在钢桩、近海平台和船底表面并生长和繁殖，尤其是在较温暖的海域和春夏两季，这些海中附着生物对海船和海上建筑物以及渔网等均有危害，故称其为污损生物。污损生物的吸附会引起防蚀涂层的脱落而造成严重腐蚀，某些微生物（如硫酸盐还原菌、铁细菌等）本身就会对金属造成腐蚀作用，故海洋防污与防蚀有着密切的关系。海洋污损生物有200种以上，各种污损生物通常是共生的，且有相互依存作用。有些污损生物以微生物为食物，故微生物的生长能促进其繁殖，当这种污损生物死亡时，也会引起微生物的大量繁殖。即微生物与海生物的彼此依存，共同促进了海洋结构材料的腐蚀破坏。

附着海生物会直接导致海洋结构金属材料的腐蚀，藤壶是最为典型的一种。藤壶整个壳体是封闭的，只有觅食时才打开壳口。按其底板的性质可分为钙质底和脱质底两类，钙质底板的藤壶分布广、数量多、危害大，较早引起人们的重视。藤壶会引起海水中某些金属材料发生“藤壶开花腐蚀”，即在死藤壶的壳口处涌出腐蚀产物形如花朵，剖开“开花”的死藤壶，内部有 H_2S 的臭味，在藤壶底板中部有腐蚀坑，因此，藤壶对海水中碳钢和低合金钢的腐蚀行为的影响是局部腐蚀。藤壶对海水中的1Cr18Ni9Ti不锈钢和蒙乃尔合金钢等易发生缝隙腐蚀的金属材料，则常产生两种腐蚀形式，即“藤壶开花腐蚀”和缝隙腐蚀。

一般说来，海洋金属结构的微生物腐蚀的形貌特征为壶状孔蚀，中间大，两头小，从一头开口形成空洞。腐蚀从小孔端开始，与通常见到的点蚀完全不同。如果从小孔端开始做宏观金相试验，逐层打磨、抛光和侵蚀，则可见空穴愈来愈大，如蛀洞一样，里面充满腐蚀产物。去掉腐蚀产物后，观察到腐蚀表面粗糙、高低不平，其原因是腐蚀有选择性，往往是对某一相优先腐蚀，这样就在腐蚀面上造成许多凹坑。

6.2.2 土壤中微生物引起的腐蚀特点

土壤中微生物引起的腐蚀作用最主要的嗜氧的硫杆菌和厌氧的硫酸盐还原菌。

（1）硫杆菌。这类菌能够氧化元素硫、硫代硫酸盐及亚铁，其中多数是自养菌，即能在还原性硫化物或亚铁中取得能量，利用空气中的二氧化碳合成自身。它们广泛存在于酸性土壤、海洋、江河沉积及腐蚀产物中。有排硫杆菌和亚铁氧化硫杆菌两种。在地下管道附近，由于污物发酵结果产生硫代硫酸盐，排硫杆菌就在其上大量繁殖，产生元素硫，然后，亚铁氧化硫杆菌将元素硫氧化成硫酸，造成对金属的严重腐蚀。

（2）硫酸盐还原菌。硫酸盐还原菌（Sulfate-Reducing Bacteria，SRB）是一类以有机物为养料的厌氧性细菌，它是最早被人们发现的腐蚀金属的微生物，也是金属腐蚀中最为重要的菌，宜于在厌氧条件下生长，在自然界中几乎无处不存在，如土壤、海水、淡水沉积及腐蚀产物中，甚至相当深的地层中（大气压700～1000kPa以下）都有它的存在。自由氧对它有明显的抑制作用。在氧化还原电位为0～100mV就能很好生长。适宜生长的pH值范围为5.5～9.0。在温度要求上，可分为中温型和高温型。

1）温型硫酸盐还原菌。最适生长温度为25～35℃，革兰染色负反应，大小(0.5～1)μm×(3～5)μm，弯曲或S形，端生鞭毛运动，不形成孢子，化能有机营养，利用有机物作为硫酸盐还原中的给氢体，属化能有机营养菌。许多菌株具有氢化酶，可利用氢为能源同化CO_2为碳源，DNA中G+C摩尔分数在46%～61%之间。最常见的典型菌是脱硫弧菌。

2）温型硫酸盐还原菌。这是一类高温型硫酸盐还原菌，细胞直或弯曲杆菌，大小(0.3～1.5)μm×(3～6)μm，周鞭毛运动，有芽孢，最适生长温度35～55℃。最高可达70℃，化能有机营养，DNA中G+C含量在37%～49%，有绿色蛋白及细胞色素b，最常见的典型菌为致黑脱硫肠状菌。

6.3 微生物参与腐蚀的机理

土壤中微生物主要指土壤细菌，通常很小，其长度一般在10μm以下。参与腐蚀过程的细菌主要有两大类，一是好氧菌（亦称嗜氧菌或喜氧菌），即在有游离氧存在的条件下能够生存的一类细菌，如硫氧化细菌、铁细菌等；二是厌氧菌，指只有在缺乏游离氧的条件下才能生存的一类细菌，如硫酸盐还原菌。

6.3.1 好氧菌

1. 硫氧化细菌

主要是硫杆菌属的细菌，其中主要有排硫杆菌和亚铁氧化硫杆菌，它们可以把硫、硫代硫酸盐和亚硫酸盐氧化成硫酸盐，并产生强酸。其反应为

$$2S+3O_2+2H_2O \xrightarrow{\text{硫氧化菌}} 2H_2SO_4$$

它们是好氧的粗短杆菌，大小为0.5μm×(1.0～3.0)μm，最适宜的生长温度为25～30℃，它们的腐蚀作用主要在于产生硫酸，可使局部环境pH值低达1.0，同时将Fe^{2+}氧化成Fe^{3+}。当它们附着在海水中不锈钢表面后，使不锈钢点蚀敏感性增大，加速不锈钢的腐蚀。

2. 铁细菌

这类细菌的种类很多，与腐蚀有关的主要是氧化铁杆菌，它是一种好氧细菌，依靠反应$Fe^{2+} \longrightarrow Fe^{3+}+e$获得自身新陈代谢所需的能量，同时把硫化物氧化成硫酸。氧化铁杆菌常与硫杆菌生活在一起，它通过下面的反应把二价铁氧化成三价铁，从而获得生存所需能量

$$4Fe(OH)_2+2H_2O+O_2 \longrightarrow 4Fe(OH)_3\downarrow$$

以上述方式形成的三价铁氧化能力很强，可以使硫化物氧化成硫酸，因而有很强的腐蚀性。例如，这种细菌对美国宾夕法尼亚矿区黄铁矿作用的结果，每年约有一百万吨硫酸排到俄亥俄河流域，导致使用这条河水的水泵和其他矿山机械的严重腐蚀。另外还有盖氏铁柄杆菌属和纤毛菌的铁细菌，其最适宜在pH值6～8、温度约为24℃的环境中生长。代谢作用过程中消耗氧是所有好氧菌的一个共同特征，许多管道中的腐蚀，常常产生氧浓差电池，氧耗大的区域相对于其他区域成为阳极，使管道产生局部腐蚀（见图6-1）。

6.3.2 厌氧菌

厌氧菌主要有硫酸盐还原菌（SRB），它有好多种菌属，主要有去碘弧菌和腊肠形菌，它们都是厌氧菌，在温度25～40℃、pH值5.5～9条件下能良好生长，

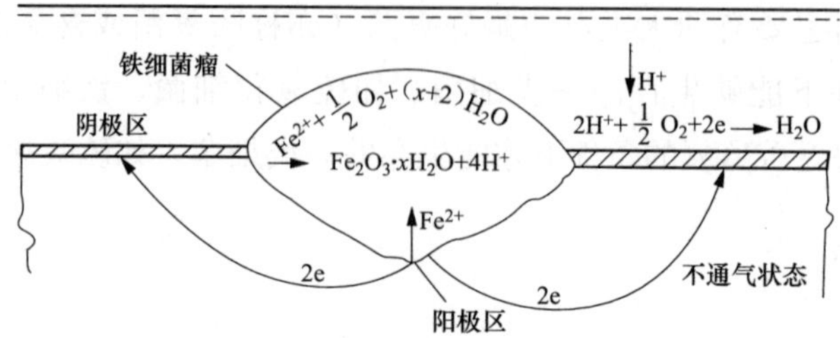

图 6-1　铁细菌在水管内壁形成氧浓差腐蚀电池示意图

最适应生长的 pH 值是 7.2。SRB 能腐蚀碳钢、铜、铝、镍和不锈钢，它在最佳生长条件下，0.4mm 厚的不锈钢片在 60～90 天就能被腐蚀穿孔，腐蚀速度达 3.75mm/a。这主要是由于微生物的催化作用而加速腐蚀的缘故，硫酸盐还原菌可促成如下反应

$$SO_4^{2-}+8H^+ \xrightarrow{\text{还原菌吸附}} S^{2-}+4H_2O$$

腐蚀时析出的原子态 H 被细菌消耗，同时 Fe^{2+} 变为 FeS（黑色）而防止了 Fe^{2+} 的积累，即消除了电极极化作用，从而使电化学腐蚀过程迅速进行，金属遭受严重的腐蚀。而细菌恰在这个过程中很快地繁殖，故这种细菌的存在是很危险的。

另外，铜绿色极毛杆菌、甲烷极毛杆菌、代氏乳杆菌、芽枝霉菌等许多细菌都能造成对金属的腐蚀，尤其对铝合金的腐蚀更甚。

在船壳的附着生物下面，例如在藤壶和其他大型附着微生物下面，可能发生厌氧条件，造成氧浓差，若有 SRB 存在，则腐蚀极易发生。

从电化学角度考虑，在近中性（如海水中）并排除了氧的环境里，钢铁的腐蚀应当是微不足道的，然而在缺氧的海水中，或中性缺氧的含水环境里，由于有 SRB 的存在，钢铁的腐蚀速度非常高，表 6-1 中列出 SRB 对钢及铸铁腐蚀影响一些腐蚀实例。从表 6-1 中可以看出，软钢在海水中与在无菌培养基中的腐蚀速度有显著差别，这充分说明 SRB 对软钢的腐蚀具有明显的促进作用。在不能发生氧的阴极还原环境里，由于 SRB 的存在，腐蚀速度会出现惊人的增高，甚至超过了能够发生氧的阴极还原环境中的腐蚀速度。

由于“阴极去极化作用”是海水腐蚀过程中的一个关键性步骤，在没有氧条件下，金属腐蚀的阴极反应是氢的逸出，但逸出氢的活化过电位太高，腐蚀电池本身难以提供这样的电位，因而阴极就被一层原子态氢所覆盖，使得腐蚀几近中

止。而 SRB 的作用就是从金属表面除去氢原子，而使腐蚀过程继续下去。但是对于 SRB 如何对金属表面起作用的机理，至今尚有不同看法。主要的不同观点在于因 SRB 的存在，产物中对阴极去极化作用有贡献的是 FeS 还是 H_2S。

表 6-1　　SRB 对钢及铸铁腐蚀影响的实例

文献作者	腐蚀实例	腐蚀程度	腐蚀速度（mm/a）
Bunkee	土壤中钢质自来水管	9 年中 10mm	1.10
Doig	油井中的钢套管	55 个月中 12.5mm	2.08
Copenhagen	港湾中的钢板桩	12 年中 20mm	1.27
Copenhagen	含 SRB 舱水中船板钢	2 年中 8mm	4.01
Lagne. F. L	含 SRB 海水中软钢	每年 0.13mm	0.13
Booth	不含 SRB 的无菌培养液中的软钢		0.012
管野照造	含 SRB 海泥中的铸铁		0.22
管野照造	不含 SRB 海泥中铸铁		0.009

在富氧的中性土壤中，金属构件腐蚀都受到氧去极化的控制，但在含水最较高的厌氧土壤中，一般金属构件腐蚀由于缺乏氧去极化作用应该是缓慢的。然而有硫酸盐还原菌存在下，腐蚀却照常进行，甚至很严重，早在 1934 年荷兰学者 Kuhr 就提出了 SRB 参与阴极氢去极化的理论，反应机理如下

$$Fe \longrightarrow Fe^{2+} + 2e \qquad \text{(阳极反应)}$$

$$H_2O \longrightarrow H^+ + OH^-$$

$$2H^+ + 2e \longrightarrow H_2 \qquad \text{(阴极反应)}$$

$$SO_4^{2-} + 8H^+ \xrightarrow{\text{还原菌吸附}} S^{2-} + 4H_2O$$

（细菌参与的阴极去极化）

$$Fe^{2+} + S^{2-} \longrightarrow FeS \qquad \text{(二次腐蚀产物)}$$

$$3Fe^{2+} + 6OH^- \longrightarrow 3Fe(OH)_2 \qquad \text{(二次腐蚀产物)}$$

总的反应式为

$$4Fe + SO_4^{2-} + 4H_2O \longrightarrow FeS + 3Fe(OH)_2 + 2OH^-$$

而认为 H_2S 为活性中间产物，进而促进腐蚀的理论给出的反应过程为

$$Na_2SO_4 + 4H_2 \xrightarrow{\text{细菌作用}} Na_2S + 4H_2O$$

$$Na_2S + 2H_2CO_3 \longrightarrow 2NaHCO_3 + H_2S$$

$$Fe + H_2S \longrightarrow FeS + H_2$$

6.4 微生物腐蚀的影响因素

自然环境和人为环境中的微生物种群都占据着一定的生态地位，有着不同的生活环境。它们的生长和存活都受到环境条件的强烈制约。环境中各种因素不是孤立的，它们之间有错综复杂的联系。有利的环境因素可以促进微生物生长繁殖，而不利的因素则会影响菌的生长繁殖甚至可杀灭微生物。起主要作用的环境因素因不同的环境而异。这里分别就温度、pH 值、渗透压、辐射、氧化还原电位、化学药剂等因素对腐蚀微生物的影响作简要说明。

1. 温度

温度是影响微生物生长、存活的最重要因素。一般来说当温度大范围变动时，温度对微生物群落中微生物的数量、多样性和种群组成，以及代谢活性有很大影响。不同的菌对温度有不同的要求，有最适生长温度、最低生长温度和最高生长温度。低温型菌生长温度范围：最低温度−5～0℃，最适温度 10～20℃，最高温度 25～30℃，一般水生菌属于此类型。中温型菌生长温度范围：最低生长温度 10～20℃，最适温度 18～28℃，最高温度 40～45℃。高温型菌生长温度范围：最低生长温度 25～45℃，最适温度 50～60℃，最高温度 70～85℃。

2. pH 值

氢离子浓度直接关系到微生物细胞原生质膜的电荷，而膜电荷影响菌对营养的吸收及代谢过程的酶活性。多数细菌在中性或弱碱性条件下生长良好，细菌的数量在中性条件下比在酸性条件下多。而真菌恰恰相反，在酸性条件下，细菌的数量比较多，生长良好。土壤中的微生物群落组成以及生长状况高度依赖于土壤的 pH 值。

3. 渗透压

微生物需要在一定无机盐浓度环境下生长，因为环境中盐分过低会使菌体吸水膨胀而破裂，相反，环境中盐分过高会使细胞失水产生质壁分离死亡。一般菌悬液用 0.85%生理盐水制备可保持细胞渗压。嗜盐微生物则是另一种特殊类群。

4. 辐射

辐射一般指电磁辐射，包括紫外辐射可见光、红外辐射、X 射线和 γ 射线等，微生物对其都很敏感。辐射不仅决定着微生物的生长行为，还是某些微生物确定生理节律的关键因素，如紫外光波长在 200～300nm 之间就有杀菌作用。

5. 氧化还原电位（Eh）

环境中的氧化还原电位对微生物的生理活动有决定性的影响。所有的酶促氧化还原反应都要在一定的氧化还原电位条件下进行。Eh 主要取决于氧的含量。氧本身在电子传递过程中及生物合成中也是一种反应剂。微生物分解有机质消耗大量的氧而导致缺氧，这样氧化还原电位降低。微生物的代谢产物 H_2S 也可以降低氧化还原电位。在高 Eh 生态环境中微生物主要进行氧化反应，而在低 Eh 环境中进行还原反应。硫酸盐被还原产生 H_2S，CO_2 被还原得到 CH_4。这些产物对材料都有不同程度的腐蚀作用。

Eh 对微生物的效应还受到 pH 值的影响。在低 pH 值条件下（酸性），微生物要求较高的 Eh 条件；在高 pH 值（碱性）时，要求较低的 Eh 条件。

6. 化学药剂

许多有机、无机药剂都是对微生物代谢过程起抑制作用，其中主要影响菌的代谢过程酶系的活性及使蛋白质变性。

除以上诸因素外，土壤的类型、水和水源活度等，同样对微生物生长和繁殖有极其重要的影响。

6.5 我国材料土壤腐蚀试验中微生物腐蚀

土壤中材料的腐蚀，微生物是否起作用，因环境因素而异。有时起到的作用是极其重要和直接的，有时起到的作用仅仅是间接性的。在如何判断微生物腐蚀作用上，各国学者主要依据美国 Starkey 教授提出测土壤 Eh 值的方法，其次采用阴极去极化方法。但这些方法均存在一些利弊。通过全国土壤网站多年的试验研究，我国探索出采用近试件周围土壤和背景土壤间腐蚀菌量比值法来衡量，这种方法具有参考价值。目前，在诊断地下材料的微生物腐蚀上，较多地采用了腐蚀菌量分布比值、腐蚀产物和腐蚀形貌三结合评定方法。

6.5.1 微生物参与钢铁腐蚀的作用

经过三十多年对全国土壤网站各站点钢件的菌量分析，结合腐蚀产物分析和腐蚀外貌观察，发现明显地存在着微生物参与这些钢件的腐蚀：在这些站点中普遍存在着硫酸盐还原菌（菌量 $10^3 \sim 10^6$ 个/g 土）与硫氧化细菌（菌量 $10 \sim 10^4$ 个/g 土），20 世纪 60 年代初埋设腐蚀试件的 14 个站点中就有 11 个站点中出现硫酸盐还原菌以及硫酸盐还原菌与硫氧化细菌交替参与钢件腐蚀的现象，绝大多数呈局部坑蚀，占埋藏点78%。基本上成都1号、成都2号、张掖、玉门1号、冷湖、济南等试验站有异养细菌促进氧浓差电池腐蚀。大多数站点有中性硫氧化细菌（菌量10～10^4个/g土）存在，它们产酸能使中性、微碱性土壤变成微酸性，有利于酸性硫氧化细菌生长，加之各种因素交织一起，使厌氧菌和好氧菌交替进行腐蚀。网站中如南充站试件周围土壤pH值从8.2下降到5.3或更低，这样就破坏了钢件钝化膜导致形成酸或氧浓差电池腐蚀。当土壤缺氧时，造成了硫酸盐还原菌的参与，进而加速了阴极氢去极化作用。

所有裸钢管的腐蚀类型除大庆、玉门1号外都属非均匀腐蚀。腐蚀速率范围为0.38～3.20g/(dm^2·a)，最大点蚀深度轻者0.36～2.38mm，重者已穿孔。参考最大腐蚀速率，按腐蚀速率由低到高顺序排列的次序是：大庆、张掖、玉门1号、长辛店、泸州冷湖、南充、西安、泸州、成都2号、济南、玉门2号、敦煌。另外，三峡站埋藏近三十三年的钢管，经分析，钢管周围聚集大量硫酸盐还原菌（菌量达4.5×10^3个/g土），去除腐蚀产物后，显出金属光泽表面的蚀坑，具有同心圆环外表，出现典型硫酸盐还原菌腐蚀外貌。因此该地区埋件存在典型硫酸盐还原菌促进腐蚀过程。

6.5.2 微生物参与电缆试件腐蚀的作用

对从20世纪60年代初就建立的土壤腐蚀试验站点进行的裸铅包电缆试验研究，结果如下：

土壤中暴露26～30年不等的11个试验站中，腐蚀严重的裸铅包电缆集中于南充、成都、长辛店、贵阳4个站点，这些土壤中都含有嗜酸硫化菌和中性硫化菌，菌量比值达到9.6～120，显示出硫化菌直接参与铅包护层腐蚀过程。虽然像腐蚀不严重的玉门2号、西安1号、张掖站试件周围有大量菌聚集，菌的比值达到22.7～66.7，但异氧菌在此期间起到的作用并不明显。依据微生物的习性，有理由认为，在埋件初期腐蚀细菌如异氧菌能分解土壤中有机物产生有机酸和CO_2，腐蚀铅保护层；但在土壤处于微碱性（pH>8.2）时会在试件上形成一层难溶的$PbCO_3$沉积，起保护作用，阻止进一步腐蚀。此时的酸性硫化菌可在地下水位变化而使土壤出现好气条件时，繁殖生产酸或其他好氧菌代谢活动产生碳酸，使pH值下降到6.0以下。这时$PbCO_3$会向易溶$Pb(HCO_3)_2$转化，破坏了保护膜，使腐蚀继续进行。

6.5.3 混凝土材料的微生物腐蚀

参与混凝土材料腐蚀的菌类，主要有中性硫化菌（菌量 10～10^3 个/g 土）和硫酸盐还原菌（菌量 10～10^5个/g 土）。它们在生长代谢过程中产生有机酸、无机酸，或由硫化菌氧化硫化物所产生的硫酸，与钢筋混凝土硬化水泥石中 $Ca(OH)_2$ 反应，导致混凝土加速中性化过程。如鹰潭、广州、深圳站中，普通混凝土抗压强度下降，中性化程度提高，试件周围腐蚀菌、硫酸盐还原菌、中性硫化菌及异氧菌大量聚集，含菌量 10^5～10^7 个/g 土。

6.6 微生物腐蚀的防护措施

目前在控制微生物引起的腐蚀方面还没有一种尽善尽美的措施，处理这些问题时通常从“腐蚀”角度考虑比从“微生物学”角度考虑为多，要完全消灭腐蚀性微生物是很难实现的，目前的微生物腐蚀防护措施主要有以下几种。

1. 采用杀菌剂或抑制剂

能够杀死微生物的药剂为杀菌剂，只能使微生物处于不活动或不生长状态的药剂为抑制剂。如季铵盐类（十二烷基二甲基苄基氯化铵）为 SRB 的杀菌剂，铬酸盐是 SRB 的抑制剂。应根据有效性、经济性、环保性等因素合理地使用杀菌剂或抑制剂。

2. 改善环境条件，控制细菌的生长

如能减少细菌的有机物营养源或者除去代谢物质，就有可能控制细菌的活动。如切断硫化物矿石中硫的来源将阻止硫杆菌产生硫酸；控制介质的 pH 值，如控制 pH 值在 5.5～9 范围以外可以抑制 SRB，但须全面考虑操作环境与实际腐蚀情况。创造不利于主要腐蚀菌——硫酸盐还原菌的生长繁殖的条件，尽量加强排水并在管线周围回填砾石、砂或石灰石等以改善通气条件，使厌氧环境改变成有氧环境，不利于硫酸盐还原菌生长。

3. 使用表面涂（镀）层

涂层是较早广泛采用的方法。随着科技发展，新型涂层材料很多。在实际工作中既可采用单一涂层，也可采用混合涂层。土壤中构件的保护涂层一般分有机涂层和金属镀层两种。有机保护涂层材料采用较多的是油麻沥青、石油沥青、煤焦油沥青、环氧沥青、线型环氧树脂、氯磺化聚乙烯等。高分子聚合物是相对耐

菌攻击的保护层材料。采用金属保护层也是一种有效防护措施，最常用的例子是镀锌管，因为锌离子本身就能抑制菌生长。

4. 阴极保护

将阴极保护与涂镀层联合使用，同样可以达到控制微生物腐蚀的目的。若恰当地将电位控制在使阴极表面附近呈碱性环境［如碳钢控制在－0.95V（相对于 $Cu/CuSO_4$ 参比电极）以下］，阴极保护可使被保护材料周围成为一个高 pH 值区，在 pH 值为 9.5～10 时，还可以达到抑制细菌活动的目的，进而可提高细菌腐蚀控制的效果。

在实际应用中，防护措施要在对土壤环境、微生物腐蚀性、地下构件类型的调查基础上，从经济合理、简便易行、有效控制、持久性好等原则上采用一种或多种混合方法，可以有效控制微生物腐蚀。

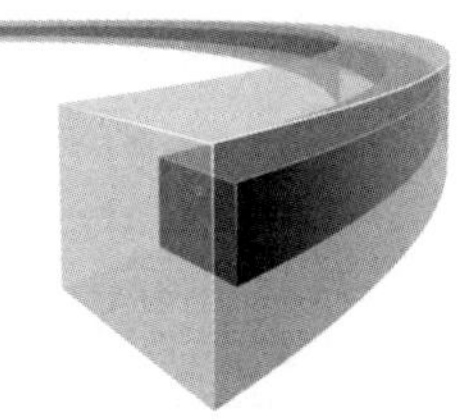

7 接地装置防腐技术

目前，国内接地网的防腐蚀技术主要有四大类：增大横截面积、选择耐腐蚀性导电材料、表面防腐技术、阴极保护。

7.1 增大横截面积

接地材料在土壤中不可避免发生腐蚀，一般说来，其平均腐蚀速率是一定的，因此，理论上接地材料横截面积越大，其腐蚀余量就越大，使用寿命越长。GB 50169—2016《电气装置安装工程接地装置施工及验收规范》规定：接地装置应采用热镀锌钢材，水平敷设的可采用圆钢和扁钢，垂直敷设的可采用角钢和钢管。腐蚀比较严重地区的接地装置，应适当加大截面。表 7-1 为接地装置导体的最小尺寸，表 7-2 为铜和镀铜刚接地体的最小尺寸。由表 7-1 可知，对于地上的接地体，屋内接地体横截面积小于屋外；对于地下接地体，交流回路接地体横截面积小于直流，镀锌钢接地体横截面积大于铜接地体。

表 7-1　　接地装置导体的最小尺寸

种类	规格及单位	地上		地下	
		屋内	屋外	交流电流回路	直流电流回路
圆钢	直径（mm）	6	8	10	12
扁钢	截面（mm^2）	60	100	100	100
	厚度（mm）	3	4	4	6
角钢	厚度（mm）	2	2.5	4	6
钢管	管壁厚度（mm）	2.5	2.5	3.5	4.5

注　架空线路杆塔的接地极引出线，其截面不应小于 $50mm^2$，并应热镀锌。

表 7-2　　铜和镀铜钢接地体的最小尺寸

种类	规格及单位	地上	地下
铜棒	直径（mm）	4	6
镀铜钢棒	直径（mm）	9	12
镀铜钢绞线	截面（mm^2）	25	35
铜排	截面（mm^2）	10	30
铜管	管壁厚（mm）	2	3

注　镀铜钢接地体的铜层厚度不小于0.254mm。镀铜钢绞线导电率分为30%和40%两种。

实际工程中，为了使接地体有充足的腐蚀余量，设计横截面积往往大于表7-1标准。按照标准，交流回路接地体尺寸为4×25mm即可，但实际上，目前220kV变电站接地网尺寸一般4×50mm及以上，500kV及以上变电站甚至达到10×100mm，均远远大于标准值，因此成本也大幅增加，毫无经济效益可言。此外，横截面积也不能无限增大，因此，要从根本上解决接地网的腐蚀问题，必须选择耐腐蚀的导电材料和其他的防腐方法。

7.2　选择耐腐蚀性导电材料

目前工程中常用的耐腐蚀导电材料主要有热镀锌钢和锌包钢、铜和铜包钢、不锈钢和不锈钢包钢、铝和铝合金、降阻剂、复合接地体等。

7.2.1　热镀锌钢和锌包钢

7.2.1.1　热镀锌钢在土壤中的腐蚀

我国铜资源匮乏，一直以来，我国的接地网材料主要使用热镀锌钢，它主要利用高温热浸时所形成的锌合金层本身牺牲阳极的特征。我国相关行业和国家标准均明确规定接地网应优先采用热镀锌钢材。

按照DL/T 1342—2014《电气接地工程用材料及连接件》要求，用于电力接地材料的热浸镀锌厚度应符合表7-3要求。

表 7-3　　热浸镀锌厚度要求

镀锌层最小厚度 μ_m	最小平均值厚度 μ_m
70	85

美国国家接地研究计划（National Electrical Grounding Research Project，NEGRP）从1992年开始在IAEI的Southern Nevada分部研究不同接地极材料的长期埋地腐蚀性能。现在由The Protection Research Foundationg继续进行试验。实验材料包括了镀锌钢和电镀铜的刚导体材料。5个试验场地中的4个在不同时期进行了开挖，开挖结果表明，镀锌钢出现了中等到严重的腐蚀，电镀铜的钢导体只有轻微的腐蚀。

美国国家标准局在1910～1955年开展了为期45年的地下腐蚀（Underground Corrosion）研究项目。研究了铁、非铁和具有保护层的333种材料的36500个试验样品，试验在全美国的128个试验场地进行。该研究项目被公认为最广泛的接地腐蚀研究之一。其中关于镀锌钢的主要研究结论：

（1）测试了208个镀锌钢管，样品埋入地中10年后镀锌层的最大腐蚀厚度达0.089mm，且镀锌层下的钢出现了点蚀。

（2）在海岸地区具有高浓度可溶盐地区的镀锌钢管腐蚀会加速。

美国加利福尼亚国家海军土木工程实验室（Naval Civil Engineering Laboratory）在20世纪60年代早期与NACE合作展开了为期7年的接地棒现场测试（Field Testing of Electrical Grounding Rods）研究项目。研究容易施工、耐腐蚀、对邻近金属物无腐蚀的接地棒。对不同材料接地棒的户外腐蚀做了测试。测试所用样品分别是低碳钢、热镀锌钢棒、不锈钢、铝和其他材料。7年后，大多数试品的镀锌钢层被腐蚀掉了，钢芯出现点蚀。包不锈钢的钢接地棒腐蚀基本没有，但钢芯出现了腐蚀。铜包钢接地棒没有腐蚀，只是在端部出现了钢芯的腐蚀。试验在美国加州海岸附近的美国海军土木工程实验室内进行，土壤电阻率12Ω·m。表7-4为单一接地体埋在土壤中不同时间的腐蚀数据。

表7-4　　单一金属接地体的腐蚀数据

材料	失重百分比（%）		
	1年后	3年后	7年后
软钢棒	2.6	6.11	7.61
镀锌钢棒	1.5	2.4	2.2
电镀铜的钢棒	0.52	0.93	1.4
铸铁棒	0.68	1.2	1.9
不锈钢棒	0.2	0.53	1.4
铝棒	0.92	1.6	2.3

续表

材料	失重百分比（%）		
	1 年后	3 年后	7 年后
镁棒	6.3	—	25.0
锌棒	1.2	1.2	4.11
不锈钢包铜棒	0.29	0.63	0.87*

*5 年后测试数据。

从表 7-4 中的测试结果可以看出，镁、铝、锌、软钢及镀锌钢电极等具有相当程度的腐蚀。若使用这些材料制成接地装置使用于海边时，必须注意其腐蚀问题。铸铁棒与以上材料相比，其腐蚀相对较小。铜包钢、不锈钢及不锈钢包铜棒的腐蚀率也较低。

另外波兰 Galmar 公司在华沙技术大学材料科学工程系实验室进行了电镀铜接地棒和热镀锌棒的腐蚀速度的测试。取样品长度均为 20mm，电镀铜层厚度为 0.25mm 的钢棒和热镀锌厚度为 0.08mm 的钢棒，将它们侵入摩尔比为 1∶1、pH 值为 4.8 的 CH_3COOH 和 CH_3COONa 的混合液中（模拟波兰典型土壤）。钢棒在 7 天和 35 天试验后进行称重腐蚀情况比较，另外还使用电化学法测腐蚀速度。实验结果见表 7-5 和表 7-6。

表 7-5　称重法对接地棒的测试结果

不同镀层的接地钢棒	测试周期（d）	腐蚀百分数（mm/d）	平均腐蚀速率（mm/a）	腐蚀类型
热镀锌钢	17	1.39	1.10	均匀
	21	0.96		
	27	1.13		
	35	0.9		
电镀铜接地棒	17	0.046	0.042	均匀
	21	0.040		
	28	0.040		

表 7-6　电化学对接地棒的测试结果

不同镀层的接地棒	腐蚀电压（mV）	电流密度（A/mm^2）	平均腐蚀率（mm/a）	腐蚀类型
热镀锌钢	−936	73.4	1.0	均匀
电镀铜接地棒	30	1.95	0.023	均匀

称重法和电化学法腐蚀速率测试结果比较显示：在波兰土壤条件相同腐蚀环境下，腐蚀速率是均匀的，并且和暴露的时间成正比。热镀锌棒的平均腐蚀速率为 1.1mm/a，电镀铜棒的抗腐蚀速度是它的 25 倍左右。另外，对黄铜和青铜连接的接地棒的腐蚀也进行了测试，在腐蚀液中对连接管连接的接地棒的腐蚀也进行了测试，在腐蚀液中对链接接地棒的链接管的阻抗变化的测试表明，黄铜或青铜连接管没有影响棒的腐蚀速度，同时对接触阻也没有明显影响。

我国没有长期镀锌钢的土壤腐蚀数据，表 7-7 是碳钢在我国 26 个土壤腐蚀站中的腐蚀数据，碳钢的腐蚀速率 0.16～1.24mm/a。

表 7-7　　我国土壤腐蚀试验站碳钢腐蚀速率

序号	站名	腐蚀速率 $(g \cdot dm^{-2} \cdot a^{-1})$	最大点蚀速率 $(mm \cdot a^{-1})$	序号	站名	腐蚀速率 $(g \cdot dm^{-2} \cdot a^{-1})$	最大点蚀速率 $(mm \cdot a^{-1})$
1	新疆中心站	11.7	1.24	14	鹰潭站	2.93	0.73
2	伊宁站	10.10	0.83	15	托克逊站	3.70	0.76
3	阜康站	11.41	1.07	16	哈密站	5.59	0.78
4	乌尔禾站	9.10	1.24	17	沈阳中心站	3.72	0.48
5	敦煌站	4.80	0.25	18	济南站	3.22	0.39
6	玉门东站	4.90	0.27	19	昆明站	5.49	0.35
7	深圳站	5.61	0.78	20	泽普站	2.88	0.63
8	706 基地站	6.04	0.80	21	大庆中心站	1.49	0.16
9	广州中心站	4.91	0.68	22	宝鸡站	2.42	0.30
10	长辛店站	3.91	0.40	23	轮南站	5.34	0.85
11	西安站	4.04	0.56	24	华南站	3.60	0.51
12	泸州站	2.06	0.36	25	阿勒泰站	2.70	0.34
13	成都中心站	4.14	0.31	26	长辛店站	3.90	0.40

7.2.1.2 锌包钢在土壤中的腐蚀

由于工艺的限制，热浸镀锌钢的镀锌层厚度一般小于 0.2mm，限制了热浸镀锌钢的使用寿命。目前已经开发了一种新型的锌包钢接地材料，锌层厚度大于 1mm，大大提高了镀锌钢使用年限，目前已经制定了 DL/T 1457—2015《电力工程接地用锌包钢技术条件》。

锌包钢又称锌覆钢，即钢材的表面被锌均匀包裹的材料。锌包钢是用挤压包覆或拉拔工艺将较厚的锌层包覆在钢表面，克服了热浸镀锌钢镀层太薄的弊端，其防护机理和热浸镀锌钢一样，利用锌的牺牲阳极保护性能到达防腐蚀的目的。

锌层厚度一般大于1mm，使用寿命比热镀锌大幅提高，其电气性能参数参照镀锌钢，见表7-8，其综合性能优良，随着工艺的逐渐成熟，开始慢慢用于接地网和阴极保护。目前，市场上的锌包钢有棒材和板材两种，其尺寸及允差要求见表7-9。

表7-8　　锌包钢电气性能参数

材料	导电率（%）	熔断温度（T_M/℃）	电阻温度系数 α_r（℃）	温度 T_r 时电阻率 ρ_r（$\mu\Omega\cdot cm$）	热容系数 TACP（J/cm^3/℃）	K_0（℃）	热稳定系数 C
锌包钢	8.6	419	0.0032	20.1	3.931	293	68

表7-9　　锌包钢的尺寸及允差　　mm

棒材		板材			
标称直径 d	允许偏差	宽度	允许偏差	厚度	允许偏差
$d\leqslant 20$	±0.2	4～10	±0.10	3～16	±0.3
$20<d\leqslant 30$	±0.3	10～18	±0.14	16～60	±1.5%
$d>30$	±0.4	18～30	±0.21	—	—
—	—	>30	±0.30	—	—

按照规定，锌包钢锌层最小厚度不得低于1.0mm。由于土壤电阻率越低，锌层的腐蚀速率越高，因此在土壤电阻率高的区域，锌包钢中锌层厚度见表7-10，目前关于锌包钢在土壤中的腐蚀性有待进一步研究。

表7-10　　土壤电阻率与锌层厚度对应表

土壤电阻率（$\Omega\cdot m$）	水平接地极锌层厚度（mm）	垂直接地极锌层厚度（mm）
≤20	3	5
20～50	3	3
≥50	1	3

7.2.2　铜及铜包钢

7.2.2.1　铜及铜包钢在土壤中的腐蚀

发达国家接地网设计根据IEEE Std 80通常使用铜及铜包钢。常用铜导体材料的常数见表7-11，铜及铜包钢综合性能优良，尤其是导电性是所有接地材料中最好的。据文献统计，包括美国、欧洲等全球50%以上地区的接地系统采用水平铜网加镀铜钢垂直接地棒，60%接地系统采用放热焊接方式作为接地系统连接，其中包括非洲苏丹、乍得，亚洲缅甸、柬埔寨等国家。

表 7-11　　常用铜导体材料的常数

接地材料名称	材料相对电导率（%）	α_r（20℃）	K_0（$1/\alpha_0$，0℃）	熔化温度（℃）	β_r（20℃）（$\mu\Omega\cdot$cm）	TCAP [J/(cm$^3\cdot$℃)]
退火软铜	100	0.00393	234	1083	1.72	3.42
工业硬铜	97	0.00381	242	1084	1.78	3.42
电镀铜覆钢	40	0.00378	245	1084	4.4	3.85
电镀铜覆钢	30	0.00378	245	1084	5.86	3.85
电镀铜覆钢	20	0.00378	245	1084	8.62	3.85

美国标准局和波兰华沙技术大学曾做过铜、铜包钢、镀锌钢等在土壤中的腐蚀研究，得出结论：铜及铜合金是一种耐土壤腐蚀的材料，但是在氯离子、有机硫化物、高酸性土壤中存在严重点蚀，由于表面氧化膜的保护作用，铜的腐蚀速率呈逐年减小趋势，与镀锌钢相比，铜在土壤中的腐蚀速度大约是镀锌钢的1/10～1/50。

根据美国的研究，铜和铜的合金，包括管状和板状样品，其中铜包钢的铜层厚度为0.254mm。在14个不同场地埋入地中13～16年，腐蚀数据见表7-12。埋在29个不同试验场地8年的样品的腐蚀数据见表7-13所示。表7-14是美国纯铜土壤埋地数据统计，由表7-14的统计结果可以看出，在美国43个不同的试验场中，纯铜的腐蚀速率0.0004～0.021mm/a，最大腐蚀速率与最小腐蚀速率相差50多倍。

苏联也进行了铜合金的土壤腐蚀研究，其结论认为铜合金在干燥的土壤中腐蚀比较慢，黄铜（锌大于15%）腐蚀速率比较快，在土壤中倾向于脱锌类型腐蚀。Flaynes 和 Baboian 等研究了铜护套的土壤腐蚀，认为铜及铜合金具有耐氧浓差腐蚀的特性，一般只产生均匀腐蚀。

表 7-12　　美国纯铜土壤埋地13～16年实验结果（14个不同场地）

土壤编号	埋置时间（年）	平均腐蚀速率（mm/a）
31	13.7	0.00030
27	16	0.00043
36	16	0.00068
2	13.5	0.0069
5	14	0.0011

续表

土壤编号	埋置时间（年）	平均腐蚀速度（mm/a）
7	14	0.0011
9	13.4	0.0012
26	13.4	0.00044
30	13.4	0.00031
41	13.4	0.00099
47	13.4	0.0011
6	13.3	0.00036
10	13.2	0.0030
24	13.2	0.00066

表 7-13　　美国纯铜土壤埋地 8 年实验结果（29 个不同试验场）

土壤编号	埋置时间（年）	平均腐蚀速度（mm/a）
1	8.1	0.0022
20	8.1	0.0014
3	8	0.0010
8	8	0.00076
12	8	0.010
13	8	0.00096
14	8	0.0012
15	8	0.00052
16	8	0.0020
17	8	0.0014
18	8	00027
19	8	0.0014
22	8	0.0025
23	8	0.0045
25	8	0.00041
28	8	0.0029
29	8	0.0042
33	8	0.0045
34	8	0.00067
35	8	0.0059
37	8	0.0059
38	8	0.0012
40	8	0.0052

续表

土壤编号	埋置时间（年）	平均腐蚀速度（mm/a）
42	8	0.00017
43	8	0.021
44	8	0.0025
45	8	0.0010
4	7.9	0.00068
32	7.9	0.0012

表 7-14　　美国纯铜土壤埋地数据统计

腐蚀速率（mm/a）	0.0004～0.001	0.001～0.004	0.004～0.007	0.007～0.021
土壤数量	17	18	6	2

为了研究铜对其他金属的电偶腐蚀，美国加利福尼亚国家海军土木工程实验室进行了不同金属组合体的电偶腐蚀试验，测试数据见表 7-15，组合体的一侧为 1 至 2 跟软钢，这是为了模拟接地电极与所接触的地下钢铁结构相处的情况，在该表中列出了软钢腐蚀的百分比。软钢的腐蚀包括了自然腐蚀和与一种金属接触导致的电偶腐蚀双重因素。表 7-15 与表 7-4 比较发现，铜与其他金属组合显著增加了其他金属的腐蚀，其电偶腐蚀效应不可忽略。

表 7-15　　不同金属组合的腐蚀测试数据

材料	接地体组成（I 为软钢棒）	软钢的百分比减重（%）		
		1 年后	3 年后	7 年后
电镀锌棒（G）	G-I	1.2	2.85	5.85
电镀铜的钢棒（C）	C-I	4.85	14.0	25.9
电镀铜的钢棒（C）	C-21	3.83	10.3	17.2
电镀铜的钢棒（C）	C-21	3.85	13.4	16.9
铸铁棒（N）	N-I	2.4	7.46	10.9
铸铁棒（N）#	N-I	—	4.89	—
不锈钢棒（S）	S-I	2.5	6.79	11.8
不锈钢包铜棒（B）	B-I	2.3	5.56	6.84@
不锈钢包铜棒（B）	2B-I	—	—	7.72@

注　# 为不同制造商；@为 5 年后的测试数据。

我国在沈阳、黑龙江大庆、天津大港、成都、江西鹰潭、新疆、广州、深圳 8 个国家土壤腐蚀试验站研究了黄铜（H62）的腐蚀，发现黄铜的腐蚀电位（对

$Cu/CuSO_4$）随着土壤 pH 值升高而变得更负，并且对埋地 1 年、3 年、5 年的试样进行腐蚀称重，发现黄铜在酸性（深圳）和碱性（天津大港）土壤中的腐蚀比较严重。对表层腐蚀产物进行 X 射线分析，发现主要成分是 Cu_2O，也有少量的 Cu_2S、CuCl 和 CuO，表明硫离子和氯离子均加速了铜的土壤腐蚀过程。

近年来，我国北京、上海、浙江、山东、广东等经济发达省份在 500kV 等高电压等级变电站开始选用耐腐性强的铜材作为接地材料，但是值得注意的是铜接地网也有很多缺点，不能盲目使用。

（1）电偶腐蚀，根据欧美国家使用铜接地网的经验，铜对附近钢结构建筑电偶腐蚀非常严重，因此美标 IEEE Std 142 指出，如果用铜材作接地网，必须对邻近构架钢材（混凝土钢筋）采取有效措施（一般为阴极保护）防止腐蚀。

（2）铜在强酸性（$pH<5$）和强碱性（$pH>10$）土壤防腐性比较差，美国的结果表明：铜在不同土壤腐蚀速率相差 50 倍，在一般土壤中，铜接地网可以使用 30 年，而在酸性土壤中寿命不到 5 年。

（3）铜接地网造成土壤、地下水重金属（Cu）污染。

（4）我国铜资源匮乏。因此，在建设 500kV 等骨干变电站时，需要根据具体环境条件选用铜材接地网，充分论证，避免盲目施工造成危害。

7.2.2.2 铜包钢在土壤中的腐蚀

由于纯铜价格昂贵，为了节约成本，开发出了铜包钢又称铜覆钢，即在碳钢表面电镀或者机械包覆一层铜。电镀铜由于工艺原因铜层厚度一般 0.254mm 左右，机械包覆铜是用挤压包覆或拉拔工艺将较厚的铜层包覆在钢表面，铜层厚度一般大于 0.3mm。在保证防腐寿命的前提下，大大降低了成本，应用越来越广泛。

铜及铜包钢的焊接与试验不同于传统的镀锌钢接地材料，其焊接采用放热焊和特殊的电气—腐蚀试验。

1. 放热焊

铜及铜包钢作为接地材料，其连接问题不可忽略。DL/T 1312—2013《电气工程接地网用铜覆钢技术条件》和 DL/T 1315—2013《电气工程接地装置用放热焊剂技术条件》规定：电力工程接地装置的连接，当它们均为铜、铜覆钢、钢铁等或其一为以上材料时，可采用放热焊接工艺。常用的放热焊剂有两种，一种为氧化铜或氧化铜—氧化亚铜混合物、铝粉与辅料等组成即为铜焊剂，其主要成分见表 7-16；另一种为铁的氧化物混合物、铝粉与辅料等组成即为铁焊剂，其主要成分见表 7-17。

表 7-16　　铜焊剂主要成分

成分	CuO/Cu_2O	Al	其他
含量	≥70	≤25	—

表 7-17　　铁焊剂主要成分

成分	$FeO/Fe_2O_3/Fe_3O_4$	Al	其他
含量	≥75	≤25	—

2. 电气—腐蚀试验

对于铜包钢（铜覆钢）这种接地材料，按照规定在使用前还需要进行电气—腐蚀循环试验包括：电流—温度循环试验、冰冻—融化试验、中性盐雾腐蚀试验、故障电流试验顺序进行，试验前后测量试样电阻值，每个试样在循环试验过程中不允许更换，试样长度不小于 600mm。

（1）电流—温度循环试验。取铜覆钢试样长度不小于 600mm，将试样布置成回路，施加电流使样品温度逐渐升至 350℃，保温 1h 后冷却至室温再进行下一个循环，至少进行 25 次电流—温度循环。在第一个 5 次循环中必须调整电流，使试样温度保持在（350±10)℃，每一个 5 次循环调整一次电流，使总体 25 次循环样品温度保持在 350℃。试验结束后将样品冷却到环境温度后，测量电阻，利用校正 20℃时的电阻值评定材料性能。

（2）冰冻—融化试验。将电流—温度循环试验试验后的试样进行该试验。将试样放入盛水的容器，水淹没试样并且水面至少高出试样 25.4mm。将试样冷却到－10℃或更低，然后升温至 20℃以上。每次循环时试样在低温和高温下至少保持 2h，至少进行 10 次冰冻-融化循环。试验结束后测量电阻值，测试前将试样干燥并恢复到环境温度，利用校正到 20℃时的电阻值评价材料性能。

（3）中性盐雾腐蚀试验。将冰冻-融化试验试验后的试样进行腐蚀试验。腐蚀试验按 GB/T 10125 进行中性盐雾试验，试验介质为去离子水或蒸馏水配置的 5%NaCl 溶液，试验时间不低于 500h。试验后用清水对试样进行冲洗，冲洗后烘干，冷却至环境温度后测量电阻值，利用校正到 20℃时的电阻值评定材料性能。腐蚀过程中及腐蚀后观察材料形貌，并记录。试验结束后，用淡水冲洗干净后，在 100℃干燥 1h 后，冷却至室温后，进行电阻测量。

（4）故障电流试验。将中性盐雾腐蚀试验试验后的试样进行该试验。将试样连接组成试验回路，试验所用的对称故障电流有效值是试样 4s 或 10s（可选）持续时间熔化电流的 90%。试验时，每次故障电流冲击持续 4s 或 10s（可选），共进行三次冲击。每次试验后，导体冷却到 100℃或更低温度后再重复下一次冲击。

7.2.3 不锈钢和不锈钢包钢

7.2.3.1 不锈钢在土壤中的腐蚀

不锈钢是指含铬量大于 12%的一类铁合金，由于表面形成含铬钝化膜，使其具有优异的耐自然环境腐蚀性能，因此常用于苛刻的腐蚀环境中，如水下、地下构筑物。国内外关于不锈钢土壤腐蚀研究比较多。美国国家标准局、钢铁研究院先后在 1910 年和 1970 年开展了长期地下金属腐蚀项目（项目至今仍在进行中），涉及的金属材料有不锈钢、铝合金、铍合金、锆合金、钛合金、镍基合金，其中以奥氏体不锈钢为主，33.5 年的埋地结果表明：

（1）所有不锈钢无均匀腐蚀，但伴随少量局部腐蚀。

（2）8 年和 33.5 年腐蚀形貌基本相同。

（3）300 系列不锈钢耐蚀性能最好，其中 316 不锈钢几乎不腐蚀，300 系列不锈钢局部腐蚀程度比 200 系列和 400 系列不锈钢轻微。

（4）敏化处理后有轻微晶间腐蚀，固溶处理耐蚀性最好。

20 世纪 90 年代初，我国开始在 8 个国家土壤腐蚀试验站开展不锈钢（马氏体不锈钢 1Cr13 和奥氏体不锈钢 1Cr18Ni9Ti）土壤腐蚀实验，取得了 5 年的土壤腐蚀数据，表 7-18 为 8 个土壤腐蚀试验站的土壤理化分析结果，表 7-19 为 1Cr18Ni9Ti 奥氏体不锈钢的腐蚀速率与土壤性质关系。表 7-18 和 7-19 结果表明：①1Cr18Ni9Ti 不锈钢在土壤中的腐蚀速率很低，腐蚀速率 0.01～0.07mm/a；②酸性土壤中，不锈钢表现出优异的耐腐蚀性；③氯离子含量较高的海滨盐土中，不锈钢腐蚀速率最大，说明不锈钢不适合用于氯离子含量高的土壤。

表 7-18　　8 个土壤腐蚀试验站的土壤理化分析结果

序号	土壤站名	土壤类型	电阻率（Ω·m）	含水率（%）	pH 值	含盐量（%）	Cl^-（%）	SO_4^{2-}（%）
1	鹰潭	红壤	>1000	24.8～29.4	4.6	0.0129	0.0043	0.0074
2	广州	水化赤红壤	420	22.5～30.3	6.4	0.0144	0.0014	0.0079
3	深圳	花岗岩赤红壤	399	19.7～32.3	5.7	0.0181	0.0011	0.0115

续表

序号	土壤站名	土壤类型	电阻率（Ω·m）	含水率（%）	pH 值	含盐量（%）	Cl^-（%）	SO_4^{2-}（%）
4	大庆	苏打盐土	511	33.6（饱和）	9.8	0.2144	0.0138	0.0264
5	大港	滨海盐土	0.28	19.2～34.6（饱和）	7.8	2.8025	1.5620	0.1328
6	沈阳	草甸土	32.9	23.1～29.8	6.6	0.0446	0.0028	0.0221
7	成都	草甸土	11.3	21.3～35.2（饱和）	7.4	0.0467	0.0017	0.0202
8	新疆	荒漠土	39.6	10.4～15.0	8.5	0.7828	0.1466	0.3953

表 7-19　1Cr18Ni9Ti 奥氏体不锈钢的腐蚀速率与土壤性质关系

站名	土壤类型	电阻率（Ω·m）	Cl^-（%）	SO_4^{2-}（%）	全盐量（%）	土壤电导率（$m\Omega^{-1}\cdot cm^{-1}$）	腐蚀速率（$g\cdot dm^{-2}\cdot a^{-1}$）		
							1 年	3 年	5 年
大港	滨海盐土	0.28	1.56	0.13	2.80	23.80	0.07	0.20	
新疆	荒漠土	39.6	0.15	0.40	0.78	2.98	0.06		
沈阳	黑潮土	32.9	0.00	0.20	0.05	0.31	0.04	0.03	
成都	潮土	11.3	0.00	0.02	0.05	0.44	0.03	0.03	
昆明	红壤	66	0.00	0.01	0.03			0.01	
深圳	红壤	399	0.00	0.01	0.02	0.24	0.02	0.01	0.01
广州	红壤	420	0.00	0.01	0.01	0.14	0.02	0.00	0.01
鹰潭	红壤	>1000	0.00	0.01	0.01	0.09	0.01	0.01	0.01
大庆	苏打盐土	5.1	0.01	0.03	0.21		0.01	0.01	0.01

此外测量不锈钢在土壤中的腐蚀电位发现：不同土壤中不锈钢的腐蚀电位变化较大，与碳钢相比有较大不同，见表 7-20，在酸性比较强的三种土壤中的腐蚀电位均为正值，说明不锈钢在酸性土壤中阴极过程容易进行，可以保持钝态，因而具有较好的耐蚀性。

银耀德等用原位测试方法对碳钢、不锈钢、H62 黄铜及金属铝在土壤中的腐蚀进行了研究，结果表明，1 年时，铝、碳钢、不锈钢、H62 黄铜的平均腐蚀率之比为 1∶22∶0.5∶4。孙成等研究了 1Cr13、1Cr18Ni9Ti 两种不锈钢在酸性、中性及碱性土壤中经过 1 年、3 年、5 年 3 个试验周期后的腐蚀特征，结果表明，1Cr18Ni9Ti 耐蚀性优于 1Cr13，两种不锈钢在酸性及中性土壤中腐蚀轻微，在高盐碱性土壤中腐蚀严重，以点蚀为主。

表 7-20　　　　不锈钢在不同土壤中的腐蚀电位

序号	站名	pH	埋藏时间（年）	平均腐蚀电位（mV）（相对 $Cu/CuSO_4$）		
				1Cr13	1Cr18Ni9Ti	碳钢
1	鹰潭	4.6	3	+311	+163	
2	广州	6.4	3	+265	+253	
3	深圳	5.7	3	+125	+132	
4	大庆	9.8	1	−430	−426	
5	大港	7.8	1	−172	−396	−732
6	沈阳	6.6	1	+33	−83	−750
7	成都	7.4	1	−409	−383	−806

7.2.3.2　不锈钢包钢在土壤中的腐蚀

不锈钢包钢（也称不锈钢复合材料）是最新发展的一种接地网材料，类似如铜包钢，即在钢铁表面包覆一层不锈钢，目的是为了节省成本，其土壤腐蚀性与纯不锈钢一样，对其具体的土壤腐蚀性研究报道较少，但已经出台了电力行业标准，国内已有少数厂家生产该产品。表 7-21 为 304 不锈钢和不锈钢包钢材料的常数，由表可见，不锈钢包钢导电性优于 304 不锈钢，其他性能相当。

表 7-21　　　　304 不锈钢和不锈钢包钢材料的常数

接地材料名称	材料相对电导率（%）	α_r（20℃）	K_0（$1/\alpha_0$，0℃）	熔化温度（℃）	β_r（20℃）$\mu\Omega\cdot cm$	TCAP [J/($cm^3\cdot$℃)]
304 不锈钢	2.4	0.0013	749	1400	72	4.03
不锈钢复合材料	9.8	0.0016	605	1400	17.5	4.44

注　不锈钢复合材料的不锈钢包覆层厚度为 0.508mm。

1. 不锈钢包钢在变电站接地网防腐中的应用

目前，在我国已经制定了不锈钢包钢复合材料在变电站和输电线路杆塔接地上应用的行业标准，按照标准要求，不锈钢复合材料用于接地时一般制作成圆棒形状，结构如图 7-1 所示。用于变电站接地网水平接地体的不锈钢复合材料需符合表 7-22 规定要求。

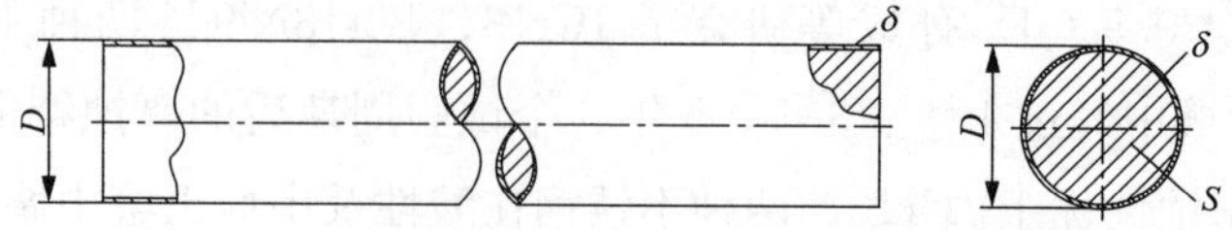

图 7-1　不锈钢复合接地装置材料结构示意图

表 7-22　　不锈钢复合接地装置材料类型、包覆层厚度和适用范围

类型	包覆层厚度 δ（mm）	适用范围
Ⅰ	≥0.5	一般中性及中等酸碱性土壤
Ⅱ	≥0.7	强酸、强碱性及盐渍土壤

不锈钢复合材料作为接地引下线使用时，包覆层厚度应该大于水平接地体，其加工后的接地体尺寸及偏差应满足表 7-23 要求。

表 7-23　　接地体尺寸及偏差　　mm

外径 D	长度 L	不锈钢包覆层壁厚 δ	
		Ⅰ类	Ⅱ类
D±0.10	6000～7500	0.55±0.05	0.75±0.05

不锈钢复合材料的不锈钢一般要求进行包覆层可塑性试验，从生产线中的一个批量产品中随机抽取长度不小于 2000mm 的试品 3 件，从试品一端 500mm 处，经弯曲 90°后，折角内外应无裂纹（弯曲半径 R 不小于直径 D 的 10 倍），再从试品另一端 500mm 处，经反向弯曲 90°后，折角内外应无裂纹（弯曲半径 R 不小于直径 D 的 10 倍），如图 7-2 所示。

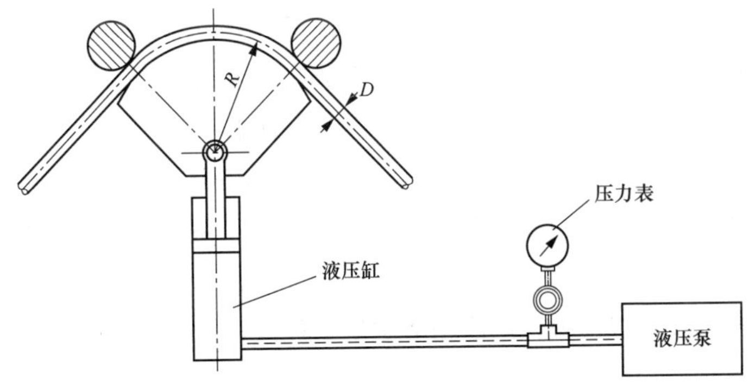

图 7-2　包覆层可塑性试验示意图

类似于铜包钢，不锈钢包钢也推荐用放热焊，放热焊接头分为三种："一"字接头、"十"字接头和"T"字接头，如图 7-3 所示。放热焊接接头应无贯穿性的气孔，熔敷金属与被连接的焊接材料表面应完全熔合。

不锈钢复合材料耐腐蚀性特殊要求：接地装置中的Ⅰ、Ⅱ类接地体、极尖、放热焊接接头等部件均应耐受一般中性及中等酸碱性、强酸性土壤、强碱性土壤

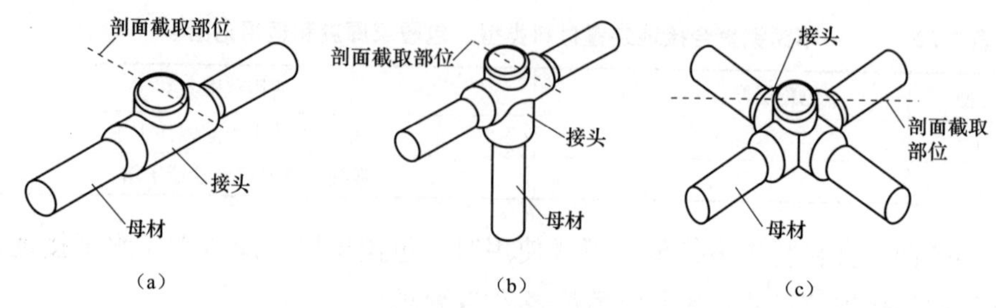

图 7-3　放热焊接接头示意图

(a)“一”字接头；(b)“T”字接头；(c)“十”字接头

和盐渍土壤的腐蚀，其年平均腐蚀率应满足不大于 0.008mm/a 的要求。特殊耐腐蚀实验如下：

(1) 接地体自然腐蚀试品。样品备制 24 件，12 件为一组，共两组。样品直径 19.2mm，长度为 40mm，包覆层厚度为（0.6±0.1）mm 的复合材料，试品表面应光滑、平整，无毛刺和飞边，包覆层应无裂纹。试验前应用酒精擦洗干净，并在 100℃下烘干 1h，冷却至室温并随即用有机密封胶密封两端非工作面，用分析天平（精度为 0.1mg）称重待用。

(2) 耐酸性土壤腐蚀试验。用醋酸（CH_3COOH）将土壤的酸度调配 pH 值为 4.0，并放入非金属试验槽中，平整的铺放 35～40mm 厚度，将 12 件试品轻轻放入，试品直径方向间距为 30mm，长度方向间距为 80mm，然后再覆盖厚为 35～40mm 的 pH 值为 4.0 的酸性土壤，并将表面抹平。

1h 后，向土壤表面喷去离子水，直至表面水层深约 5mm，然后用双层 PVC 厚膜将试验槽口封住，以减少水分挥发。试验槽置于室内无阳光照射，四周无热源处。放置期间每隔 15d 喷水一次，水层深约 5mm。60d 后取出，清除试品表面附着物，同时进行外观检查，用酒精清洗烘干称重。按式（7-1）计算出每个试品的平均腐蚀率。

$$V = (\Delta W/St) \cdot (3650/d) \tag{7-1}$$

式中：V 为试品平均腐蚀率，mm/a；ΔW 为试品损失质量，g；S 为试品表面积，cm^2；t 为试品埋入土壤的时间，d；d 为试品材料密度，g/cm^3。

按式（7-1）计算出的平均腐蚀率小于 0.008mm/a 为合格。

(3) 耐碱性土壤腐蚀试验。用氢氧化钠（NaOH）将土壤的碱度调配成 pH 值为 10.0，放入非金属试验槽中，平整的铺放 35～40mm 厚度，将 12 件试品轻轻放入，试品直径方向间距 30mm，长度方向间距 80mm，然后再覆盖厚为 35～40mm 的 pH 值为 10.0 的碱性土壤，并将表面抹平。

1h 后，向土壤表面喷去离子水，直至表面水层深约 5mm，然后用双层 PVC 厚膜将试验槽口封住，以减少水分挥发。试验槽置于室内无阳光照射、四周无热源处。放置期间每隔 15d 喷水一次，水层深约 5mm。60d 后取出，清除试品表面附着物，同时进行外观检查，用酒精清洗烘干称重。按式（7-1）计算出每个试品件的平均腐蚀率，平均腐蚀率小于 0.008mm/a 为合格。

（4）放热焊接接头电偶腐蚀试验。选取两种材料进行腐蚀试验，分别是不锈钢复合材料（以下简称不锈钢）和熔敷铜合金材料（以下简称铜）。每种材料需制备 15 件，共 5 组，不锈钢复合材料试件直径为 19.2mm，包覆层厚度为（0.6±0.1）mm，用蒸馏水冲洗，后用丙酮脱脂，酒精去污，吹干备用。试样的非工作面用有机密封胶密封，不锈钢复合材料和熔敷铜合金材料面积比为 85 ∶ 1，电偶腐蚀试验装置如图 7-4所示。

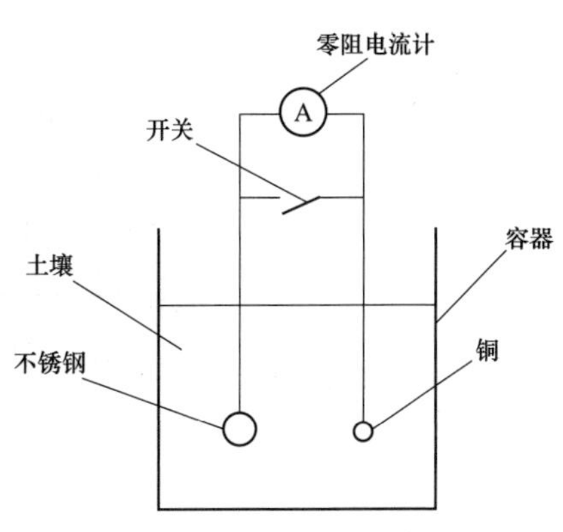

图 7-4　不同金属间电偶腐蚀试验示意图

试验土壤选取碱性（pH10.0）、酸性（pH4.0）和滨海盐渍/内陆（含盐量 1.66%，pH8.5）土壤作为试验介质。先将试验土壤介质放入非金属试验槽中，平整的铺放 35～40mm 厚度，将试样轻轻放入，试样直径方向间距为 30mm，长度方向间距为 80mm，然后再覆盖厚为 35～40mm 的相应的土壤介质，并将表面抹平。

1h 后，向土壤表面喷去离子水，直至表面水层深约 5mm，然后用双层 PVC 厚膜将试验槽口封住，以减少水分挥发。试验槽置于室内无阳光照射，四周无热源处。放置期间每隔 15d 喷水一次，水层深约 5mm。90d 后取出，清除试品表面腐蚀产物，同时进行外观检查，用酒精清洗烘干称重。按式（7-1）计算出每个试品的平均腐蚀率，平均腐蚀率小于 0.008mm/a 为合格。

2. 不锈钢包钢在输电线路杆塔接地装置防腐中的应用

输电线路杆塔接地装置对送电线路的防雷至关重要，但是位于山区的送电线路，由于接地体的腐蚀，特别是在山区酸性土壤中，或风化后土壤中，容易发生电化学腐蚀和吸氧腐蚀，最容易发生腐蚀的部位是接地引下线与水平接地体的连接处，有时会发生因腐蚀断裂而使杆塔失地的现象，使得雷击跳闸率居高不下，严重影响输电线路的安全稳定运行。输电线路杆塔接地装置主要由接地引下线、水平接地体、垂直接地体组成，如图 7-5 所示。

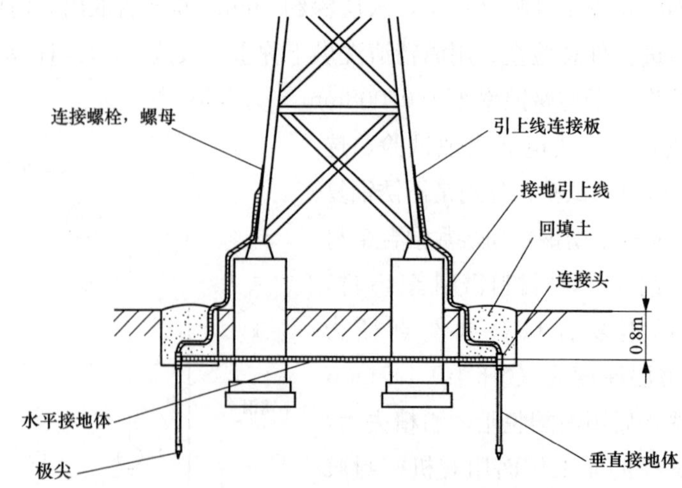

图 7-5　典型输电线路杆塔接地装置示意图

按照 DL/T 248—2014《输电线路杆塔不锈钢复合材料耐腐蚀接地装置》规定，输电线路杆塔接地装置按结构可分为Ⅰ型、Ⅱ型、Ⅲ型、Ⅳ型四种类型，见表 7-24。

表 7-24　输电线路杆塔接地装置分类、型式及适用范围

类型	型式	适用范围
Ⅰ型	闭合环形	土壤电阻率 100Ω · m 及以下的地区
Ⅱ型	闭合环形兼放射形	土壤电阻率 100～500Ω · m 的地区
Ⅲ型	带垂直极的闭合环形	土壤电阻率 100Ω · m 及以下的地区（用于施工条件受限制时）
Ⅳ型	带垂直极的闭合环形兼放射形	在土壤电阻率 100～500Ω · m 的地区（用于施工条件受限制时）

由表 7-24 可知，四种类型对应四种接地装置型式，如图 7-6～图 7-9 所示。

（1）闭合环形接地装置（Ⅰ型）。

（2）闭合环形兼放射形接地装置（Ⅱ型）。

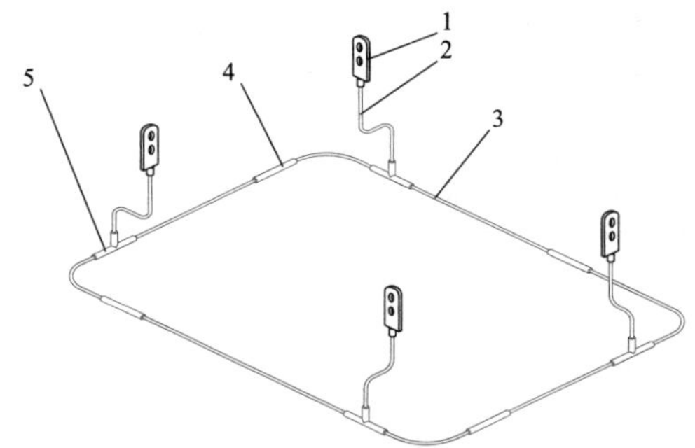

图 7-6 闭合环形接地装置（Ⅰ型）

1—接地线连接板；2—接地线；3—水平接地体；
4—“一”字型接头；5—“T”字型接头

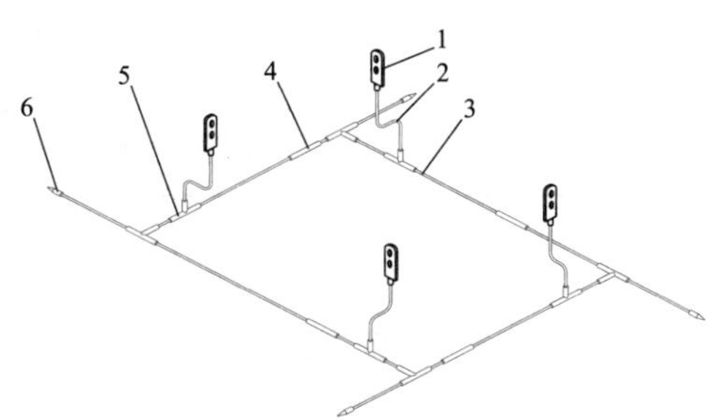

图 7-7 闭合环形兼放射形接地装置（Ⅱ型）

1—接地线连接板；2—接地线；3—水平接地体；
4—“一”字型接头；5—“T”字型接头；6—极尖

（3）带垂直极的闭合环形接地装置（Ⅲ型）。

（4）带垂直极的闭合环形兼放射形接地装置（Ⅳ型）。

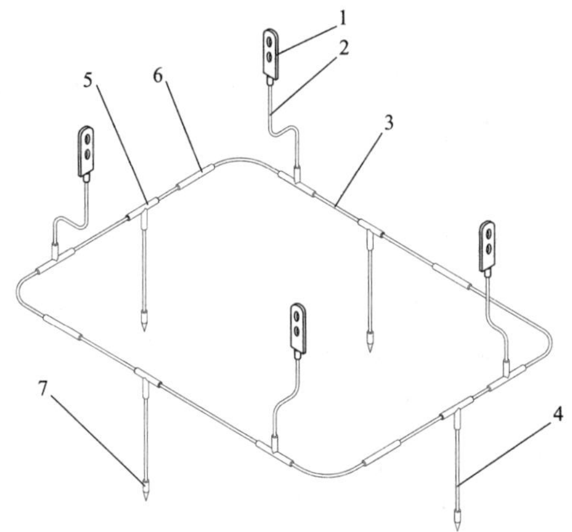

图 7-8 带垂直极的闭合环形接地装置（Ⅲ型）

1—接地线连接板；2—接地线；
3—水平接地体；4—垂直接地体；
5—“T”字型接头；6—“一”型接头；7—极尖

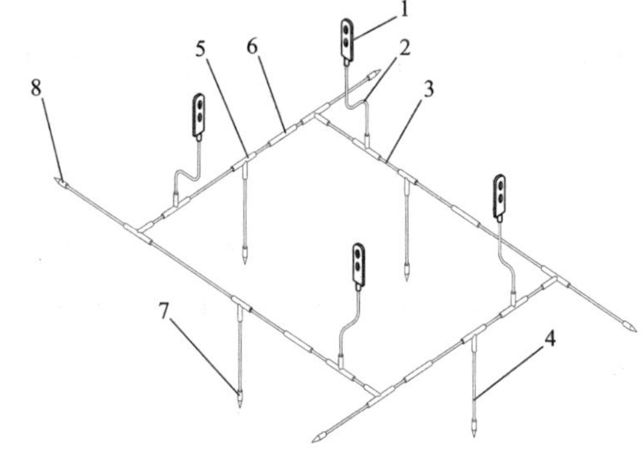

图 7-9 带垂直极的闭合环形兼放射形接地装置（Ⅳ型）

1—接地线连接板；2—接地线；3—水平接地体；
4—垂直接地体；5—“T”型接头；
6—“一”字型接头；7、8—极尖

输电线路杆塔接地体一般要求：①表面光滑，平整，不应有高低起伏及弯曲等现象，直线度不大于 2.0mm/m；②包覆层无贯穿性的裂纹，经弯曲 90°后，折角内外无裂缝；③接地体截面不应小于 50mm^2；④接地引上线截面等同于接地体；⑤加工后的接地体尺寸及误差要求见表 7-25。

表 7-25　　输电线路杆塔接地体尺寸及误差要求　　mm

序号	外径 D	长度 L	包覆层壁厚 δ
1	8.60±0.10	≥5000	0.60±0.10（0.70±0.10）
2	10.60±0.10	≥5000	0.60±0.10（0.70±0.10）
3	12.60±0.10	≥5000	0.60±0.10（0.70±0.10）

注　不锈钢包覆层壁厚 δ，栏目中数字为 A 级要求，括号内数字为 B 级的要求。

对用不锈钢包钢的输电线路杆塔接地体耐腐蚀特性要求与变电站接地网要求一致：接地装置中的接地体、接地引上线、接地引上线连接板、连接头以及极尖等部件均应耐受强酸性土壤和强碱性土壤的腐蚀，其表面平均年腐蚀率应满足不大于 0.008mm 的要求。

7.2.4　铝及铝合金

铝是电位非常负的金属（−1.662V），具有很好的自钝化能力，钝化后在表面上形成薄而致密的保护膜，一般由 γ-Al_2O_3 等组成。保护膜可以溶解在强酸、强碱介质中。在中性及弱酸性土壤中是比较稳定的。

目前，在我国铝及铝合金还没有在接地网上大范围应用，但作为一种潜在耐土壤腐蚀材料，国内外也进行了大量的土壤腐蚀研究。早在 1926 年，美国开始研究铝及铝合金的土壤腐蚀，一般认为铝易于因充气不均匀而发生严重的溃疡腐蚀，并且在含氯化物、硫酸盐的土壤中以及在碱性土壤中，局部腐蚀很严重，但在土壤中有较高含量的氯化物时，保护膜受到破坏，此外由于铝合金中析出 $CuAl_2$ 相，基体相的电位比 $CuAl_2$ 相的电位低，形成腐蚀微电池加速铝合金的腐蚀。

我国在国家土壤腐蚀腐蚀试验站进行了纯铝和 LY11 铝合金的土壤腐蚀实验研究，结果表明：铝和铝合金在不同的土壤中的腐蚀速率相差很大，在透气性良好的土壤中，铝的腐蚀速率比碳钢低很多；在透气性不好的土壤中，尤其在碱性土壤中，铝的腐蚀速率可以与碳钢大致相当，并且具有明显的局部腐蚀特征；但在酸性土壤中，其腐蚀速率相对较低。如图 7-10 为 LY11 铝合金在 8 个试验站的腐蚀速率。

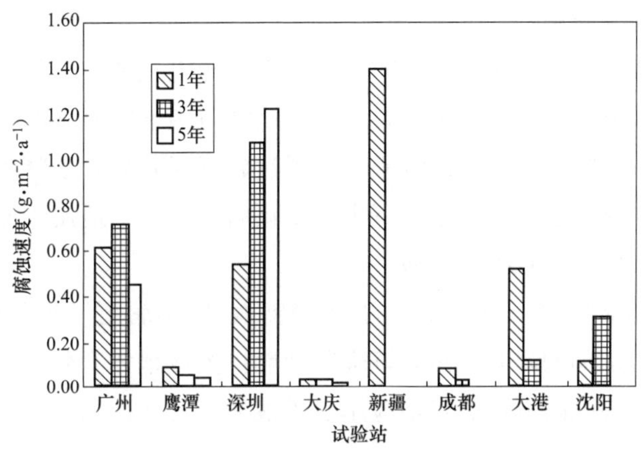

图 7-10　LY11 铝合金在 8 个试验站的腐蚀速率

7.2.5　降阻剂

7.2.5.1　降阻剂的组成及分类

降阻剂由主导剂、交联剂、添加剂、电解质、固化剂和溶剂配置而组成的，降阻剂的组成见表 7-26。一般纯主导剂的电阻率较高，但加入电解质和水后就变成电阻率低的降阻剂。目前降阻剂已在实际的接地工程中得到大量的、长期的应用，其主要作用是降低接地电阻，兼具防腐的功能。表 7-26 为常见降阻剂的组成。

表 7-26　　常见降阻剂的组成

组分	常用材料
主导剂	高分子树脂，无机物，膨润土
交联剂	尿素，亚甲基双丙酰胺
添加剂	聚乙烯醇，细黏土，水泥，生石灰
电解质	食盐，硫酸钠，硫铵，氯化铵
固化剂	过硫酸铵，碳酸钠，三氯化铁
溶剂	水

降阻剂可分为化学降阻剂、物理降阻剂、稀土类降阻剂三种。

(1) 化学降阻剂。化学降阻剂由电解质和凝胶组成，其中电解质为导电主体，胶凝物对金属有较强亲和力。由于化学降阻剂采用电解质作为导电主体，常常含有大量的氯离子、钠离子等，对金属有腐蚀性，很难保证长效性，所以这种产品现在已经很少使用。

（2）物理降阻剂。采用非电解质固体粉末为导电主体，以强碱弱酸盐为胶凝物，对金属有较强亲和力的降阻材料，由于该降阻剂不能显著改善接地体周围土壤电阻率，所以影响了其降阻的效果。为了达到降阻效果，该降阻剂用量一般较大，该类产品在凝固后不会由于地下水位变化而流失所以适用于施工条件较为理想，或者地下水位变化较大的区域。

（3）稀土类降阻剂。利用稀土的一些特性，以膨润土（非金属矿）为基料，加入一定比例添加剂的降阻材料，该降阻剂能扩大接地体有效面积、减小接触电阻、改善周围土壤电阻率，是目前应用前景最为广泛的产品，但其施工工艺要求严格，价格较高。

7.2.5.2 降阻剂的降阻机理

（1）扩散和渗透作用降低了接地体周围的土壤电阻率。一般化学降阻剂这种作用强于其他型式的降阻剂，膨润土类的降阻剂较差。但扩散和渗透好的降阻剂易随雨水流失，其稳定性和长效性较差。

（2）相当于扩大了接地体的有效截面。固体降阻剂和膨润土类降阻剂这种作用最为明显，而化学降阻剂和树脂类的降阻剂随着时间的流逝，有效截面的增大作用会越来越小。

（3）消除接触电阻。接地体的接地电阻 R 除与接地极周围的土壤有关（一般土质越密实，R 越小，土壤越松散，R 越大）外，还与电极表面状况有关（表面越光滑，R 越小，表面越粗糙，R 越大，接地极生锈后，R 会逐渐增大）。接地体施加降阻剂后，会减少或消除接触电阻，但只有某些物理降阻剂和膨润土类降阻剂才有此功能，化学降阻剂和流质降阻剂则没有这种功能，有些降阻剂由于腐蚀还会使接触电阻变大。

（4）吸水性和保水性改善并保持土壤导电性能。土壤的导电性能除与土壤所含金属导电离子的浓度有关外，还与土壤的含水量有关。某些降阻剂（如膨润土类降阻剂）吸水保水性较强，吸水后体积膨胀并能长期保持水分成为浆糊状，使接地电阻稳定不受气候影响。

7.2.5.3 降阻剂的技术要求

选用降阻剂应从降阻效果、腐蚀性、环保、应用方便等几个方面进行综合比较，优先选择选择电阻率低、腐蚀率低、长效环保、易于施工的产品，不得使用化学降阻剂。DL/T 380—2010《接地降阻材料技术条件》对降阻剂的具体技术要求如下：

（1）室温下降阻剂在工频小电流下所呈现的电阻率应小于 5Ω·m。

（2）试样经冲击电流试验和工频大电流耐受试验后工频电阻值的增加率不超过 20%，表面不应有裂纹、裂缝等缺陷。

（3）失水、冷热循环、水浸泡试验后，其电阻率不应大于 6Ω·m。

（4）降阻剂的 pH 值应在 7～12 之间。

（5）埋地前，降阻剂及对镀锌或不镀锌的低碳圆钢和扁铁的腐蚀率不大于 0.03mm/a，埋地时腐蚀率不大于 0.05mm/a。

（6）降阻剂中不应含有溶于水的有害成分。

（7）降阻剂应通过降阻效果稳定试验。

（8）降阻剂应保证在规定的适用条件下能够维持降阻效果 10 年以上。

7.2.5.4 降阻剂的选用注意事项

避免不分场合的过度采用降阻剂降低变电站接地网的接地电阻值，在平原地区一般不应使用降阻剂，降阻剂的降阻效果是不容置疑的，但是降阻剂在实际工程应用中也存在一些问题，降阻剂选用注意事项有以下几点。

1. 接地体的腐蚀

接地体的腐蚀是电力系统中反映最为强烈的问题，一些品牌的无机降阻剂、火山灰降阻剂及一些矿渣降阻剂强烈腐蚀钢接地体。它们使用后的短期内有一定的降阻作用，但钢接地体腐蚀后，降阻效果随时间的推移迅速下降。如珠海洪湾燃油发电厂使用的降阻剂，将接地网所用的 40×4mm 的扁钢几乎全部腐蚀烂掉，还严重腐蚀了地下的消防水管系统，使其穿孔报废，该厂只好在地面上另外铺设消防水管。湖南益阳、娄底，广东韶关、仁化等地都发现了降阻剂的腐蚀使钢接地体断裂的现象。

一些降阻剂对钢接地体有腐蚀作用，但也有一些降阻剂对钢接地体有防腐保护作用，降阻剂是否具有防腐作用，一般要看其对钢接地体的平均年腐蚀率是否低于当地土壤对钢接地体的腐蚀率，一般土壤对钢接地体的平均年腐蚀率为：扁钢为 0.05～0.2mm/a；圆钢为 0.07～0.3mm/a。如果降阻剂对钢接地体的腐蚀率低于当地土壤对钢接地体的腐蚀率就认为降阻剂对钢接地体具有防腐作用；否则就认为具有腐蚀作用。

因此降阻剂在使用前必须评估其对接地材料的腐蚀性，常用的方法如下：

（1）降阻剂对钢接地体的腐蚀试验。试验用试件为镀锌和不镀锌的低碳圆钢和扁钢四种组成。每种试件10件，四种共40件构成一组试件。试件经除锈，揩去表面脏污后用0.1mg感量天平称重。将一组待用试件埋入调制好降阻剂内，各试件均应被降阻剂全部包围。容器口用塑料布封住，以减少水分挥发。容器放在室内阴处。60天后取出，清除试件表面附着物，同时进行外观检查，除锈、酒精清洗称重。按式（7-2）求出每个试件表面平均年腐蚀率。最后得出每种试件表面平均年腐蚀率。

$$V=(\Delta W/St)(3650/d) \tag{7-2}$$

式中：V为试件表面平均年腐蚀率，mm/a；ΔW为试件损失质量，g；S为试件表面积，cm^2；t为试件埋入降阻剂的天数，d；d为试件材料比重，g/cm^3，低碳钢为7.85，锌为7.14。

（2）埋地腐蚀试验。该项试验在户外土壤中进行，埋深0.6m。将调制好的降阻剂倒一半在沟内，放入一组试件，然后倒入另一半降阻剂，让各试件完全包围在降阻剂内（降阻剂用量按厂方说明书要求）。在0.5～1h内回填土壤然后夯实。埋入地中试验时间至少为60d。用式（7-2）求出在土壤中降阻剂对各种试件的表面平均年腐蚀率。

2. 降阻的稳定性

降阻的稳定性是用户的反应较为强烈的问题，特别是一些化学降阻剂、流质降阻剂，厂家追求短期降阻效果而加入大量无机盐类，虽能在短期内有效降低接地电阻，但效果不稳定，因为其所含无机盐会随雨水迅速流失而使降阻剂失去降阻效果，接地电阻迅速反弹回升。如韶关地区多个变电所接地工程原使用的降阻剂已成灰褐色的残渣，经测试其导电性能极差。有的工程还没完结，所用降阻剂已经失效。

3. 降阻效果

要想获得理想的降阻效果，首先降阻剂本身的电阻率ρ值要小。用户在选择降阻剂时首先要考虑的就是降阻剂自身的标称电阻率，一般情况下，降阻剂自身的标称电阻率越小越好。中小型接地装置降阻剂的降阻效果不可置疑，而大型接地装置施加降阻剂后同样存在相互屏蔽的问题，如何有效减少屏蔽，发挥最大的降阻效果还要要通过一定的设计和施工工艺体现。

4. 施工工艺

使用降阻剂应按厂家说明书上的方法配料和施工，一般要注意：

（1）降阻剂基料避免使用强腐蚀性的材料如火山灰、矿渣等，添加剂中不应有大量的无机盐。

（2）降阻剂要均匀的施加在接地体的周围，不能有脱节现象，接地导体在穿马路或掏洞穿过时，地下应现预制好带降阻剂的扁钢进行穿过，不然保证不了质量。

（3）40%左右的接地体涂敷降阻剂后，继续增加降阻剂，其效果趋缓，所以施工中会出现部分未施加降阻剂的接地体，对施加降阻剂和不施加降阻剂的地方要有过渡措施，采取密封等手段，防止在界面上发生腐蚀。

（4）降阻剂的埋深要足够，埋深不宜低于800mm。

（5）回填土要合格，不可用垃圾、矿渣等回填，如有必要，可外购土填埋。

（6）防止雨水冲刷，如接地体沿山坡敷设，为防止雨水冲刷，在使用降阻剂施工后，可在沟槽外填埋导电水泥，防止雨水冲刷。

（7）如果在干旱区域采用对土壤湿度有要求降阻剂，应采取措施保证土壤湿度满足要求。

（8）若接地体为铜制材料，则不应选用带有氯离子的降阻剂。

各项指标都合格的降阻剂仍需合理、正确的施工工艺，否则会腐蚀接地体，或降阻效果不够。如降阻剂的均匀施加、埋深、回填土问题，一个环节发生问题就会影响其降阻效果或腐蚀接地体。如湖南省某供电公司没有按要求均匀施加降阻剂，导致的后果是接地体被均匀包裹在降阻剂中间的未腐蚀；而降阻剂施加不均匀，中间有脱节现象的就会发生锈蚀。埋深降阻剂上面的回填土不合要求时也会发生不良后果，如信阳供电公司的110kV信定线有一基杆塔用GPF-94高效膨润土降阻剂处理杆塔接地时，降阻剂的埋深不够（仅20cm），又用碎石回填，造成了降阻剂失效和钢接地体的腐蚀。

5. 环境污染

降阻剂由于直接埋在地下，降阻剂中如含有重金属等有毒物质就会对地下水资源造成污染，尤其是一些变电站直接取井水作生活用水的就特别重要。关于降阻剂的毒性和污染问题正是一些厂家和用户都容易忽略的问题。选择降阻剂时一定要选无污染，无毒性，使用安全的降阻剂，对降阻剂要看其组分，要查有无环保部门的检测报告。

6. 经济技术合理

降阻剂的使用，特别是在山区送电线路杆塔接地使用时，应便于操作，方法简单，最后才是价格问题，要做综合的技术经济分析，即要满足性能上的要求，又要价格合理、经济。

7.2.5.5 降阻剂的使用方法

（1）先按接地工程设计要求，参照图 7-11 的典型接地降阻剂施工图，挖好水平接地沟或垂直接地孔。

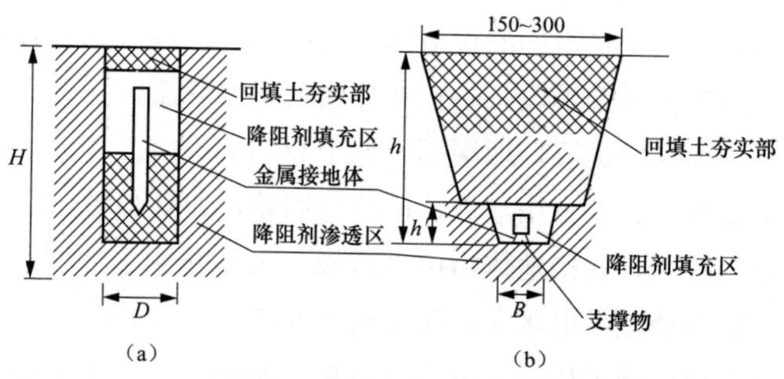

图 7-11　典型接地降阻剂施工图

(a) 放入垂地极的接地坑；(b) 放入水平接地极的接地坑

（2）焊接、支撑好金属接地体，金属接地体焊接牢固，表面干净无锈迹；接地装置的焊接长度：对扁钢为宽边的 2 倍；对圆钢为其直径的 10 倍。

（3）降阻剂与水按 1∶(0.5～1) 比例在容器内搅拌均匀成浆体状，否则影响降阻效果和防腐蚀效果。

（4）将搅拌均匀的降阻剂敷于接地沟或孔内，将金属接地体包裹均匀，6～12h 后封土夯实。在敷设过程中，不得将泥沙等杂物接触金属接地体或混入降阻剂中。

（5）对于深井接地，通常井深由找到电阻率低的地层或地下水来决定，一般达数十米。施工时用专用机械钻孔，孔径为 100～200mm。金属接地体一般采用 $\phi 57\times 3.5$mm 的钢管，用压力将调制好的降阻剂注入管内，使降阻剂从内到外两侧包围钢管并充实整个接地深井。有时要配以局部爆破，炸松四周土壤，以填充降阻剂，扩大降阻效果。

7.2.5.6 降阻剂的工程实例及效果

某 110kV 变电站站址位于北京市海淀区四季青乡，通过现场钻探、原位测试、室内土工试验成果的综合，整个变电站坐落在表层厚度为1.0～2.8m的卵石、圆砾、细沙及中沙层，测量土壤电阻率高达1500Ω·m，测量得到该变电站接地电阻为2.6Ω·m，而接地网工频接地电阻要求不大于1.5Ω·m。由于受站址周围条件限制，既不能向外引接扩大地网，又无法利用地下地层降低接地电阻，因此考虑使用降阻剂来降阻。按照前面论述的降阻剂降阻实施方案进行一个多月的接地网改造，改造后测得该变电站接地网接地电阻降为0.9Ω·m，从而验证了降阻剂降阻的有效性。

7.3 表面防腐技术

7.3.1 导电涂料

7.3.1.1 导电涂料分类及研究现状

导电涂料被称为特种功能涂料，按照导电机理，可以分为本征型（结构型）导电涂料和掺合型导电涂料。

1. 本征型导电涂料

本征型导电涂料是利用本身具有导电性能的高分子聚合物作为导电涂料制备过程中的主要基体树脂，来最终实现涂层的导电效能。可用作本征导电涂料的高分子聚合物分子中含有共轭π键长链，随着π电子体系的增大，电子有更强的离域性，当分子链中的共轭结构达到一定的数量时，聚合物就可以提供电子，产生的电子通过载流子在共轭结构的链段之间流动或者在各链段之间跃迁产生电流，从而实现涂层的导电效能。长期以来，导电涂料的制备是以添加具有良好导电性的填料粒子来实现导电功能，直到1976年，美国宾夕法尼亚大学报道出在绝缘的聚乙炔中掺入碘，使之转变成具有导电性能的聚合物之后，科学家开始了对结构型导电涂料的研制与开发。到目前为止，只有氮化硫可以称作是纯粹的具有导电性能的基体树脂，其他可以用作本征型导电涂料基体树脂的聚合物大多需要进行化学反应过程，才能实现较强的导电性能。有实验研究以烷基苯为溶剂，环氧树脂与樟脑磺酸掺杂的聚苯胺制备出环氧树脂导电性涂料，当聚苯胺的百分含量在0.6%～0.9%之间，涂膜厚度在200um时，涂层的电导率可以达到1×10^{-5}S/cm，此时，涂层不但具有良好的抗静电性能，同时对于钢铁等金属表面具有较好的抗腐蚀能力。

2. 掺合型导电涂料

我国导电涂料的研制与开发兴起于20世纪50年代，起初我国导电涂料的研制与开发主要集中在涂层的抗静电性能方面，以掺合型导电涂料为主，利用不具有导电性能的高分子聚合物作为基体，石墨、炭黑等作为导电用填料。相比掺合型导电涂料，本征型导电涂料的研制与开发相对较晚，用于工业生产和商业化的产品也不多。近些年，我国导电涂料的研制与开发取得了较大较快进展，相继研制开发出多种强导电性导电涂料，如超细银粉导电涂料；以镀银铜粉为填料，环氧—聚氨酯为主要成膜物质的导电涂料；以低成本、高抗氧化性铜粉为填料制备的具有良好电磁屏蔽效能导电涂料：用于军事、家电行业和航天领域的电磁屏蔽导电涂料；应用于高分子材料壳体的静电屏蔽导电涂料等。国外导电涂料的研制与开发兴起于20世纪40年代，美国率先研制开发出了以环氧树脂作为主要成膜物质，银粉作为导电填料的导电胶，并且注册了专利。20世纪50年代又开发出可应用于电子设备壳体表面的抗静电涂料，对排除电子设备壳体表面的静电荷产生了重要作用。

国外在纳米导电涂料和织物用导电涂料的研制与开发上也给予了足够的重视。纳米型电磁屏蔽导电涂料应用最新表面化学技术，采用新型高聚物为主要成膜物质，填入纳米级的导电金属粉末，进行高速分散，使涂料既有金属粉末的高导电性、抗静电性和电磁屏蔽效能，同时又具备较好的色泽和附着力性能。通过加入溶剂和各种涂料用功能助剂，制备出纳米复合导电涂料。这种复合导电涂料易于施工，可以使用传统的涂装工艺，并且固化干燥时间短，在塑料等高分子材料表面有着良好的附着力性能。

掺合型导电涂料是目前应用比较广泛的导电涂料。根据其导电填料的类型，掺合型导电涂料可分为碳系、金属系、金属氧化物系和复合填料系。

(1) 碳系导电涂料。碳系导电涂料的导电机理主要有两点：一是添加的碳系粒子之间彼此接触，构成复杂的三维立体网格结构；二是填料粒子之间的距离小到足以让电子在电场或热振动作用下穿越聚合物薄层。石墨和炭黑是常用的碳系导电用填料，这两种原料取材相对容易，价格低廉，在低端导电涂料的研制开发中得到了更多的关注。

(2) 金属系导电涂料。金属系导电填料主要包括银粉、铜粉、镍粉等。银粉凭借着优异的导电性能，成为最早开始研制开发的金属系导电填料，但是银粉的价格比较昂贵，并且容易产生银离子的迁移现象，影响涂层的导电稳定性。银系导电涂料主要应用于对导电性要求较高的领域。

铜粉作为导电涂料用填料，必须对其进行表面处理，这是因为铜粉易于氧化且其氧化物不具备导电性。通常采用电镀、磷化处理、还原剂还原以及聚合物稀释处理等方法来解决铜粉表面氧化的问题。常用的表面处理方法是在铜粉表面镀银，以获得导电性能更为优异的Cu/Ag复合涂层，这种复合涂层具备优异的导电性能，在100kHz～115GHz的频段内，其电磁屏蔽效能可达到－80dB。

镍系导电填料的综合性能介于上两者之间。有实验研究，利用化学还原的方法制得超细镍粉，并用细度为200目的镍粉按照1∶4的比例与之混合，制备的镍系导电涂料性能稳定，导电性能优异。之所以这种导电涂料具备更好的导电性能，是由于粒径较大的镍粉可以起到填充的作用，而超细镍粉则可彼此相互接触形成一定数量的三维立体网格结构。镍粉除了可以单独作为导电用金属填料外，还可以在其表面镀银，制备Ni/Ag合金粉，兼具了银粉和镍粉的优点。

（3）金属氧化物系导电涂料。有实验研究以氧化锌和氧化铝通过置换反应可以制得掺铝氧化锌固溶体，应用这种填料制备的导电涂料，具有化学稳定性强，抗紫外线吸收能力强，导电性能强以及可见光透过性强等特性，并且涂层色泽柔和、光亮，在抗静电和电磁屏蔽领域有着广泛的应用和广阔的发展前景。

（4）复合填料系导电涂料。复合导电填料的应用可以明显降低导电涂料的生产成本。如可以将本身不具有导电性且成本较低的云母玻璃珠或金属粉等表面包覆银粉，从而大大降低了导电涂料的制备成本，同时也获得了较好的导电性能。通过实验制备的玻璃鳞片导电涂料，漆膜干燥固化时间明显缩短，厚度显著增加，硬度以及耐腐蚀性都有很大的提升。导电涂料中不同粒径填料的混合使用，使得较大填料粒子之间的空隙被粒径较小的粒子所填充，增加了导电填料粒子接触的数量，形成了更多的三维立体导电网络结构，同时由于降低了粒子之间绝缘隔离层的厚度，大大减小了电子穿越聚合物隔离层的阻力，提升了涂层的导电性能。

我国目前应用最多的是KV导电防腐涂料，它是引进美国防腐蚀技术的专用于解决接地网腐蚀的一种有机涂料。我国自主研制与生产导电涂层的厂家较少，其产品质量也良莠不齐，市面上导电涂层的耐蚀性能普遍较差，而耐蚀性较好的防腐涂层导电性能又很低。因此，开发出兼具导电和防腐性能的涂料在我国将会有广泛的市场应用前景。

7.3.1.2 纳米导电涂料

随着纳米材料及导电高分子材料的研究与开发，人们发现当添加一些纳米导电掺和剂后，一些填料的导电性能大大增强，开发的新型材料朝着成本低廉、合成方法简单、化学稳定性高等方向发展，一些高性能的纳米导电复合物材料及导电高分子材料正在进行开发研究中。自 1991 年日本 NEC 的电镜专家饭岛博士首次发现以来，碳纳米管就引起了全球物理、化学和材料等科学界的广泛兴趣。碳纳米管具有很好的导电性，同时又拥有较大的长径比，因而很适合做导电填料添加剂，相对于其他金属颗粒和石墨颗粒，用很少的量就能形成导电网链，且其密度比金属颗粒小得多，不易因重力的作用而聚沉。因此，将碳纳米管应用在导电涂料中将获得性能更佳的导电涂料。

20 世纪 90 年代开发的氟碳树脂涂料具有超常的耐候性、突出的耐盐雾性、优异的耐化学药品性、良好的抗沾污和自清洁性、理想的综合性能和合理的性能价格比，与其他树脂相比，是一种非常理想的防腐蚀涂料。目前，应用比较广泛的氟树脂涂料主要有 PTFE（聚四氟乙烯），PVDF（聚偏二氟乙烯），FEVE（氟烯烃-乙烯基醚共聚物）等三大类型。与 PVDF、PTFE 等氟碳树脂涂料相比，FEVE 氟碳树脂制成的涂料具有如下特性：①在有机溶剂中可以溶解；②可在常温和中温条件下固化；③可制成透明的有光泽的涂膜；④在树脂中的分散性良好；⑤涂膜对基材有良好附着力；⑥施工灵活方便，可工厂涂装，也可现场涂装；⑦可重涂。由于具有上述特点，FEVE 氟碳树脂涂料在市场得到迅速广泛的应用。

近十年来国内 FEVE 常温固化氟碳涂料发展迅猛，其优异的防腐性能被船舶、石油平台、石油管道、建筑外墙、钢构高塔等重防腐领域广泛使用。电力输电铁塔分布地域广泛，运行环境各异，氟碳涂料应用于输电铁塔，凭借优异的耐候防腐性能，即使在恶劣环境下仍能起到很好的防腐作用，因此越来越多地受到电力行业的关注。FEVE 氟碳树脂是氟烯烃和烷基乙烯基醚或氟烯烃和烷基乙烯基酯交互排列的共聚物，结构式如图 7-12 所示。

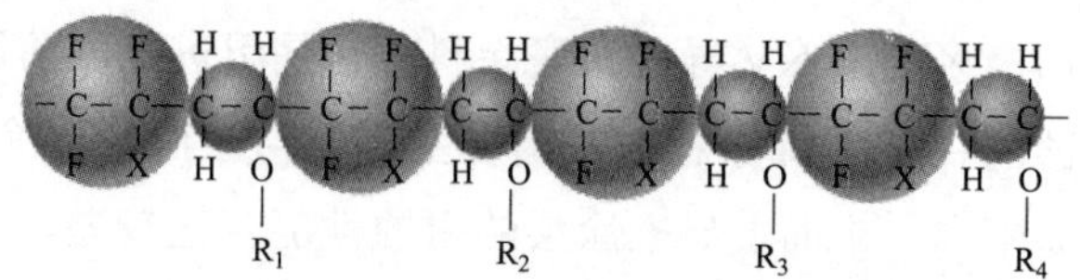

图 7-12　FEVE 结构式

从化学和空间结构看，氟烯烃单元保护了不稳定的乙烯基醚结构单元，使其免受氧化侵蚀。侧链上的烷烯基醚（或酯）提供了树脂溶解性、透明度、光泽，羧基基团提供了颜料润湿性、附着性，羟基基团提供交联基团。

含氟聚合物之所以具有不同于其他聚合物的特殊性能，是由于氟原子电负性大，原子半径小，C-F键短，键能高485kJ/mol（C-H键键能410kJ/mol，C-C键键能为368kJ/mol），而且由于相邻氟原子的相互排斥，使氟原子不在同一平面内，主链中C-C-C键角由112°变107°，使C-C主键形成一种螺旋结构，碳链上的氟原子可相互紧密接触，将C-C键覆盖形成一个完整圆柱体（即每一个C-C键都被螺旋式三维列的氟原子紧紧包围），对C-C键起着屏蔽性保护作用。因氟原子的共价半径非常小，两个氟原子的范德华半径之和是2.7×10^{-10}m，2个氟原子正好把2个碳原子之间的空隙（2个碳原子之间距离为2.54×10^{-10}m）填满，使任何反应试剂难以插入，保护了碳碳主链。由于是对称分布，整个分子呈非极性；又因氟原子极化率低；碳氟化合物的介电常数和损耗因子均很小；所以其聚合物是高度绝缘的；在化学上突出的表现是高热稳定性和化学惰性。另外，通常太阳能中对有机物起破坏作用的是可见光中紫外光部分，即波长为700～200nm之间的光子，而全氟有机化合物的共价键能达544kJ/mol，接近220nm光子所具有的能量。由于太阳光中能量大于220nm的光子所占比重极微，所以氟系涂料耐候性极好。全氟碳链中，两个氟原子的范德华半径之和为0.27nm，基本上将C-C键包围填充。这种几乎无空隙的空间屏障使任何原子或基团都不能进入而破坏C-C键。

碳纳米管这种高性能的导电填料与其他导电助剂进行复配加入到FEVE氟碳涂料中，使氟碳涂料在添加少量碳纳米管的情况下既具备优良的导电性能，又具备耐久性优异、性能稳定、无针孔、耐冲击性强等优异性能。在未来接地网导电防腐涂料的发展中，碳纳米管作为导电填料添加剂必将成为一个创新性成果。

7.3.1.3 纳米导电涂料在接地装置防腐中的应用

将接地材料Q235钢表面涂刷4种导电纳米氟碳涂料（导电聚苯胺、碳纳米管、导电石墨、聚苯胺包覆铝粉），其性能测试结果见表7-27，四种导电涂料耐水性、耐酸碱性能优异，其中添加聚苯胺包覆铝粉的导电纳米涂料体积电阻率$5.81\times10^{-4}\Omega\cdot$m，与镀锌钢相当，满足接地材料导电性要求。

表7-27　氟碳导电纳米防腐涂料的性能测试结果

试样	导电聚苯胺	导电石墨	碳纳米管	聚苯胺包覆铝粉
耐水性	＞168h	＞168h	＞168h	＞168h
耐酸碱性	无失光、变色、脱落等现象	无失光、变色、脱落等现象	无失光、变色、脱落等现象	无失光、变色、脱落等现象
体积电阻率（Ω·m）	5.87×10^{2}	1.13	5.51×10^{-2}	5.81×10^{-4}

将四种涂料进行土壤中埋片失重试验，试片平行试样为 3 组，取平均值得到腐蚀速率。图 7-13 为裸露 Q235 与涂覆导电涂层 Q235 的腐蚀速率图。

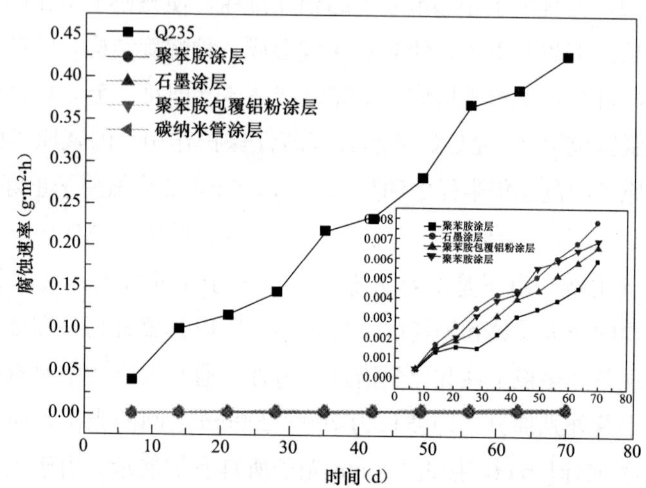

图 7-13　裸露 Q235 与涂覆导电涂层 Q235 的腐蚀速率图

由图 7-13 可知，裸露 Q235 和涂覆涂层 Q235 试片的腐蚀速率随着时间的延长逐步增加。涂覆涂层 Q235 试片，其腐蚀速率相对分小且稳定，说明导电涂层能对基体起到较好的保护作用。

7.3.2　热喷涂涂层

热喷涂技术是利用热源将喷涂材料加热熔化或软化。靠热源自身的动力或外加的高压气流，使熔滴雾化并以一定的速度喷射到工件表面形成涂层的工艺方法。热喷涂作为表面工程学的一个重要组成部分，是表面防护和表面强化的新技术。热喷涂技术近年来在我国得到了迅猛发展，已广泛应用于航天、航空、冶金、机械、电力、化工、纺织等工业领域；在产品制造和维修方面，能提高产品质量，延长使用寿命，挽回废旧件的经济损失，有显著的经济效益和社会效益。

热喷涂技术可分为五种：火焰喷涂、等离子喷涂、爆炸喷涂、超音速火焰喷涂及电弧超音喷涂技术。电弧超音速喷涂技术是热喷涂技术中新发展的重要技术，因其具有效率高、成本低、操作安全简便等诸多优点，在国内外得到普遍的重视和广泛的应用，在国际上已逐步部分取代火焰喷涂和等离子喷涂。据专家预测，在热喷涂技术中，电弧超音速喷涂所占的市场份额将由 6%上升至 15%。

7.3.2.1 主要的热喷涂技术简介

（1）火焰喷涂。火焰喷涂是最早得到应用的一种喷涂方法。它利用气体燃烧放出的热量进行喷涂。火焰喷涂具有设备简单、操作容易、工艺成熟、投资少等优点。但是火焰喷涂层组织为层状结构，含较多的氧化物和气孔，而且混有熔化不充分的颗粒，使得涂层结合不够致密。而且火焰温度一般为 2800℃，使得火焰喷涂只适用于熔点不高的金属或合金。

（2）等离子喷涂。等离子喷涂是继火焰喷涂、电弧喷涂之后发展起来的一种新的喷涂技术，主要包括常压等离子喷涂和低压等离子喷涂。其工业应用始于 20 世纪 70 年代。等离子弧产生的温度高达 15000℃，喷流速度达 300～400m/s，因而可以喷涂各种高熔点材料。由于等离子喷涂火焰温度和速度极高，几乎可以熔化并喷涂任何材料；它具有形成的涂层结合强度较高，孔隙率低且喷涂效率高，使用范围广等很多优点，故在航空、冶金、机械、机车车辆等部门得到广泛的应用，在热喷涂技术中占据着重要的地位。

（3）爆炸喷涂。20 世纪 50 年代后期，美国的联合碳化物公司林德分公司就发明了爆炸喷涂技术，并申请了专利。20 世纪 60 年代，苏联的乌克兰学院材料所和焊接所也开始从事爆炸喷涂技术的研究工作，并开发了一系列爆炸喷涂设备。爆炸喷涂是利用脉冲式气体燃烧爆炸后产生的能量将喷涂的粉末加热熔化，并加速轰击到工件表面，形成坚固的涂层。爆炸喷涂过程中，产生的超音速气流的速度达 3000m/s，中心温度 3450℃，粉末微粒离开喷枪的飞行速度高达 1200m/s，每次脉冲爆炸可在工件的表面形成一个厚度 5～30μm、直径约 20mm 的涂层圆斑，工件与喷枪之间保持一定的相对运动，涂层圆斑有序地互相错落重叠，在工件的表面按螺旋线形成一个完整均匀的涂层。

（4）超音速火焰喷涂。超音速火焰喷涂（High Velocity Oxygen Fuel，HVOF）是 20 世纪 80 年代发展起来的一种高速火焰喷涂方法。它是利用丙烷、丙烯等碳氢系燃气与高压氧气在燃烧室内，或在特殊的喷嘴中燃烧产生的高温高速燃烧焰流，该燃烧焰流速度可达 1500m/s 以上。将粉末轴向送入该焰流，可以将喷涂粒子加热至熔化或半熔化状态，并加速到 600s 以上，从而获得结合强度高、组织致密、性能优越的涂层。可以广泛地应用于各类耐磨零部件的表面强化喷涂和磨损零部件的修复，应用领域及范围包括航空发动机，印刷机辊轮，高温阀门，压缩机零部件，玻璃模具、件，造纸，锅炉管道，纺织机械等。

(5) 电弧超音喷涂技术。电弧超音喷涂是以两根丝状金属喷涂材料在喷枪端部短路产生的电弧为热源，将熔化的金属丝用压缩空气气流雾化成微熔滴，高速喷射到工件表面形成喷涂层的一种工艺。

电弧喷涂具有以下特点：效率高，热能利用率高达 60%～70%：对工件热影响小，避免了工件的变形；涂层性能优异，喷涂层与基体的结合强度可以达到 25MPa，为火焰喷涂的 2.5 倍；喷涂工艺灵活，其加工对象小到 10mm 的内孔，大到如铁塔、桥梁等大型构件；寿命长，封孔后的电弧喷涂涂层使用寿命可达 15 年以上；效率高，比火焰喷涂高 2～6 倍；经济安全，使用成本通常低于火焰喷涂和等离子喷涂，且使用电和压缩空气，不用易燃气体，安全性大大提高。几种主要热喷涂方法列表比较见表 7-28。

表 7-28　　几种主要热喷涂方法比较

工艺方法	火焰温度（℃）	离子速度（m/s）	结合强度（N/mm^2）	空隙率
火焰喷涂	3000	30	<20	≤20%
等离子喷涂	16000	300～400	可达 60	2%～5%
爆炸喷涂	3300	500-600	可达 200	≤0.5%
超音速火焰喷涂	2500～3100	610～1060	可达 100	<0.5%
电弧超音喷涂	6000	260	可达 30	10%

由于电弧喷涂优良特点，在工农业中具有广阔的应用前景，为腐蚀的防护提供了一条成本低、效果好的途径，因其适合我国国情而在我国得到了长足的发展。

电弧喷涂技术基本原理如图 7-14 所示。喷涂时，两根丝状金属喷涂材料用送丝装置通过送丝轮，均匀、连续地分别送进电弧超音速喷涂枪中的导电嘴内，导电嘴分别接电源的正、负极，并保证两根丝材端部接触前的绝缘性。当两金属丝端部由于送进而互相接触时，在端部短路并产生电弧，使丝材端部瞬间熔化，压缩空气把熔融金属雾化成微熔滴，以很高的速度喷射到工件表面，形成电弧超音速喷涂层。

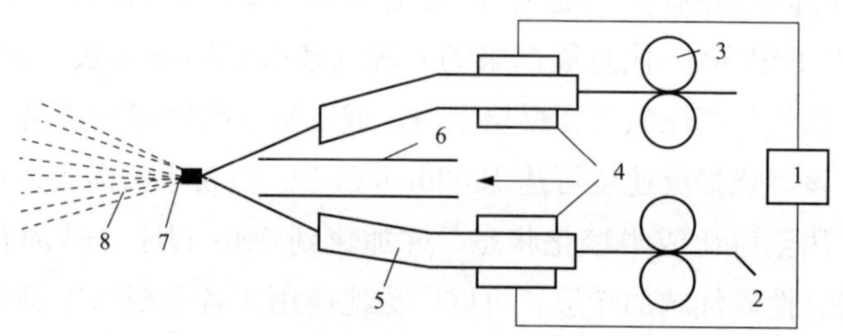

图 7-14　电弧超音速喷涂示意图

1—直流电源；2—金属丝；3—送丝滚轮；4—导电块；5—导电嘴；6—空气喷嘴；7—电弧；8—喷涂射流

7.3.2.2 涂层的形成机理及结构

从喷涂材料进入热源到形成涂层，喷涂过程一般经历四个阶段。

(1) 喷涂材料被加热熔化阶段。对于线材，当端部进入热源的高温区域，即被加热熔化，形成熔滴；对于粉末，进入高温区域后，在行进的过程中被加热熔化或软化。

(2) 熔滴雾化阶段。线材端部形成的熔滴，在外加压缩气流或热源自身射流的作用下，使熔滴脱离线材并将其雾化成细微的熔粒向前喷射。粉末被气流或热源射流推动向前喷射。

(3) 熔融或软化的颗粒向前喷射进入飞行阶段。在飞行过程中，颗粒先是被加速，而后随着飞行距离的增加而减速。

(4) 当这些具有一定温度和速度的颗粒接触基材表面时，以一定的动能冲击基材表面，产生强烈的碰撞，即喷涂过程的第四阶段。

在产生碰撞的瞬间，颗粒的动能转化成热能传给基材，并沿凹凸不平的表面产生变形，变形的颗粒迅速冷凝并产生收缩，呈扁平状粘结在基材表面。喷涂的粒子束接连不断地冲击基材表面，产生碰撞—变形—冷凝收缩的过程，变形颗粒与基材表面之间，以及颗粒与颗粒之间互相交错地粘结在一起，从而形成涂层，热喷涂过程如图 7-15 所示。涂层的形成过程决定了喷涂层的结构，它是由无数变形粒子互相交错呈波浪式堆叠在一起的层状组织结构。在喷涂过程中，由于熔融的颗粒与喷涂工作气体及周围空气进行化学反应，使得喷涂材料经喷涂后会出现其氧化物，由于颗粒的陆续堆迭及部分颗粒的反弹散失，在颗粒与颗粒之间不可避免地存在一部分孔隙或空洞。因此。喷涂层是由变形颗粒，气孔和氧化物夹杂所组成。

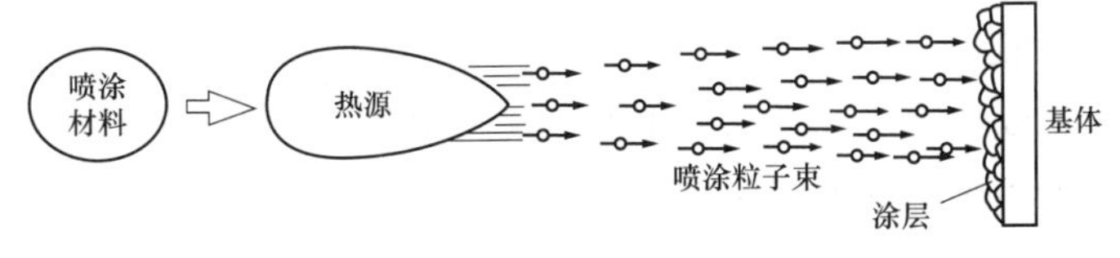

图 7-15 热喷涂过程

7.3.2.3 常见热喷涂涂层

(1) 锌涂层。锌是热喷涂防腐蚀施工中使用最早且最多的涂层材料，目前，热喷涂纯锌涂层仍然是保护大气、淡水环境下服役的重要钢铁结构件的首选材料。在电力系统中，热喷涂锌主要用于输电线路钢管塔防腐，其厚度大于热浸镀锌，防腐寿命长。锌涂层对钢铁的防护作用主要表现在3个方面：

1）锌涂层将钢铁基体与腐蚀介质分开，避免它们直接接触。

2）当锌涂层出现钢铁暴露点或因腐蚀或机械损伤后显露出钢铁基体时，钢铁基体与锌涂层就会构成腐蚀微电池。由于锌比铁活泼，所以锌涂层充当微电池阳极被腐蚀，它能对基体起到很好的保护作用，铁则成为微电池阴极而受到保护。

3）当锌涂层因选择性溶解出现较小的不连续间隙时，锌涂层因为形成腐蚀产物而发生体积膨胀，使间隙愈合从而阻碍电化学反应进一步发展。

（2）铝涂层。铝和锌涂层之间的差别之一在于它们的腐蚀产物性质不同，锌的腐蚀产物稍溶于水，而在使用条件下，铝的腐蚀产物则转变成为不溶于水的氧化物。因而锌涂层的防护周期取决于涂层厚度，随着时间推移，涂层逐渐减薄。而对于铝涂层，它表面的氧化膜有自愈性能，氧化膜永远存在于表面，一旦涂层中的孔隙已经被不溶解的氧化物所封闭，只要涂层不受磨损或机械损伤，涂层就几乎不再进一步消耗。

在海洋环境中，铝涂层表面会存在一层致密的氧化膜，尤其是经热喷涂得到的涂层组织内部和涂层表面都有较厚的 Al_2O_3 膜。铝的耐蚀性主要依靠 Al_2O_3 膜的屏蔽作用，因为 Al_2O_3 组织致密，抗蚀性能强，使铝的年腐蚀率很低，达到了提高使用寿命的目的。但是应该看到由于 Al_2O_3 膜导电率低，电极电位较之母材为正，所以工程用铝涂层的阴极保护作用很弱，即在表层破坏时母材金属会受到腐蚀，这给单独使用铝涂层防护带来不利。此外，在海洋环境中使用铝涂层进行防护时，通常会出现点蚀现象。在长江水或自来水中，由于大量 Cl^- 和 Cu^{2+} 的存在，喷涂舢的试样表面容易产生点蚀，用喷涂舢来保护钢铁是不合适的。目前Al系涂层的研究主要是在其中掺入少量的Mg、Si及稀土元素以改善其性能。

（3）锌—铝复合涂层。近几十年来，人们对Zn-Al涂层的合金成分进行了大量的研究，已研制出各种类型的Zn-Al涂层，如复合涂层、复合粉末和合金粉末涂层、伪合金涂层及合金丝涂层等。20世纪50年代，日本的Robert M. Kain等曾制备了Al的质量含量在10%～90%之间变化的一系列Zn-Al复合粉末和Zn-Al合金粉末，并采用火焰喷涂技术制备涂层，经过34年的中等程度的海洋大气暴露试验，结果显示，高Al含量的Zn-Al合金涂层表现出了优异的耐蚀性能。锌铝复合涂层的失效本质上是在偏酸性的复合介质环境下，由于保护膜的生成，导

致锌的腐蚀电位要比铝的腐蚀电位低，从而导致锌的优先溶解。即便是锌铝合金涂层，也存在富锌相的优先溶解（即选择性腐蚀），因此，在腐蚀试验的初期，即当腐蚀介质还未渗透到底锌涂层时，底锌面铝复合涂层的防腐机理实际就是面铝涂层的防腐机理，底锌涂层没有参与阴极保护作用；而当腐蚀试验的时间足够长，一旦腐蚀介质渗透到底锌涂层，就会发生锌的优先溶解，致使面铝涂层开裂脱落，这时面铝涂层良好的耐蚀性也表现不出来。

Zn-Al 合金涂层中较常见的有 $Zn_{15}Al$、$Zn_{55}Al$ 等，其防腐性能比单纯的 Zn 和舢涂层都要好很多，其使用寿命一般都在 30 年以上。然而有报告指出锌铝合金在青海湖等含 Cr 浓度较高，并缺少溶解氧的环境下，Zn-Al 合金的防腐能力大大降低，甚至不如普通的碳钢。

（4）锌-铝-镁涂层。镁对抑制 Zn-Al 合金晶界腐蚀十分有效，由于 Mg 对于 Al 的固溶量在常温下达 15%左右，Mg 优先溶解于 Al 中，提高 Al 相的腐蚀电位。在 Zn-Al 合金中添加少量的 Mg 可进一步提高合金的抗腐蚀能力。目前 Zn-Al-Mg 合金涂层主要通过热浸镀、电镀等方法制备。利用高速电弧喷涂技术可获得 Zn-Al-Mg 伪合金涂层，即通过喷涂两种不同材料的丝材或采用粉芯丝材的方法获得相应的涂层。

在热喷涂过程中，Mg 更容易氧化和蒸发，优先形成尖晶石结构的氧化物。与其他涂层体系相比，Zn-Al-Mg 伪合金涂层具有更好的耐蚀性，这种涂层优良的耐蚀性被认为主要来自伪合金涂层中 Mg 和 Zn 的作用，其中 Mg 的作用是形成尖晶石氧化膜改善涂层中 Al 的阴极保护作用，Al-Mg 薄层具有一定的自封闭能力，可进一步阻止钢铁基体的腐蚀，Zn 的自封闭作用可减缓涂层中灿的损失。较弱的界面结合是导致镁合金涂层失效迅速的主要原因。

另外，镁合金高的化学活性使得扩散至界面的水、氧等分子迅速地被消耗，与外界形成较大的浓度梯度，加速了介质在涂层中的传输。再者，铁在中性环境中的阴极过程为氧的去极化，而镁在中性环境中的阴极过程为氢的去极化。发生腐蚀的金属/涂层界面在 pH 值升高的同时还产生气体，二者均使得涂层的结合力削弱，气体的扩散也势必增加新的介质传输通道或使原有通道扩展，故腐蚀易于进行。研究认为，铬酸盐处理大大提高了镁合金涂装保护体系的寿命。

（5）锌-铝-镁-稀土复合涂层。在 Zn-Al 合金中添加少量的 RE 能提高涂层的抗腐蚀性能，RE 主要是细化涂层的微观结构，减小喷涂层的孔隙率。Zn-Al-Mg-RE 粉芯丝材是由再制造技术国防科技重点实验室新研制出的一种应用于海洋环境中的防腐丝材。Mg 弥补了腐蚀环境中 Al 的阴极保护作用弱的缺点。试验表明 RE 加入后涂层中扁平颗粒厚度明显变薄，RE 可细化雾化熔滴的尺寸，改善喷涂雾化效果。该涂层除了具有屏蔽和阴极保护作用以外，还具有独特的自封闭防腐机理。所谓自封闭，是指 Zn-Al-Mg-RE 电弧喷涂层在腐蚀过程中，随着腐蚀反应的进行，生成一系列 Zn 的碱式盐类、Mg 的氢氧化物及 Mg 与 Al 形成的尖晶石氧化物的水合物等腐蚀产物，这些腐蚀产物不但能够在涂层表面形成钝化膜，还能够有效地堵塞涂层中的孔隙，切断腐蚀介质的快速通道，从而提高涂层的耐蚀性。

但在实际应用中，随着腐蚀反应的进行，锌的腐蚀产物不断溶解，不能够完全屏蔽电解液的侵入。所以未经封孔涂装的 Zn-Al-Mg-RE 涂层并不能满足船舶的长效防腐要求。

7.3.2.4 热喷涂技术在接地装置防腐中的应用

传统的接地网材料主要为热浸镀锌钢，基体为 Q235 扁钢，镀锌厚度约为 60～80μm，在腐蚀性土壤中镀锌层很快腐蚀，扁钢即失去保护，严重影响电网的安全稳定运行。研究表明热喷涂合金涂层兼具防腐、导电性和热稳定性，是一种理想的接地网防腐方法，具有良好的应用价值。

研究制备了四种热喷涂涂层：铝涂层（Al coating）、不锈钢涂层（SS coating）、镍铝涂层（NiAl coating）和铝硅涂层（AlSi coating），四种热喷涂涂层样品的截面的金相形貌与涂层截面厚度的测量结果如图 7-16 所示。由图可见，四种热喷涂涂层厚度 200～800μm，结构致密，均匀。图 7-17 为四种涂层在不同 pH 值土壤溶液中的动电位极化曲线。

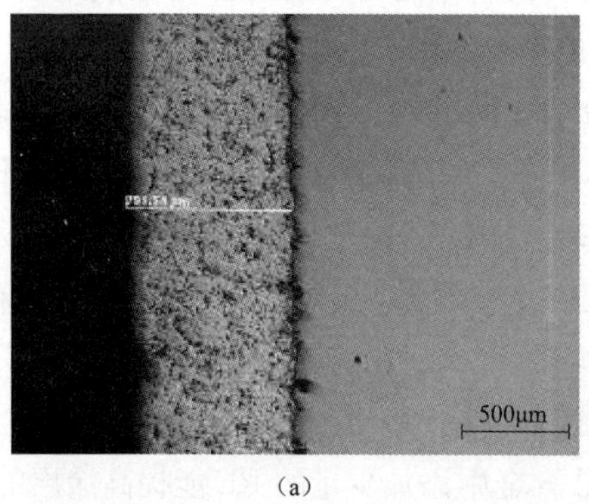

(a)

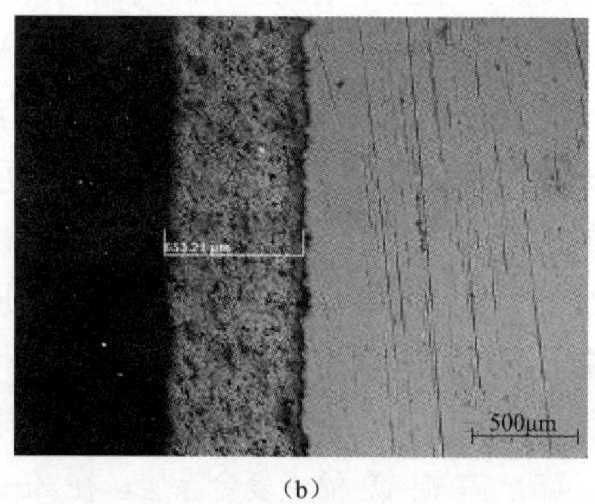

(b)

图 7-16　四种热喷涂涂层样品的截面的金相形貌与涂层厚度的测量结果（一）

(a) 纯 Al 涂层（约 800μm）；(b) AlSi 涂层（约 650μm）

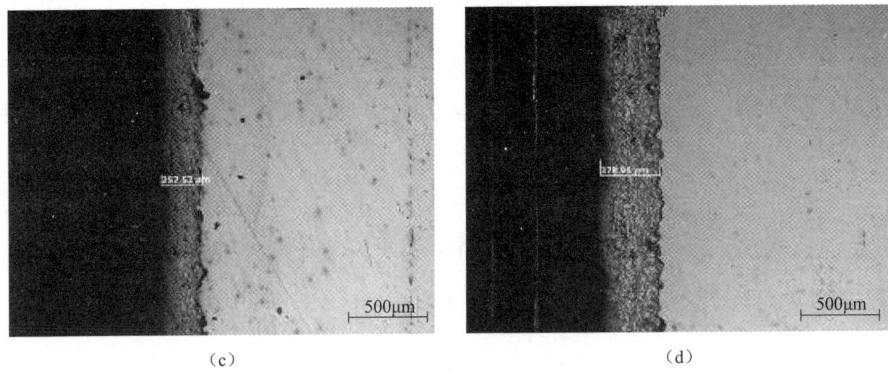

(c)　　(d)

图 7-16　四种热喷涂涂层样品的截面的金相形貌与涂层厚度的测量结果（二）

(c) NiAl 涂层（约 250μm）；(d) 316L 不锈钢涂层（约 380μm）

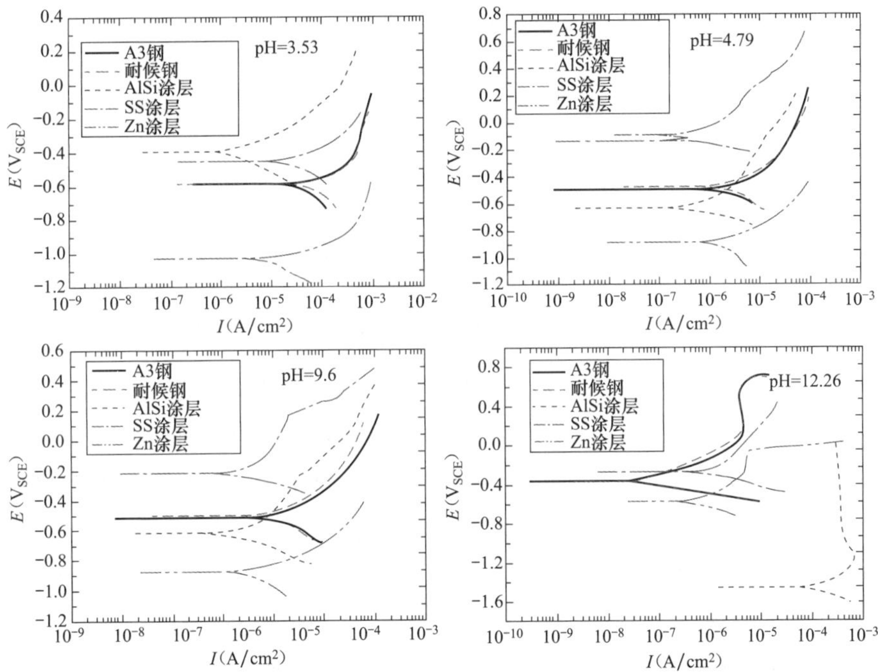

图 7-17　四种涂层在不同 pH 值土壤溶液中的动电位极化曲线

由图 7-17 可知，所有涂层在测量溶液中的阳极过程均表现为活性溶解特征，无明显钝化电位区间，不锈钢涂层的钝化趋势相对明显，腐蚀电位较高。在酸性和弱碱性溶液中，不锈钢涂层和 AlSi 涂层的阳极电流密度相对较小，耐蚀性较好，且 pH 值越小，AlSi 涂层的腐蚀抗力越好，Q235 钢基体与 SPA-H 耐候钢类似，镀锌钢表现最差。在强碱性溶液中，AlSi 涂层耐蚀性最差，而不锈钢涂层和耐候钢表现较好。极化曲线的测量结果基本与线性极化规律基本符合，表明 AlSi 涂层和不锈钢涂层在酸性和近中性土壤溶液中具有较好的耐蚀性，而耐候钢与 Q235 钢基体的耐蚀性相当。

图 7-18 为四种涂层在酸性土壤中的恒电位极化曲线，由图 7-18 可知：Al-Si 涂层在模拟酸性土壤溶液中的耐蚀性明显优于 Q235 钢基体和镀锌 Q235 钢，而 Q235 钢基体和镀锌 Q235 钢无明显差别。

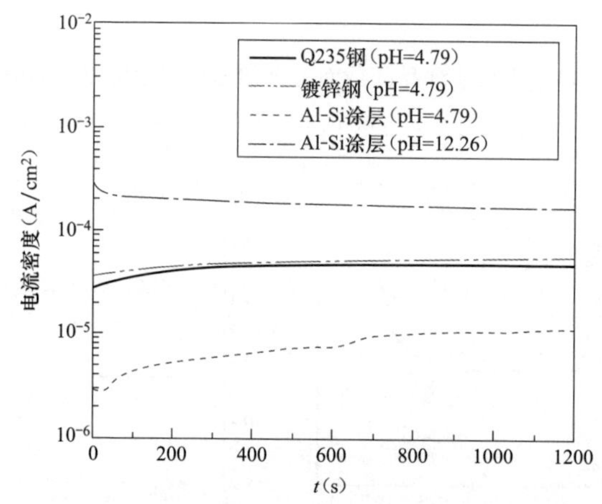

图 7-18 四种涂层在酸性土壤中的恒电位极化曲线

图 7-19 为恒电位极化前后样品表形貌，观察结果表明：Q235 钢测试后表面生成了红褐色的腐蚀产物，镀锌钢腐蚀后表面白色的镀锌层变得不明显，而 Al-Si 涂层腐蚀前后形貌变化不明显，与在酸性溶液中恒电位极化较小的电流密度一致，也证明了 Al-Si 涂层在酸性土壤溶液中耐蚀性优异。

运用 XPS 对腐蚀产物膜进行了成分、结构或价态的检测和分析发现：Al-Si 涂层在模拟酸性土壤溶液中的腐蚀产物主要含 Al 和少量 Si、Fe；而 Q235 钢基体和镀锌 Q235 钢的腐蚀产物主要含 Fe，且后者未检测到 Zn。认为 Al-Si 涂层在模拟酸性土壤溶液中形成高结合能的 AlO（OH）和 Al_2O_3 是其具表现出较好耐蚀性的主要原因。

与酸性土壤溶液类似，在碱性土壤溶液中 Al-Si 涂层的腐蚀产物中也检测出 Al、Si 及 Fe 元素，但与在酸性土壤溶液中的腐蚀产物主要含有 Al 元素而 Si、Fe 含量相对较少不同，在碱性溶液中形成的腐蚀产物中的 Si、Fe 元素含量上升；从

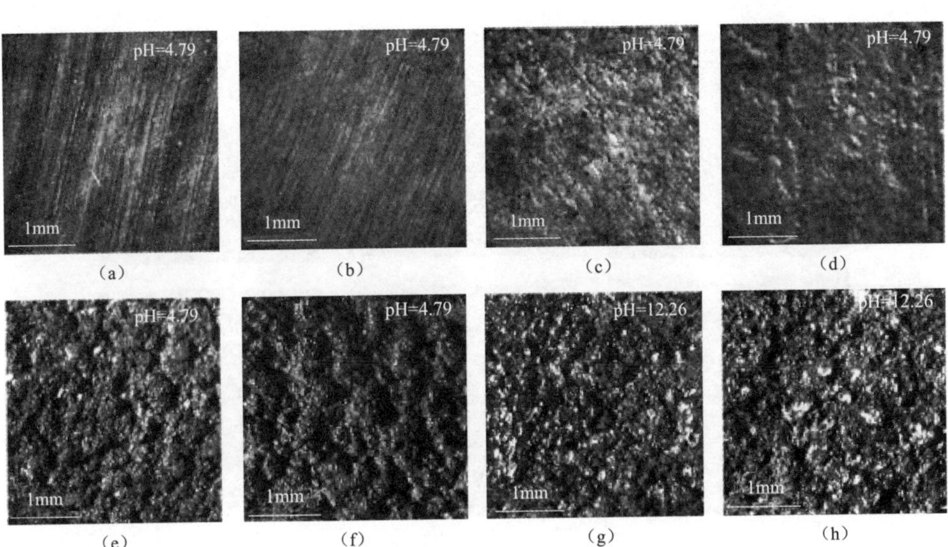

图 7-19　恒电位极化前后样品表面形貌特征

XPS 元素含量看，碱性溶液中的 Al 含量明显下降，说明 Al 在碱性溶液中更容易溶解，与电位-pH 图的预测是一致的。XPS 分峰结果表明，碱性溶液中仅检测到了 Al_2O_3，而酸性溶液中还检测到 AlO（OH）；在酸性溶液中 Si 以 SiO_2 的形式存在，而在碱性溶液中表现为 O_2/Si。pH 值变化导致腐蚀产物的不同应该是 Al-Si 涂层在不同溶液中耐蚀性不同的主要原因。

如表 7-29 为 Al-Si 涂层钢和镀锌钢直流电阻测试结果，可见 Al-Si 涂层钢导电性与镀锌钢相当，电学性能完全满足接地网需求。

表 7-29　　　　Al-Si 涂层钢和镀锌钢直流电阻测试结果

材料名称	直流电阻（Ω·mm）
Al-Si 涂层钢	1.85×10^{-4}
镀锌钢	1.38×10^{-4}

图 7-20 为热喷涂涂层钢在湖南某变电站现场埋地实验 1 年后的宏观照片，由图可知：Q235 钢试片已严重腐蚀，表面疏松的红锈，局部有锈层剥落。镀 Zn 钢表面出项锈迹，高倍下锈层有破损；纯 Al 涂层表面腐蚀严重，出现鼓胀。Al-Si 涂层、不锈钢涂层和 NiAl 涂层表面完好，尤其是 Al-Si 涂层仍保持原有的金属光泽。与实验室电化学评价结果一致，再次验证了 Al-Si 喷涂涂层在现场具有优异的耐蚀性，是接地网防护涂层的首选。

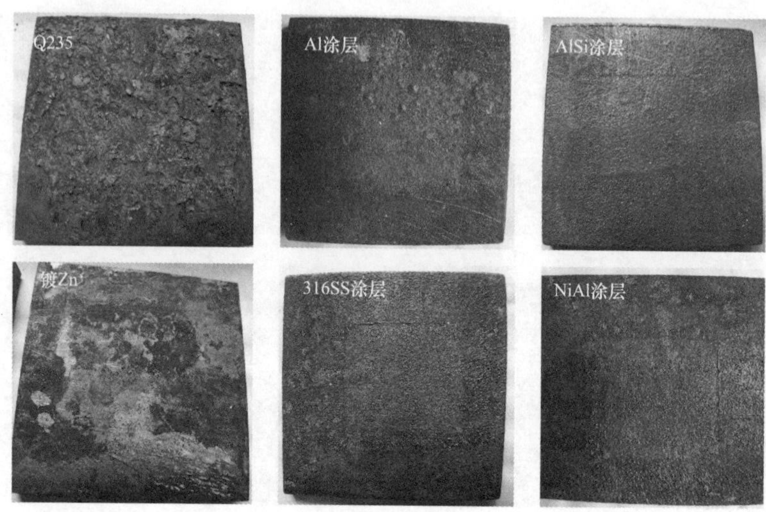

图 7-20 埋地一年后的宏观照片

图 7-21 为热喷涂 Al-Si 和 316L 不锈钢涂层的接地扁钢，将热喷涂接地扁钢焊接在某变电站接地网上进行埋地。图 7-22 为热喷涂扁钢挂网一年后的照片，由图可见热喷涂接地材料表面如新，基本无腐蚀，说明两种涂层钢耐蚀性能良好。

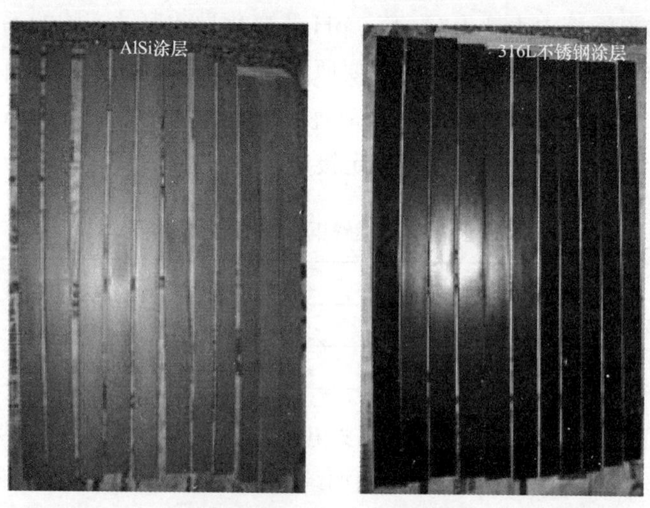

图 7-21 热喷涂 Al-Si 和 316L 不锈钢涂层的接地扁钢

220kV 麻糖变电站是一个老变电站，2010 年对接地网进行了整体改造，2015 年检查时发现，接地网水平主网轻微腐蚀，总体良好，但局部区域接地引下线入土部位腐蚀严重，尤其 110kV Ⅱ母线区域，总计约 20 支引下线，规格是 50×5mm，部分引下线腐蚀厚度达 50%，已经不能满足安全需求。于是对 110kV Ⅱ母线区域约 20 支引下线进行更换。具体方案是利用铝硅涂层钢防腐接地引下线更换原来已经腐蚀的引下线，主要更换腐蚀严重的入土部位，即土壤上约 60cm，土壤下约 40cm，总长度约 1m。施工时将该引下线（1m）上下截断，然后焊上新引下线，焊接部位涂刷防腐沥青漆即可。如图 7-23 所示，改造后测试接地电阻合格，运行一段时间引下线无锈蚀。

图 7-22　热喷涂扁钢挂网一年后的照片

图 7-23　220kV 麻塘变热喷涂 Al-Si 涂层接地引下线应用现场照片

7.3.3　化学镀

7.3.3.1　化学镀特点

化学镀是在无电流通过（无外界动力）时向镀液中加入还原剂，通过自催化反应，将镀液中的金属离子还原为金属单质或化合物，沉积在基体表面一种镀覆方法。其特点如下：

（1）镀层表面硬度高，耐磨性能好，使用寿命长，一般可提高 3～4 倍，有的可达8倍以上。

（2）硬化层的厚度极其均匀，处理部件不受形状限制，不变形，特别适用于形状复杂、深盲孔及精度要求高的细小及大型部件的表面强化处理。

（3）具有优良的抗腐蚀性能。表7-30为化学Ni-P镀层和不锈钢在各种酸碱腐蚀介质中的腐蚀性比较，可见化学镀Ni-P镀层在酸、碱、盐和海水中具有很好的耐蚀性，其耐蚀性比不锈钢要优越得多。

表7-30　化学Ni-P镀层和不锈钢在各种酸碱腐蚀介质中的腐蚀性比较

腐蚀介质	温度（℃）	腐蚀速率（mm/a）	
		Ni-P镀层	不锈钢1Cr18Ni9Ti
42%NaOH	沸腾	<0.048	>1.5
45%NaOH	20℃	没有	0.5
37%HCl	30℃	0.14	1.5～1.8
10%H_2SO_4	30℃	0.031	>1.5
10%H_2SO_4	70℃	0.048	>1.5
3.5%NaCl	95℃	没有	0.5～1.4
40%HF	30℃	0.0141	>1.5

（4）处理后的部件，表面光洁度高，表面光亮，不需重新机械加工和抛光，即可直接装机使用。

（5）镀层与基体的结合力高，不易剥落，其结合力比电镀硬铬和离子镀要高。

（6）可处理的基体材料广泛。可处理材料有各种模具合金钢、不锈钢、铜、铝、锌、钛、塑料、尼龙、玻璃、橡胶、粉末、木头等。

（7）化学镀能获得镀层众多：

1）纯金属镀层，如Cu、Sn、Ag、Au、Ru、Pd等；

2）二元合金镀层，如Ni-P、Ni-B、Co-P、Co-B等；

3）三元及四元合金镀层，如Ni-Co-P、Ni-Sn-P等；

4）化学复合镀层。

7.3.3.2　化学镀国内外研究现状

1960年之前，由于科学水平所限，化学镀镀液只开发出了中磷化学镀，没有直接加热法，只能进行间接加热。为了避免镀液分解，在溶液配制、镀液管理及施镀操作方面很严格，有很多操作规程加以限制。还有一些十分致命的原因，即反应速度慢，镀液不能重复使用，或者不能长期放置。为了降低大规模生产时的成本，科研人员将目光放在镀液上，可以循环使用的镀液被开发了出来，其实其基本原理很简单，即除去已失活的镀液，加入新的镀液，从而使镀液做到循环使用。具体为加入氯化铁或硫酸铁和亚磷酸盐复合形成的复合物或者使用离子交换树脂等，这些方法工艺复杂，实用性比较差，设备需要经常维护。

1970 年之后，添加剂法逐渐得到发展，在镀液中加入络合剂，稳定剂，添加剂等多种添加剂，是为了镀液能长期使用，更稳定。新镀液均采用含有大量各种各样添加剂的配方，提高镀液稳定性、加快镀速，同时很大程度增加了镀液对亚磷酸根的容忍量，延长镀液寿命，一般均能达到 4～6 个周期，有时会甚至能达到 10～12 个周期，镀速提高到 17～25μm/h。因此，在达到这种水平后，镀液不需要循环使用，在反应中，镀液中的主要成分已充分反应，反应结束后，镀液中主要成分的含量极低，意味着，镀液已被充分的使用。目前，科研人员的研究重点已从镀液的使用寿命问题转到了环保型，无危害镀液的配置，方法是合成新的无环境危害的镀液，提高使用完毕的镀液的废液处理效率。

现代社会，随着科技的发展，化学镀已经从专一的单金属沉积演变到了多种金属复合镀层，金属非金属复合镀层等多种镀层。伴随科技的发展，各种新材料如雨后春笋。化学镀为了适应时代的脚步，其基体材料已从单一的金属材料扩展到了各种特种钢、有机物、无机物等各种非金属材料。

化学镀在我国起步很晚，但是发展速度却很快，目前，我国化学镀产业已经十分发达，其规模，经济效益都很强大。特别是最近几年，以化学镀方法为主要技术核心的表面处理产业以基本成型，并很有发展前景。化学镀方法来作为表面改性手段近年来飞速发展，已成为最主要的表面改性手段。而不仅仅是简单的表面装饰，同时向功能化、梯度功能化方向发展。目前，经济发达国家进行材料表面镀覆，利用化学镀工艺技术，每年以平均 12%～15%的速度递增。化学镀镍层具有优良的均匀性，并且其硬度高、耐磨性和耐蚀性好，因此该技术已经广泛地应用在各行各业。美国波音公司的发动机压气机零件应用的是化学镀 Ni-P 合金镀层，同时要求大修时仍采用该镀层。化学镀镍技术有其独特的优势在降低腐蚀，增加设备的安全性，减少在运输与贮存过程中的损失。因化工设备及管道形状复杂、细长，很多表面处理技术无法解决，而化学镀镍技术解决此问题。

7.3.3.3 化学镀 Ni-P 原理

化学镀镍是利用镍盐溶液在强还原剂次亚磷酸钠的作用下，使镍离子还原成金属镍，同时次亚磷酸盐分解析出磷，因而在具有催化表面的镀件上，获得 Ni-P 金镀层。其具体反应如下：

第一步，溶液中的次磷酸根在催化表面上催化脱氢，同时氢化物离子转移到催化表面，而本身氧化成亚磷酸根。

$$[H_2PO_2]^- + H_2O \xrightarrow{\text{催化表面}} [HPO_3]^{2-} + H^+ + 2[H]^- \text{（吸附于催化表面）}$$

第二步，吸附于催化表面上的活性氢化物与镍离子进行还原反应而沉积镍，而本身氧化成氢气。

$$Ni^{2+} + 2[H]^- \longrightarrow Ni + H_2$$

总反应式为

$$2H_2PO_2^- + 2H_2O + Ni^{2+} \longrightarrow Ni + H_2 + 4H^+ + 2HPO_3^{2-}$$

部分次磷酸根被氢化物还原成单质磷，同时进入镀层

$$H_2PO_2^- + [H]^- \text{（催化表面）} \longrightarrow P + H_2O + OH^-$$

上述还原反应是周期地进行的，其反应速度取决于界面上的 pH 值。pH 值较高时，镍离子还原容易；而 pH 值较低时磷还原变得容易，所以化学镀镍层中含磷量随 pH 值升高而降低。

除上述反应外，化学镀中还有副反应发生，即

$$H_2PO_2^- + H_2O \xrightarrow{\text{催化表面}} H^+ + [HPO_3]^{2-} + H_2$$

加入槽中的次磷酸盐最终约 90％转化为亚磷酸盐，亚磷酸镍溶解度低，当有络合剂存在，游离镍离子少时，不产生沉淀物。有亚磷酸镍固体沉淀物存在时，将触发溶液的自分解。在化学镀中不可避免地会有微量的镍在槽壁和镀液中析出，容易导致自催化反应在均相中发生，需要用稳定剂加以控制。反应中生成的氢离子将降低镀液 pH 值，从而降低沉积速度，所以需加 pH 值缓冲剂及时调整 pH 值。

7.3.3.4 化学镀在接地装置防腐中的应用

由于化学镀镀层的优良耐腐蚀性和耐磨损性，很适于接地网防护的使用。近几年，多种化学镀方法被提出来进行接地网防护。但是目前的防护方法主要是单金属镀层，如镀锌层，镀铜层等，镀锌层由于锌的电位比铁负，可以作为阳极性牺牲镀层，但锌的反应速度快，接地网投入使用后很快就会溶解失去防护效果。此外，我国南方土壤多呈酸性或弱酸性，在这种环境下，铜接地网的耐蚀性能将大幅下降，甚至降至与碳钢相当。因此，如何提高铜材料对酸性、弱酸性介质的耐蚀性能是保证铜接地线安全运行的重要课题。

在紫铜接地材料上制备了 Sn、Ni-Sn-P 和 Ni-P 三种化学镀镀层，其工艺流程为：超声除油（无水乙醇，10min）——水洗——碱液除油——水洗——化学抛光——水洗——化学镀或电镀。研究了三种化学镀镀层在土壤中的腐蚀行为。

图 7-24 是不同试样在 pH=5.8、含水量 20%的土壤介质中的极化曲线测试结果。不同试样在土壤介质中的电化学极化曲线在较小的极化区间仍呈活化控制规律。对图 7-24 极化曲线进行拟合，结果列于表 7-31 中。

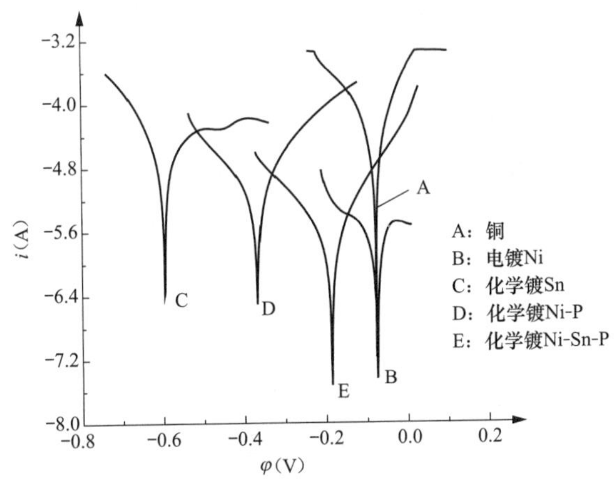

图 7-24　不同镀层在土壤介质中的极化曲线

表 7-31　　图 7-24 极化曲线的拟合参数

材料涂覆层	自腐蚀电压（V）	自腐蚀电流（A）	线性极化电阻（Ω）
裸铜	−0.078	5.904e-5	595.1
化学镀 Ni-P	−0.367	1.139e-5	3109.3
化学镀 Sn	−0.60	8.401e-5	703.4
电镀 Ni	−0.075	8.322e-6	10158.8
化学镀 Ni-Sn-P	−0.186	2.459e-6	12256.3

由图 7-24 和表 7-31 可知，各镀层在土壤介质中腐蚀参数和在水溶液体系中的差别很大。化学镀 Sn 的自腐蚀电位明显比裸铜负，但自腐蚀电流却与铜相当，只起阳极性镀层的作用；电镀镍的自腐蚀电位与铜相当，但自腐蚀电流明显低于铜，表明只有当镀层完整无缺时才对铜接地线有很好的保护作用；而化学镀 Ni-P 和 Ni-Sn-P 镀层的自腐蚀电位明显负于铜，自腐蚀电流也明显低于裸铜，表现出优良的保护性能。

图 7-25 是不同镀层在土壤介质中的 EIS 谱图。由图 7-25 可知，各试样在土

壤介质中的耐蚀性强弱顺序为：电镀 Ni＞化学镀 Ni-Sn-P＞化学镀 Sn＞化学镀 Ni-P＞裸铜，与线性极化结果大致相同。

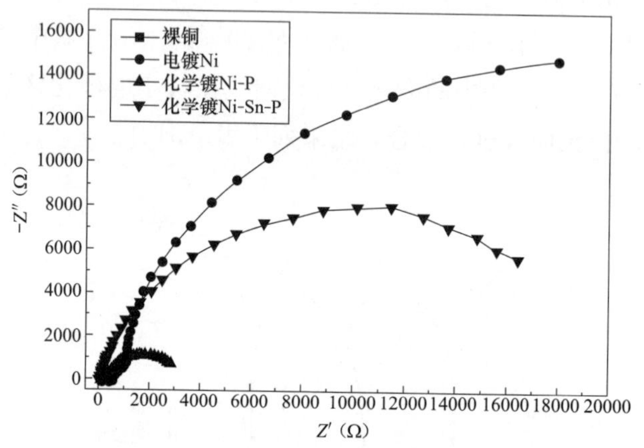

图 7-25　各镀层在弱酸性土壤介质中的交流阻抗谱

图 7-26 为 Cu、Ni-P 及 Ni-Sn-P 试样埋地实验，由图可见，随着埋片时间的增长，Cu、Ni-P 及 Ni-Sn-P 试样的腐蚀速度均呈现下降趋势，说明在试样表面逐渐形成较为完整的腐蚀产物保护层。通过埋地腐蚀试验可知，化学镀 Ni-P 及 Ni-Sn-P 镀层显示出良好的耐蚀性能，可以作为酸性土壤介质中的铜或包铜接地材料的防护镀层。

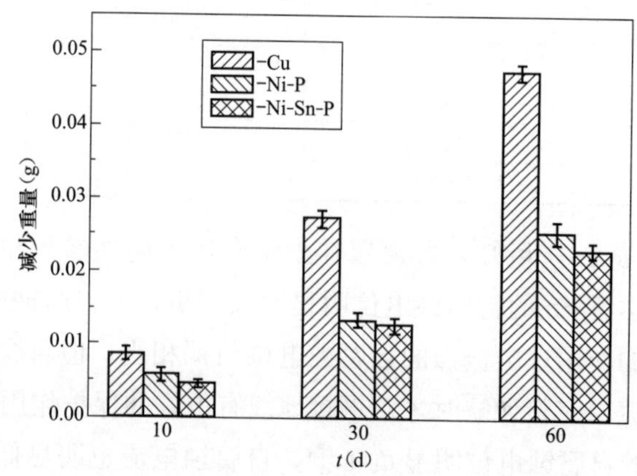

图 7-26　Cu 及 Ni-P、Ni-Sn-P 镀层埋地腐蚀试验失重量随埋片时间变化图

7.4 阴极保护

阴极保护是指通过对金属构件（如变电站的接地网）施加一个阴极电流使其阴极极化，从而消除金属构件表面不同部位的电位差以及消除金属构件作为一个整体成为阳极（金属只有在阳极状态下才可能腐蚀）的可能性，以达到防腐保护的目的。根据对被保护构件施加阴极电流的方式，可以将阴极保护分为两种：牺牲阳极的阴极保护法和施加外加电流的阴极保护法，阴极保护属于电化学保护，是从电化学角度出发进行的防腐措施。

7.4.1 牺牲阳极的阴极保护

7.4.1.1 牺牲阳极原理

牺牲阳极保护是将被保护金属与电位更低的金属直接相连，构成电流回路，从而使被保护金属阴极极化，利用阳极金属的腐蚀溶解达到保护阴极（接地网）的目的。将锌与铜接触并置于盐酸的水溶液中，就构成一个以锌为阳极，铜为阴极的原电池，如图 7-27 所示。阳极锌失去电子，而阴极铜得到电子，并在阴极表面的溶液中与氢离子结合生成氢气而逸出。这样一来，锌不断地失去电子变成锌离子，而溶液中的氢离子不断地得到电子变成氢气，只要溶液中有足够的氢离子，阳极锌就会不断被溶解消耗。

腐蚀原电池工作的基本过程：

（1）阳极过程：金属溶解，以离子形式迁移到溶液中，同时把当量电子留在金属上。

（2）电流通路：电流在阳极和阴极间的流动是通过电子导体和离子导体来实现的，电子通过电子导体（金属）从阳极迁移到阴极，溶液中的阳离子从阳极区移向阴极区，阴离子从阴极区向阳极区移动。

（3）阴极过程：从阳极迁移过来的电子被电解质溶液中能吸收电子的物质接收。

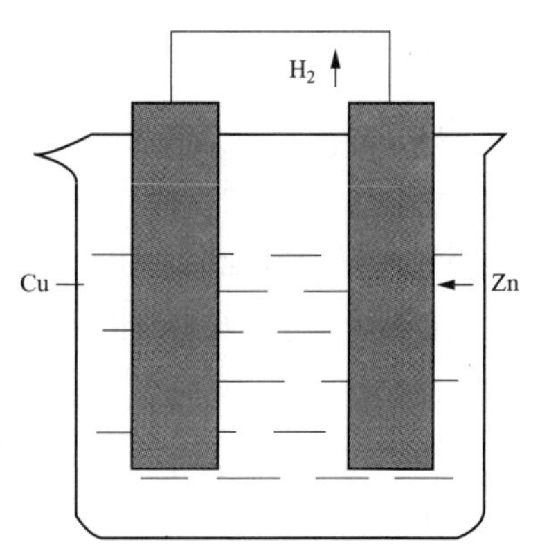

图 7-27 腐蚀原电池

由此可见，腐蚀原电池工作过程的阳极和阴极两个过程是独立而又相互依存的。电化学腐蚀过程中，由于阳极区附近金属离子的浓度高，阴极区 H^+ 放电或水中氧的还原反应，使溶液 pH 值升高。于是在电解质溶液中出现了金属离子浓度和 pH 值不同的区域。从阳极区扩散过程来的金属离子和从阴极区迁移来的氢氧根离子相遇形成氢氧化物沉淀产物，称这种产物为次生产物，形成次生产物的过程为次生反应。

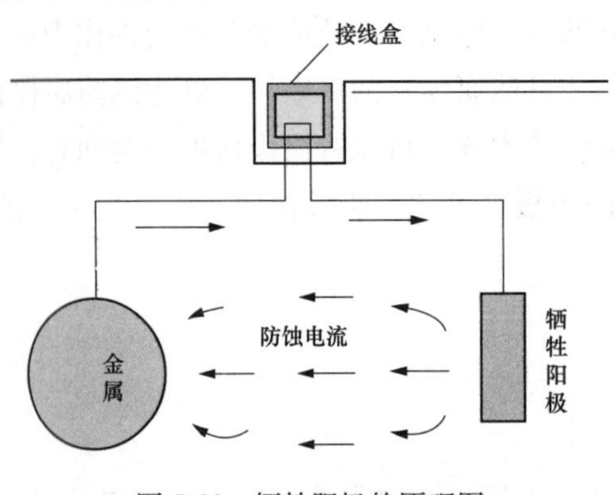

图 7-28　牺牲阳极的原理图

在土壤中，牺牲阳极阴极保护的基本作用过程是：当一电位较负的金属与被保护金属结构物连接时，两者构成宏观的腐蚀原电池；其中电位较正的金属结构物作为宏观腐蚀原电池的阴极，而电位较负的金属作为阳极，当连接良好时，前者将受到保护，后者会加速腐蚀。牺牲阳极的原理如图 7-28 所示。

在图 7-28 中，埋设于土壤中的金属采用牺牲阳极进行保护，整个系统中，金属作为阴极被牺牲阳极所产生的腐蚀电流保护，通过接线盒可以测得电路中的极化电流。埋设在土壤中的接地网的牺牲阳极保护原理与上图相同。

当接地网没有被保护时，接地网材料扁钢发生电化学腐蚀，阳极反应和阴极反应分别如下。

阳极　　$Fe \rightarrow Fe^{2+} + 2e$

阴极　　$2H^{+} + 2e \rightarrow H_2 \uparrow$

$$O_2 + 2H_2O + 4e \rightarrow 4OH^{-}$$

当采取保护措施时，由于镁牺牲阳极的电化学性质活泼，易发生氧化反应，产生阳极极化；接地网的电极电位较高，作为电池的阴极发生还原反应被保护。此时

阳极　　$Mg \rightarrow Mg^{2+} + 2e$

阴极　　$Fe^{2+} + 2e \rightarrow Fe$

7.4.1.2　常用牺牲阳极材料及填充料

1. 牺牲阳极材料

目前较常用的牺牲阳极材料有镁合金、铝合金和锌合金阳极材料。

（1）镁合金牺牲阳极。镁不容易钝化，并且镁的激励电压最高，由于这些特性以及高电流容量，镁特别适合作为牺牲阳极使用，镁的标准电极电位为－2.37V（Eh），在海水中的稳定电位为－1.45V（Eh），镁基牺牲阳极材料电位较负，阳极输出电流大，发送距离远，阳极极化率低，溶解均匀，保护效果可靠。现在普遍使用的镁合金牺牲阳极有三类：纯镁，Mg-Mn 系合金和 Mg-Al-Zn-Mn 系合金，它们的共同特点是电位比较负、极化率也很低、密度小、理论电容量大，与铁的有效电位差很大，保护半径大。但不足之处是镁的自腐蚀较严重，并随介质中含盐量的增加而增加，因此，纯镁实际有效电流容量较理论电流容量小得多。镁阳极的电流效率也不高，通常只有 55%左右，比锌基合金和铝基合金牺牲阳极的电流效率要低得多，而且表面难以形成有效的护膜，在水介质中自腐蚀反应剧烈。因此，大多数研究表明，镁阳极适用于电阻较高的土壤中和淡水。

（2）铝合金牺牲阳极。铝合金密度小，理论电容量大，对钢铁的驱动电位较大，在含 Cl^- 的环境中电位能保持在－0.95～－1.10V（SCE）之间，已经广泛应用于水库钢铁阀门、海上石油钻井平台以及远洋货轮的钢制外壳等各个领域，但由于纯铝表面极易生成致密的钝化膜，使铝的电位正移，通常添加 In、Sn、Si、Gd、Ti 等合金元素来增大钝化膜的缺陷，促使铝不断溶解。单独添加很少量这些元素就可以使铝的电位变负 0.3～0.9V，但电流效率过低，并且会随时间延长而下降，最常用的是添加两种或两种以上活化元素使之形成多元铝合金，既能满足电位要求又能显著增大电流效率。因此一般按其材料可分为五种，包括铝-锌-铟-镉合金牺牲阳极、铝-锌-铟-锡合金牺牲阳极、铝-锌-铟-硅合金牺牲阳极、铝-锌-铟-锡-镁合金牺牲阳极、铝-锌-铟-镁-钛合金牺牲阳极。这五种合金主要用于海水介质中的船舶、港工与海洋工程设施、海水冷却水系统和储罐沉积水部位等工业领域。

（3）锌合金牺牲阳极。锌合金阳极的特点是：密度大、理论发生电量较小、电流效率高、表面溶解均匀、腐蚀产物疏松、容易脱落，在保护钢结构物时，有一定自调节电流和电位的作用。最初，所使用的锌材料来自于热浸镀锌工艺中的锌，超纯锌是一种非常良好的阳极材料，纯度高达 99.995%，含铁量少于 0.0014%，没有其他添加物，德国海军部已经批准使用这种阳极材料，但是由于其晶粒粗大并有柱状晶体结构，往往呈现不均匀剥离，为了细化晶粒，合金中通常加入镉和铝，还对杂质元素起到了抑制作用，因此一般主要用的是锌-铝-镉合金牺牲阳极，适于温度低于 50℃和电阻率小于 15Ω·m 的海水、淡海水、土壤等电解质中的金属构件阴极保护。

在防腐蚀过程中通常根据土壤电阻率选择牺牲阳极的种类，再根据保护电流的大小选择阳极的规格。表 7-32 为牺牲阳极种类及对应的电阻率，可供应用参考。

表 7-32　　牺牲阳极种类及对应的电阻率

可选阳极种类	土壤电阻率（Ω·m）
带状镁阳极	＞100
镁（－1.7V）	60～100
镁	40～60
镁（－1.5V）	＜40
镁（－1.5V）、锌	＜15
锌或 Al-Zn-In-Si	＜5（含 Cl^-）

牺牲阳极的使用受其电化学性能的限制，阳极材料的静电位必须比受保护物体的保护电位负得多，这样才能维持足够的激励电压。作为牺牲阳极材料，应该具备下列条件：

（1）阳极的电位要负，即它与被保护金属之间的有效电位差要大；电位比铁负而合适做牺牲阳极的材料有锌基、铝基和镁基三大类合金。

（2）在使用过程中电位要稳定，阳极极化要小，表面不产生高电阻的硬壳，溶解均匀。

（3）单位重量阳极产生的电量大，即产生 1A 时电量损失的阳极重量要小。三种阳极的材料的理论消耗量为：镁为 0.453g/(A·h)，铝为 0.335g/(A·h)，锌为 1.225g/(A·h)。

（4）阳极的自溶量小，电流效率高。由于阳极本身的局部腐蚀，产生的电流并不能全部用于保护作用。有效电量在理论发生电量中所占的百分数成为电流效率。

（5）价格低廉，来源充分，无公害，加工方便。

2. 填充料

图 7-29 为埋地阳极组装示意图，阳极组装时候一般在牺牲阳极周围填充一层导电性优良的物料，它的作用是减少电流流通时的阻力，阻止牺牲阳极表面形成钝化层，保护电流均匀分布，延长阳极使用年限。填充料种类很多，不同类型的阳极材料采用不同的填充料。各种阳极使用填充料配方见表 7-33。

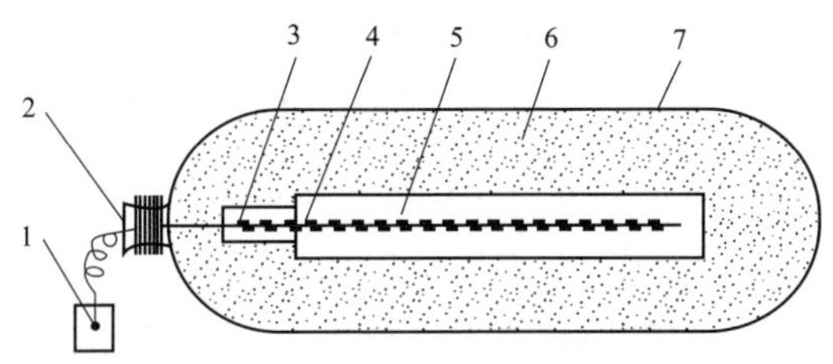

图 7-29 埋地阳极组装示意图

1—接线片；2—阳极电缆；3—密封接头；4—铁芯；5—阳极；6—填充料；7—布袋

表 7-33　　各种阳极使用填充料配方

阳极类型	阳极重量（kg/个）	填充料	配方（%）			使用条件
			Ⅰ	Ⅱ	Ⅲ	
镁基阳极 ϕ10×600	10.5	硫酸镁	35	20	25	配方Ⅰ适用于 $\rho>20\Omega\cdot m$ 配方Ⅱ、Ⅲ适用于 $\rho<20\Omega\cdot m$ 每个阳极填充料的用量为 50kg
		硫酸钙	15	15	25	
		硫酸钠		15		
		膨润土	50	50	50	
铝基阳极 ϕ85×500	8.3	粗食盐	40	60		每个阳极填充料的用量为 40kg
		生石灰	30	20		
		膨润土	30	20		
锌基阳极 44×48×600	8.4	硫酸钠	25	30		
		硫酸钙	25	25		
		膨润土	50	45		

7.4.1.3　保护电位准则

阴极保护电位是当被保护金属表面的电位被阴极极化到所有微阳极中最负的电位值或再稍负一些时，金属表面即可达到同等电位，腐蚀微电池作用被迫停止，金属腐蚀亦被抑制时的电位。为了便于实际应用，通过多年的实践与研究，得出了以下判断结构是否得到充分保护的判断准则：

(1) 在通电的情况下，埋地钢铁结构最小保护电位为−0.85V（CSE）或更负，在有硫酸盐还原菌存在的情况下，最小保护电位为−0.95V（CSE），该电位不含土壤中电压降（IR 降）。实际测量时，应根据瞬时断电电位进行判断。目前流行的通电电位测量方法简便易行，但对测量中 *IR* 降的含量没有给予足够重视。其后果是很多认为阴极保护良好的管道发生腐蚀穿孔。这方面的教训是很多的。如四川气田南干线，认为阴极保护良好，但是实际内检测发现腐蚀深度在壁厚的

10%～19%的点多达410处；个别位置的点蚀深度达到50%。进行断电电位测量发现，很多点保护（断电电位）没有达到－0.85V（CSE）。有效的方法是实际测量几点的*IR*降，保护电位按0.85＋*IR*降来确定。*IR*降可以通过通电电位减去瞬时断电电位获得，也可以用瞬时通电电位减去结构自然电位来获得。

（2）瞬时断电电位与自然电位之差不得小于100mA。在有些情况下，在断电电源0.2～0.5s内测量断电电位，待结构去极化后（24h或48h后）再测量结构电位（自然电位），其差值不应小于100mA。也可以用通电电位（极化后）减去瞬时通电电位来计算极化电位。

（3）最大保护电位的限制应根据覆盖层及环境确定，以不损坏覆盖层的粘结力为准，一般瞬时断电电位不得低于－1.10V（CSE）。由于受旧规矩的影响，很多人还认为阴极保护最大电位不能低于－1.5V（CSE），事实上这种观念是错误的，造成的危害也是巨大的。判断阴极保护电位是否过大应以断电电位为判断基础，只要断电电位不低于－101V（CSE）（西欧为－1.15VCSE），通电电位再大也没有关系。

7.4.1.4 电位分布及保护半径

受阴极保护的金属表面的电位只有在一定的数值范围以内才能使结构物受到有效的保护。电位过正（欠保护）和电位过负（过保护）都是应该避免的。注意的是，在实际工程的阴极保护系统中，金属结构物表面的电位以及相应的电流密度并不是处处一样的，即电位和电流分布常常是不均匀的。如在对金属构筑物实施阴极保护采取相隔一定距离分立布置的辅助阳极，这时靠近阳极的部位保护电位最负，两侧的电位随着距离按指数规律衰减，结果两个相邻阳极中间的电位最正。这是因为，按照欧姆定律，阴极保护电流流动总是优先通过电阻小的途径。于是，受保护结构在靠近阳极的部位将有较大的保护电流流入，引起较大的阴极极化，因而达到较负的保护电流，与此同时，在远离阳极的部位由于流入的保护电流较小，保护电位就达不到那样负的数值。结果就造成了电位分布不均匀。有多种因素会影响到电位分布，包括阳极的形状、数量和布置，受保护结构的表面涂层，介质电阻率以及计划时间等。

实施阴极保护时，牺牲阳极或恒电位仪阴极导线直接焊接到接地材料上，焊点附近金属的电位最负。随着与焊点距离的增加，金属电位逐渐攀升，最远端电位最正。电位攀升速度取决于防腐蚀层的绝缘性能，正常的阴极保护必须保证最

远端的金属电位负于−0.85V。最大保护距离L_{max}计算公式如下

$$L_{max} = 1/2(R/r) \times ln[2 \times (E_0 - E_{corr})/(-0.85 - E_{corr})]$$

式中：R——防腐蚀层电阻；r——钢管电阻；E_0——最大保护电位；E_{corr}——钢管自然电位。

由公式可知：在其他参数不变的情况下，最大保护电位越负，则每组阳极的保护距离就越长。如果每组阳极保护距离太短，使其性能没有得到充分利用，造成无谓的浪费。要提高阴极保护系统的经济性能，应合理确定最大保护电位。充分利用阳极的潜能，达到最大保护距离。

7.4.2 外加电流阴极保护

7.4.2.1 外加电流阴极保护原理

按照标准 Q/GDW 1781—2013《交流电力工程接地防腐蚀技术规范》，外加电流阴极保护适合用于变电站接地网防腐保护，尤其适用于保护面积较大、土壤电阻率较高且分布不均匀的接地网防腐。外加电流阴极防护系统是通过外加电流，将电源正极连接在难溶性辅助阳极上，强制形成阳极区；将电源负极连接在受保护的阴极上，强制形成阴极区。阳极与被保护的阴极均处于连续的土壤电解质中，使被保护的阴极接触电解质的全部表面都充分而且均匀地接受自由电子，从而受到阴极保护。

外加电流的阴极保护法的基本原理可简单地用图 7-30 表示。这种方法是把要保护的金属构件（如接地网）设备作为阴极，另外用不溶性电极作为辅助阳极，两者都放在土壤电解质溶液里，接上外加直流电源。通电后，大量电子被强制流

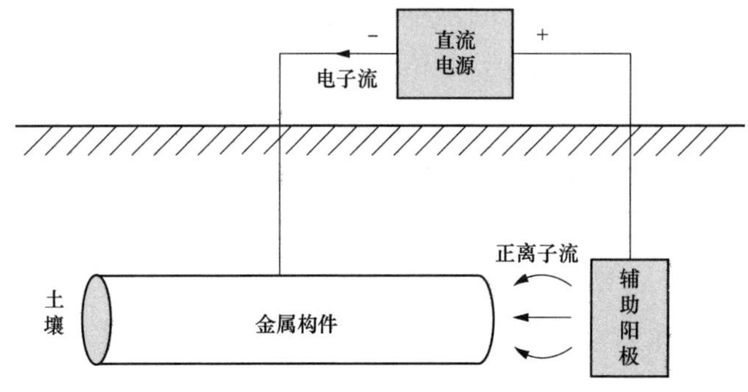

图 7-30 外加电流的阴极保护示意图

向被保护的钢铁设备，使钢铁表面产生负电荷（电子）的积累。这样就抑制了金属构件发生失去电子的作用，从而防止了钢铁的腐蚀。

7.4.2.2 外加电流阴极保护系统组成

外加电流阴极保护系统图如图 7-31 所示，外加电流阴极保护系统由三部分组成：①直流电源；②辅助阳极；③参比电极。

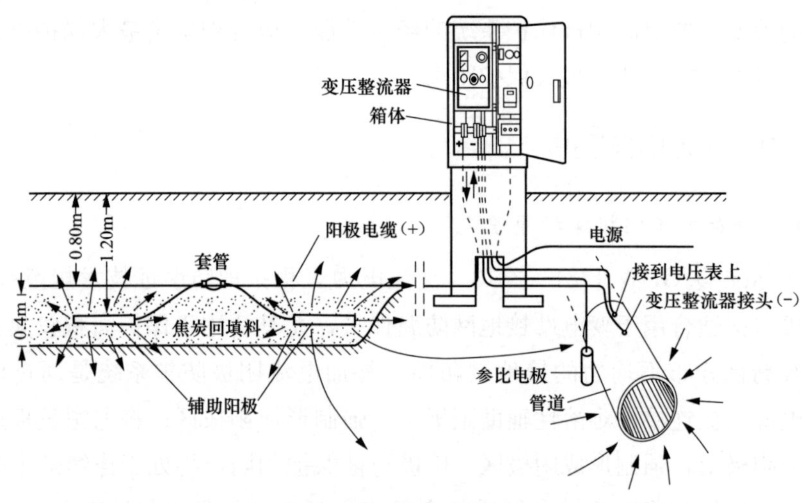

图 7-31 外加电流阴极保护系统图

(1) 直流电源。直流电源可根据外界条件的变化，自动调节输出电流，使被保护体的电位始终控制在保护电位范围内。直流电源的型式很多，如直流发电机、变压整流器、恒电位仪、风力发电机、太阳能电池等，凡是能产生直流电的电源都可作为阴极保护的电源。目前多使用恒电位仪自控装置。它的优点是，在各种外界因素影响下，工作稳定，电位控制精确。一般外加电流阴极保护电源输出电压 36V，输出电流 30A。

(2) 辅助阳极。辅助阳极的作用是把电子输送到阴极（即被保护的金属构件）上，其与牺牲阳极法所用的阳极材料要求截然不同。强制电流法的辅助阳极材料应具有以下特点：导电性好，耐腐蚀性好，寿命长，排流量大即一定电压下单位面积通过的电流大，阳极极化小，有一定的机械强度，易于加工，来源方便，价格便宜。

可作为辅助阳极的材料有碳钢、铸钢、石墨、高硅铸铁、磁性氧化铁等。

易溶性阳极材料消耗率一般都在 1～10kg/(A·a) 范围内。该材料可用于工程废料，铸铁比碳钢好。较好一点的材料如石墨、高硅铸铁、磁性氧化铁和 Fe_3O_4 铁氧体。这种材料的消耗一般在 0.01～1kg/(A·a) 范围内。此外，为了避免气阻，降低阳极接地电阻和延长阳极的使用寿命，通常在地床中阳极周围要添加 100～200mm 厚的填充料，在以含铬高硅铸铁阳极为中心件的分段预制式阳极井体组装中采用深井型高性能碳素填料。表 7-34 为辅助阳极的材料性能参数。

表 7-34　　辅助阳极的材料性能参数

名称	主要成分	消耗率	容许电流密度
含铬高硅铸铁	Si、Mn、C、Cr、Fe	≤0.5kg/(A·a)	5～80A/m^2
钛基金属氧化物	Ti、Ru、Ir	≤10^{-3}g/(A·a)	10000A/m^2（海水中）

（3）参比电极。参比电极用来与直流电源配合，测试出被保护金属构件的电位，用来调节电源的输出电压，以确保金属构件得到充分的保护。因此要求参比电极可逆性好，不易极化，坚固耐用，能在长期使用中保持电位稳定、准确、灵敏。常用的参比电极有 $Cu/CuSO_4$ 电极，Ag/AgCl 电极等一般情况下，埋地型参比电极主要是锌和铜/饱和硫酸铜电极。

7.4.2.3　外加电流阴极保护主要参数

（1）最小保护电位。阴极保护中，使腐蚀过程停止的阴极电位，在数值上等于腐蚀原电池中阳极的最活泼点的开路电位，这个电位称为最小保护电位，就是使金属腐蚀达到最低程度时的电位最小值。最小保护电位的数值与金属材料和环境介质有关，大多是通过实验来确定的。一般在通电情况下，接地网中钢质构筑物最小保护电位取－0.85V（相对与 $Cu/CuSO_4$ 参比电极）－0.45V（相对于标准氢电极）。如果在有硫酸盐还原菌存在的环境下，电位要维持在－0.95V 左右，以抑制细菌生长。对于不知道最小保护电位的金属，采用阴极保护时，其保护电位常采用比自然腐蚀电位低 0.55V（相对与 $Cu/CuSO_4$ 参比电极）。阴极保护电位也并不是越负越好，当它低于一定的数值时，甚至会对被保护构件造成严重破坏。以钢质构件为例，当阴极保护电位过低时，阴极上会产生析氢反应。析氢反应不但会造成大量的电能浪费，更重要的是析氢反应会导致覆盖层剥离以及造成钢质材料的氢脆。最负的阴极保护电位要以不损坏覆盖层为准，一般取－1.5V（相对与 $Cu/CuSO_4$ 参比电极）。表 7-35 为常用电极电位及钢铁保护电位。

表 7-35　　常用电极电位及钢铁保护电位（对标准氢电极，25℃）

编号❶	名称	结构	温度修正系数❷（V）	钢铁保护电位（25℃）（V）	备注
(1)	0.1N 甘汞	Hg/Hg_2Cl_2/0.1NKCl	+0.337−0.00007（t−25℃）	−0.87	
(2)	1.0N 甘汞	Hg/Hg_2Cl_2/1.0NKCl	+0.2800−0.00024（t−25℃）	−0.81	N.C.E
(3)	饱和甘汞	Hg/Hg_2Cl_2/饱和 KCl	+0.2415−0.00076（t−25℃）	−0.77	S.C.E
(4)	海水甘汞	Hg/Hg_2Cl_2/人工海水	+0.2959−0.00028（t−25℃）	−0.83	
(5)	海水氯化银	Ag/AgCl/人工海水	+0.2505−0.00055（t−25℃）	−0.78	
(6)	饱和氯化银	Ag/AgCl/饱和 KCl	+0.1959−0.0011（t−25℃）	−0.73	
(7)	饱和硫酸铜	$Cu/CuSO_4$/饱和$CuSO_4$	+0.316−0.00090（t−25℃）	−0.85	

❶ 编号（1）、（2）、（3）适用于室内实验用，根据溶液性质分别使用；编号（4）、（5）适于海水中长期连续使用；编号（6）的缺点是温度修正系数大，但使用简单；编号（7）适于土壤和中性介质。

❷ 温度修正系数是指每变化 1℃电极电位变化的数值。

（2）最小保护电流密度。使金属腐蚀达到最低程度时所需的电流密度最小值。要达到必要的保护电位，阴极保护系统中通常是通过控制保护电流密度来实现的。最小保护电流密度的数值大小与金属材料、表面状态、介质条件等因素有关。不过在实际应用中最小保护电流密度只是一个次要的保护参数，只要能保证保护电位在合格范围以内就可以了。对于有覆盖层的金属构件，覆盖层的电阻率越高所需要的最小保护电流密度越小。对于电力系统接地网而言，其阴极保护的最小保护电流密度一般取 10～50mA/m^2。表为钢铁在不同环境中的保护电流密度列在表 7-36 中。

表 7-36　　钢在各种环境中所需的保护电流密度

环境		所需的保护电流密度（mA/m^2）
裸露钢	无菌的中性土壤	4.3～16.1
	充气良好的中性土壤	21.5～43
	充气良好的干燥土壤	5.4～16.1
	条件中等及恶劣的湿土壤	18.9～64.6
	酸性强的土壤	53.8～161.4

续表

环境		所需的保护电流密度（mA/m^2）
裸露钢	有硫酸盐还原菌的土壤	高达 451.9
	有热水排放管线的土壤	53.8～269
	干湿混凝土	5.4～16.1
	湿潮湿混凝土	53.8～269
	静止的淡水	53.8
	流动的淡水	53.8～64.6
	扰动及含溶解氧的淡水	53.8～161.4
	热水	53.8～161.4
	污染的河口水	538～1614
	海水	53.8～169
涂层良好的钢	土壤	0.1～0.2
高压检验涂层良好的钢	土壤	0.01

7.4.2.4 接地网阴极保护设计要点

（1）接地网牺牲阳极式阴极保护设计。

1）接地网所在地土壤电阻率的测定。测定不同时间和气候条件下的土壤电阻率，可得到电阻率的变化范围。

2）根据土壤电阻率，决定选用牺牲阳极的类型。土壤电阻率小于 158Ω·m 时，选用锌基阳极；土壤电阻率小于 158～1008Ω·m 时，选用镁基阳极；土壤电阻率大于 1008Ω·m 时，除特殊情况采用带状镁阳极外，一般不采用牺牲阳极（即采用外加电流）。镁阳极、锌阳极电化学性能见表 7-37。

3）确定接地网最小保护电流密度。两家实施接地两阴极保护的变电站选择的保护电流密度分别为 25mA/m^2 和 45mA/m^2。有关资料示出的数值为 10～100mA/m^2、4～40mA/m^2、35mA/m^2。接地两最小保护电流密度应由土壤腐蚀性（土壤电阻率、氧化还原电位）确定，一般在 10～50mA/m^2。

表 7-37　　镁阳极、锌阳极电化学性能

性能	单位	Mg、Mg-Mn	Mg-Al-Zn-Mn	Zn、Zn 合金
密度	g/cm^3	1.74	1.77	7.14
开路电位	−V（SHE）	1.56	1.48	1.03
理论发生电量	(A·h)/g	2.20	2.21	0.82
土壤中电流效率	%	10	≥50	≥65
土壤中发生电量	(A·h)/g	0.88	1.11	0.53
土壤中效率	kg/(A·a)	10.0	≤7.92	≤17.25

4）根据接地网所用碳钢的外形尺寸和受保护的总面积，按选定的保护电流密度计算所需的阴极保护总电流。

5）确定接地网阴极保护电位。地网的阴极电位不小于－850mV（相对 Cu/$CuSO_4$ 饱和电极），或者使接地网的自然腐蚀电位负移 250～300mV（不小于 100mV）。对于牺牲阳极式阴极保护，在保证达到最小保护电流密度前提下，不需考虑过保护问题。

6）计算阳极接地电阻与输出电流、按阴极保护设计年限（一般为 25～30 年），计算所需的阳极质量，在根据单个阳极质量计算出需布置的阳极个数。

7）选择牺牲阳极填包料、确定阳极埋设方式（立式或卧式）。

8）确定阴极保护的测试系统。

（2）接地网外加电流式阴极保护设计。除按接地网保护总电流选择恒电位仪、辅助阳极外，其余基本与（1）相同。由于接地网碳钢一般无涂层，不需考虑因达到析氢电位而出现的涂层脱落问题，不过，出于经济性考虑，一般实测保护电位应以不小于－1115mV（相对 Cu/$CuSO_4$ 饱和电极）为宜。

7.4.2.5 设计实例

某变电站接地网采用 50mm×315mm 的钢管 180m，70mm×7mm 的扁钢 680m，40mm×6mm 的扁钢 520m；变电站所在地土壤为黏土，其电阻率 20～358Ω·m，阴极保护设计寿命 30 年。

（1）牺牲阳极的设计方法。

1）因土壤电阻率为 20～35Ω·m，故选用镁基阳极。

2）选定接地网最小保护电流密度 25 mA/m^2。

3）受保护的总面积 205m^2。

4）阴极保护总电流 I_A 为 5.125A，考虑变化因素，I_A 取值 5.5A。

5）用 130mm×145mm×545mm 的镁合金阳极（质量为 1512kg），埋设深度为 0.18m，填料电阻率为 158Ω·m，牺牲阳极距接地网 115～210m 处水平埋设，阳极与接地网用电缆连接。

单支阳极接地电阻计算为

$$R_H = \frac{\rho}{2\pi L}\left(\ln\frac{2L}{D} + \ln\frac{L}{2t} + \frac{\rho_3}{\rho}\ln\frac{D}{d}\right)$$

式中：ρ、ρ_3 为土壤、填包料电阻率，其值为 30Ω·m 和 15Ω·m；L 为阳极长度，其值 0.545m；D 为填包层直径，其值为 0.35m；d 为阳极等效直径，$d=C/\pi=0.55/\pi=0.175$，m；t 为阳极中心至地面距离，其值为 0.865m。

由此计算 $R_H=2.87\Omega$。

单支阳极输出电流计算（忽略回路电阻、阴极过渡电阻）为

$$I_a = \Delta E/R = 0.3/2.87 = 0.105(\text{A})$$

保护所需的阳极数量计算为

$$N = fI_A/I_B = 2.0 \times 5.5/0.105 = 104.76 = 105(\text{支})$$

阳极总质量 $W=105\times15.2=1596(\text{kg})$

阳极工作寿命计算为

$$T = 0.085W/(wI) = 0.085 \times 1596/(7.92 \times 5.5) = 31(\text{年})$$

6）牺牲阳极（与填包料一起）按接地网走向均匀布置，并布置电位监测装置。

7）实地检测保护电位，检查保护效果。

（2）外加电流的设计方法。根据上述阴极保护总电流 I_a 为 5.5A 计算结果，选择 36V×7A 的恒电位仪。如果选择 YJD 流线型高硅铸铁辅助阳极（ϕ75mm×160mm，54kg，0.046m^2），当辅助阳极工作电流为 25A/m^2 时，所需的辅助阳极数量为

$$N = 5.5/(0.046 \times 25) = 4.78 = 5(\text{支})$$

辅助阳极的工作寿命

$$T = KG/gI = 0.85 \times 5 \times 5.4/(0.1 \times 5.5) = 39.27 = 39(\text{年})$$

根据接地网的地理分布情况，埋设 5 支辅助阳极（与回填料一起）。

7.4.2.6 应用实例

华中某 110kV 变电站，于 1996 年建成投运，占地面积 7200m^2，于 1998 年下半年采用外加电流方法保护整个接地网，经过 4 年多的运行，恒电位仪一直运行正常，受变电站环境变化的影响，如雷电冲击、电气设施的工作放电等；经几次开挖、检查，表明对碳钢的保护度已平均达到 91%。另外，在我国西部某发电站 330kV 变电站和南方某 110kV 变电站实施阴极保护后效果明显，在运行两年后检查发现，其保护效率达到 90%以上。一些使用阴极保护的变电站反映，接地网运行更稳定，原先的腐蚀趋于停止。因此，根据不同的土壤状况、接地网大小选用不同方式的阴极保护，可以达到防止接地网腐蚀的预期目的与效益。

（1）接地网的阴极保护简单可行，对防止接地网的腐蚀、保证接地装置的安全运行意义重大。

（2）对于土壤电阻率低、不需降低接地电阻的地网，为防止其进一步腐蚀，最简单的方法就是实施阴极保护。

（3）对地下钢铁设施阴极保护是一项成熟、安全的技术，国内许多接地网的阴极保护技术的成功运行说明了这一点。

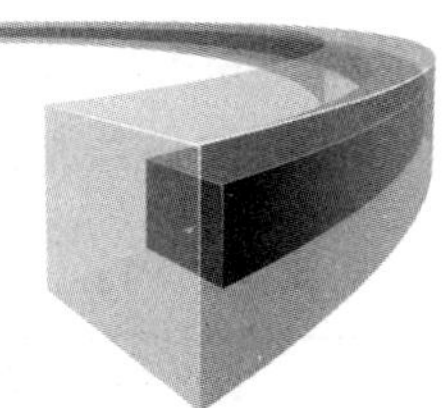

8 直流接地极的腐蚀与防护

8.1 接地极概况

随着直流输电技术的发展，越来越多的直流输电工程在我国兴建。直流接地极是直流输电系统中必不可少的重要设施。目前已投运的高压直流输电系统（HVDC）的主要接线方式有：①单极大地回线方式；②单极金属回线方式；③双极两端不接地方式；④双极两端接地方式；⑤双极一端接地方式。其中，在单极大地回线运行方式和双极运行方式中接地极分别担负着导引入地电流和不平衡电流的重任（电流值一般为几百到数千安培）；在正常双极运行时还起着钳制换流阀中性点电位和避免两极对地电压不平衡而损害设备的作用。当直流输电以大地为回路时，电流将由作阳极运行的接地极流入土壤，经作阴极运行的接地极流回线路。电流在土壤中的流动主要靠土壤中的电解质来实现。直流接地极置于土壤或海水中，会发生腐蚀，直接关系到其使用寿命，威胁到直流输电工程的安全运行。

8.2 接地极结构型式

接地极工程一般包括换流站到接地极的引流线路和极址两部分。引流线路一般采用双分裂双极架空线路输电，至极址中心塔后可采用架空线路连接到周围的4个分支塔再与电极环连接，如三峡—常州直流输电500kV龙泉换流站龙青接地极工程；或直接采用导流电缆经接地管母线、阻波器与接地极金属极体相接，如三峡—广东直流输电500kV荆州（江陵）换流站接地极工程。

接地极位于极址内，其结构型式多种多样，一般根据实际地质情况，将接地极设计成不同的现状，目的是降低电极表面的最大流散电流密度，减少电极的腐蚀，同时满足土壤发热时间常数和电极热稳定性要求，直流接地电极的尺寸一般很大，而且不能采用交流接地所用网状地网。目前，我国已经投运的部分高压直流输电系统所采用的接地极的结构型式见表 8-1，表 8-2 为惠州鹅城换流站观音阁接地极部分参数的设计要求。

表 8-1　　我国现有直流接地极的结构型式

<table>
<tr><th colspan="3">直流输电工程及其接地极址</th><th>主要参数结构</th></tr>
<tr><td rowspan="2">葛洲坝</td><td rowspan="2">上海</td><td>宜都县甫岭岗</td><td>圆形单环，直径 510m</td></tr>
<tr><td>上海南桥</td><td>2 根长度为 320m 的极体沿直线排列组成</td></tr>
<tr><td colspan="2" rowspan="2">三峡-常州</td><td>宜昌当阳市青苔村</td><td>青苔接地极（龙泉换流站接地极）为圆形单环，直径 720m。极环材料为 ϕ65 圆钢，焦炭横断面 0.65×0.65m²。整个极环被分为 4 段互不相连的圆弧，每段圆弧两端加装 ϕ6m 的小电极圆环。极址位于江汉平原平坦的旱田内。极环深约 3m</td></tr>
<tr><td>常州武进市迈步村</td><td>迈步接地极（政平换流站接地极）为浅埋双长圆环型（田径场跑道状）。外环为半径 225m 的两个半圆与 400m 的直线部分相连，见图 9.3.1. 极环总长度为 3956m，埋深 3m。极环材料为 ϕ70 圆钢，焦炭面积 0.7×0.7m²</td></tr>
<tr><td colspan="2" rowspan="2">三峡-广东</td><td>宜昌市草埠湖
农场湖台村</td><td>湖台接地极（荆州江陵换流站接地极）的极环设计为圆形单环，环长 3000m。极环材料为 ϕ60 圆钢，埋深 2.5m，焦炭横截面积 0.7×0.7m²。极环材料为 ϕ70 低碳钢棒。电极长度 5970m，电极埋深 3.5m，焦炭横断面内环，中环，外环分别为 0.8×0.8m²,、0.8×0.8m²、0.7×0.7m²</td></tr>
<tr><td>惠州市观音阁镇</td><td>观音阁接地极（惠州鹅城换流站接地极）为同心三元环，内环半径为 260m，中环半径为 320m，外环半径 370m</td></tr>
<tr><td colspan="2">贵州-广东</td><td>广东新兴县天堂镇</td><td>同心双圆环，内环半径 300m，外环半径 400m</td></tr>
</table>

表 8-2　　惠州鹅城换流站观音阁接地极部分参数的设计要求

参数	要求值或控制数	设计值	备注
接地电阻（Ω）	满足温升，跨步电压要求	0.206	
地面最大跨步电压（V）	≤5/0.03ρ 或者 14.6	9.87	ρ 为大地表层土壤电阻率
水中最大电位梯度（V/m）	<1.25	满足要求	
分流（A）		极环：外环直径 740m，1300A；内环直径 520m，900A；中环直径 640m，800A。馈电电缆：外环，163A/根；中环，113A/根；内环，200A/根	对应 3000A 入地电流
地面最高电位（V）	满足温升	617	
土壤最高温度（℃）	≤90	55.2	

目前，接地极主要有四种型式：水平接地极、垂直接地极、岸边接地极、海水接地极。水平接地极一般用于地表电阻率较低的薄层土壤，其埋地深度为1.2～8m，其形状可分为圆环形、星形和直线形等，不同形状的电极的技术指标、经济指标、运行特征不同，由电极所处位置的地形特点确定。圆环形接地极的半径一般为300～1000m，圆环型接地极系统典型结构如图8-1所示，图中为分割成4段的圆环形接地极，电极线终止在环的中心，分别经4根主馈电电缆到各分段。直线型接地体的长度一般为300～600m，图8-2为直线型接地极结构示意图，直线型接地极不一定要完全笔直，当所选的站址长而窄时，就适宜用直线型接地极，对于这种接地极特别适合沿着河流、小溪埋设，这些地方由于有水，所以大地电阻率就得到很大的改善。图8-3所示的星型布置，是专用于地理条件不便于采用圆环形接地极时的一种替代形式，一般采用3～6根分支，分支长度几十米至几百米。

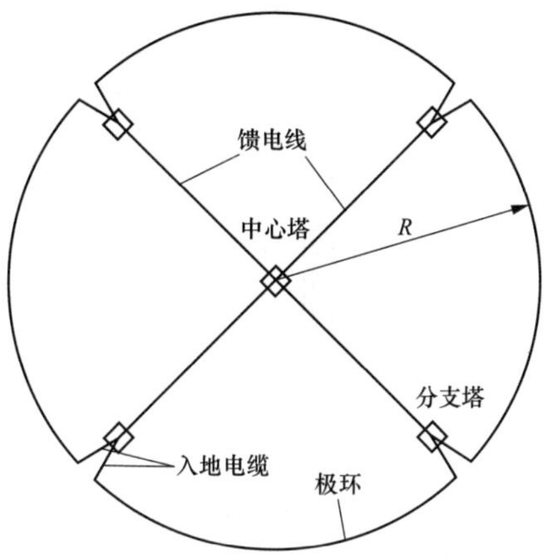

图8-1　圆环型接地极系统典型结构

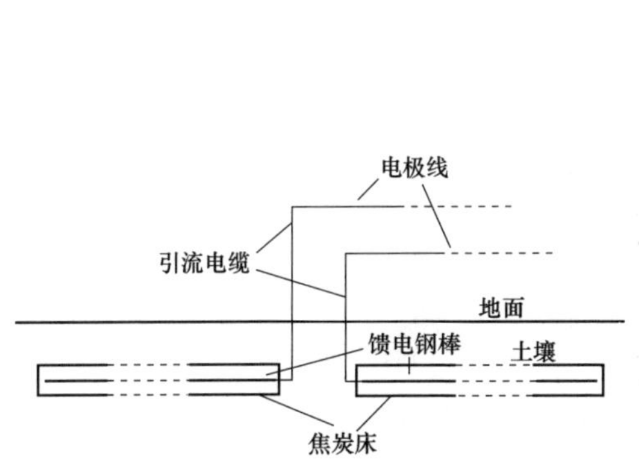

图8-2　直线型接地极结构示意图

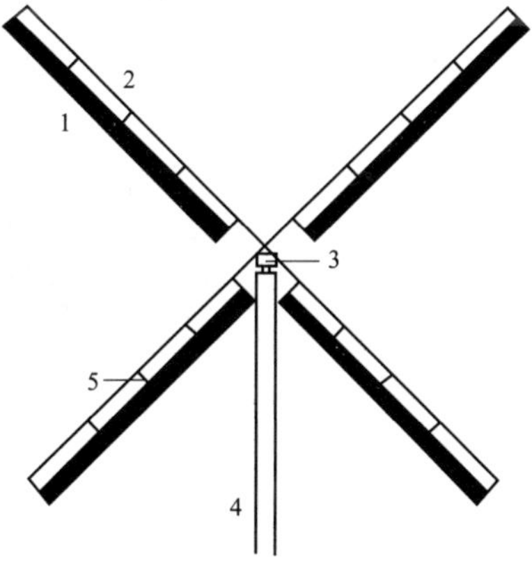

图8-3　星型接地极的结构示意图

1—电极；2—配电电缆；3—馈电电缆；4—电极线；5—跨接电缆

垂直接地极是由一些垂直的分散元件构成的，通过水平连接导体连接在一起，这种接地极一般布置如图8-4所示，垂直接地极也有浅层（10m以内）埋设的，但更多的是埋设在60m或者更大的深度，其目的是为了埋设在大地电阻率比地表更低的土层中，并将地电流从可能受到干扰的物体引开，垂直接地极元件的平面排列可以因地制宜，单行线、双线型、圆形和网格形都可以。

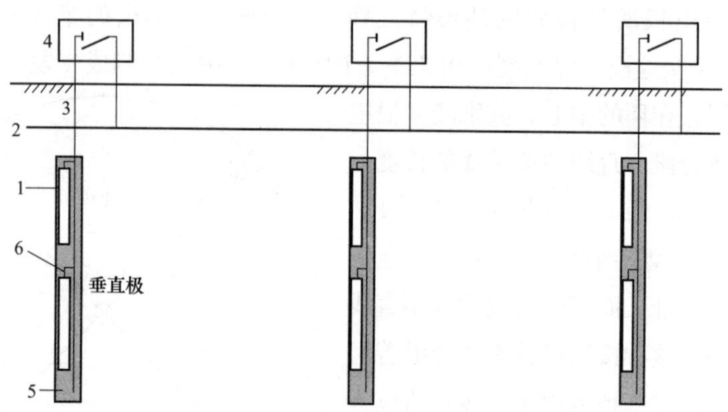

图 8-4　垂直接地极结构示意图

1—电极；2—配电电缆；3—接地极引下电缆；4—隔离开关；5—焦炭填充物；6—跨接电缆

因为海水为传输地电流提供了最佳通道，而跨越水域又是高压直流输电的主要应用范围之一，所以直接与水接触的接地极在高压直流输电系统中是很重要的，在许多情况下，将接地极建造在海岸边或者邻近海岸的海水中，一般的岸边接地极的剖面图如图 8-5 所示，它的设计要求与陆地接地极有很

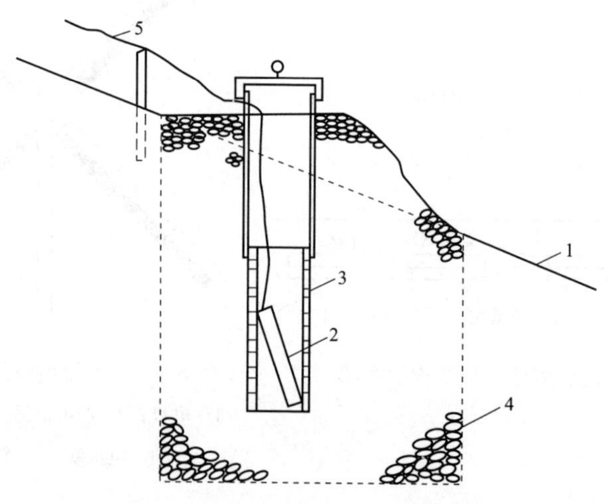

图 8-5　岸边接地极结构示意图

1—海岸线；2—石墨电极；3—多孔管；4—多孔石床；5—馈电电缆

大的差别。岸边接地极有一个或者多个沿岸边直线排列的悬于水中的导电元件构成，阳极长度为 1.5～2m 的石墨电极，它悬于多孔的混凝土管道中，后者又放在由鹅卵石形成的多孔石床中，这些孔可以使水自由流动，从而解决电流的流通问题。

在找不到合适的场地，或者需要避免波浪的作用，或者为了减小通过大地的电流而不宜采用陆地或者岸边接地极时，可将接地极至于距离岸边一定距离的海水中，海水接地极是一种很经济的选择，特别是对仅仅用作阴极的接地极，这时可以用一根简单的裸导线敷设在海底。在海底的阳极附件会放出氯气，因此当有少部分阳极运行时，为了防止氯的腐蚀，应当采用石墨作为阳极，并在周围装设聚氯乙烯或者混凝土围栏，图 8-6 为洛杉矶海水接地极 1 个单元的构造图，整个接地极由 24 个这样的单元组成。

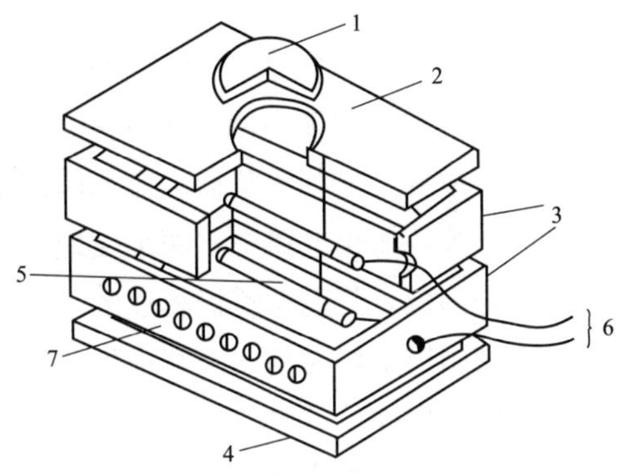

图 8-6 海水接地极示意图

1—盖；2—顶部；3—中部；5—电极；6—引线；7—屏蔽壁上的孔

8.3 接地极腐蚀机理

当直流输电以大地作为回路运行时，电流将由接地阳极流入土壤，由阴极流回线路，电流在土壤中的流动主要靠土壤中的电解质实现，图 8-7 为以大地为回路的直流输电系统工作示意图，由图 8-7 可以看出，整个负荷电流都经过大地返回，在两个接地极之间的广大区域形成了一个直流干扰电流场。

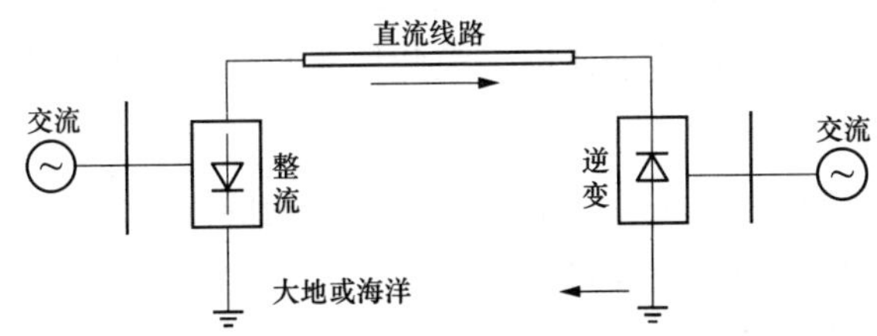

图 8-7 以大地为回路的直流输电系统工作示意图

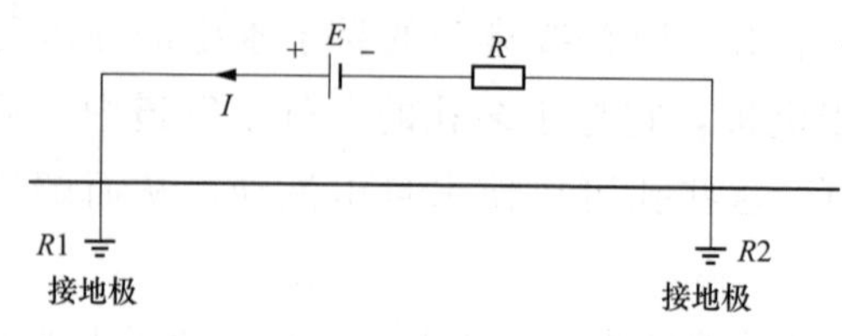

图 8-8 简化系统工作图

为了方便起见，可以把图 8-7 简化为图 8-8 所示的电路，从图 8-8 可以看出，这是一个典型的电解槽回路，在这个回路中，整个大地受高压直流输电影响区域可以看作一个极大的电解槽，而高压直流输电工程的作用可以用一个等效直流电源代替，其中高压直流输电的所有地面部分可以用等效电源 E 和电源电阻 R 来表示，流经大地的电流在单极单线或者双极双线运行方式时在数值上等于负荷电流。两端接地极的接地电阻分别为 R1 和 R2。

在这个等效简化电路中，两个接地极实际上是电解槽的两个极板，与电源正极相连的是阳极，与电源负极相连的是阴极，所谓接地极材料的损耗和腐蚀实际上是电解槽阳极金属材料的溶解损失，其腐蚀机理为电腐蚀机理。接地极和土壤界面上可能发生如下的电化学反应：

金属材料被电解成离子态从阳极进入土壤介质，此时在阳极可能会发生反应

$$Me \longrightarrow Me^{n+} + ne\text{(电解反应)}$$

$$4OH^- \longrightarrow O_2 \uparrow + 2H_2O + 4e$$

$$2Cl^- \longrightarrow Cl_2 \uparrow + 2e$$

可能会伴有氧气或氯气的析出。这两种气体都是强氧化剂，会进一步加剧阳极材料的腐蚀。氯气溶于水后形成的次氯酸根更具有侵蚀性，析氧反应则使 pH 值下降，引起介质酸化而对阳极材料不利。在阴极附近发生的反应为析氢反应

$$2H^+ + 2e \longrightarrow H_2$$

可见，在大多数情况下，作阴极运行的接地极是不存在腐蚀问题的，而作阳极运行的接地极则处于恶劣的腐蚀环境中，首先是电解造成的金属材料腐蚀，同时，由于直流接地极阳极会产生氧气，所以还会受到严重的电化学腐蚀。若接地极周围地下水中含有盐分，如 NaCl，则阳极除生成氧气外，还会生成氯气，氯气反过来加速电极接头的局部腐蚀速率，因此接头焊接材料最好使用同种金属，焊接方法采用铝热剂法。

低碳钢来源广价格低，是目前陆地接地极常用的阳极材料，下面以铁阳极接地极为例来说明阳极的电解腐蚀过程。

阳极附近的化学反应式

$$Fe \longrightarrow Fe^{2+} + 2e$$

$$Fe^{2+} + 2OH^- \longrightarrow Fe(OH)_2$$

$$4Fe(OH)_2 + O_2 + 2H_2O \longrightarrow 4Fe(OH)_3$$

当铁被电解成离子态从阳极进入电解质后，即和电解质中的OH^-离子生成氢氧化亚铁，然后进一步氧化成氢氧化铁（一种红褐色的疏松物质），使阳极金属逐渐消耗。由于电解造成的金属阳极的消耗量可以用法拉第定律计算，即

$$G = \frac{IM_e t}{96500}$$

式中：G为腐蚀量，g，M_e为接地金属原子量；t为接地极溢出电流的持续时间，s；I为接地极入地电流大小，A。

铁的原子量为27.93，由此可以计算出每安培电流流过铁阳极时，铁阳极每年的腐蚀量为9128g/(A·a)。

在双极接线时，如取每极的额定电流为1kA，正常情况下的不平衡电流为30A，按照单极运行率为1%计算，铁阳极每年的腐蚀量可高达362kg。

可见由电解作用造成的阳极材料的腐蚀是非常严重的，如果接地极的设计寿命为30年，即30年之后接地极允许消耗40%，则整个接地极就需要27.15吨钢材。

接地极的防腐是直流接地极设计设计中一个不可忽略的问题，一般从接地阳极材料的选择、结构和形状的优化及采取适当的防腐措施来加以解决。表8-3为常见金属材料电腐蚀量，由表可见，铜虽然普通耐腐蚀比较好，但耐电腐蚀比铁还差，铁的电腐蚀量适中，但价格低廉，所以被广泛用于直流接地工程。

表8-3　　　　1mA直流电流施加1年所产生的电化学腐蚀量

金属	原子价	化学当量	腐蚀量（g）
铜	1	63.54	20.8
铜	2	31.77	10.4
铅	2	103.6	33.9
锡	2	59.35	18.7
锡	4	29.67	9.7
镍	2	29.36	9.6
镍	3	19.57	6.4
铁	2	27.92	9.1
铁	3	18.62	6.1
锌	2	32.69	10.7
	3	8.99	2.9

8.4 接地极材料腐蚀与防护

8.4.1 接地极电极结构及腐蚀

长时间直流电流通过接地极注入大地，导致极址土壤发热，由此会引起一系列问题，其中腐蚀问题较为严重，越来越受到电力行业的重视。当前，直流输电接地极材料主要参考国外经验，一般选用碳钢或高硅铸铁类材料。但随着高电压等级、大输电容量直流输电技术的快速发展，碳钢腐蚀过快以及高硅铸铁在高溢流密度下腐蚀速度急剧增大的不足，将变得更加突出，直接威胁直流输电工程的运行安全和可靠性。而直流接地极开挖检修维护的费用很高，会造成相应的投入成本增加，因此，接地极本体材料耐腐蚀性已逐渐成为直流接地极设计中不可忽视的问题。

最典型的接地极腐蚀事故发生在上海南桥接地极，葛洲坝至上海±500kV 直流输电工程的上海南桥接地极于 1989 年投运，1990 年 6 月和 1991 年 6 月南桥接地极曾经发生二次烧坏事故。开挖检查发现：电极（2 根直径为 30mm 的碳钢棒，每根长 320m，呈直线排列）与电缆接头烧融，其钢棒烧融 18mm，只留下中空部分的腐蚀产物；接地极末端钢棒直径剩余 11mm 左右，外表面是一层疏松的腐蚀产物。经分析认为，该接地极金属材料损耗较快是由于尖端电流密度大形成电解腐蚀，这种尖端效应的影响范围一般在 4m 左右，此次事故暴露出接地极设计时对接地极钢棒导体的腐蚀估计太小，当时设计认为只有 1.0kg/(A・a)。而在故障后开挖实际测计算腐蚀约为 7kg/(A・a)。此外对埋设在地下的电缆铜导线与钢棒焊接处的腐蚀重视不够，最终导致了严重的双极停运事故。

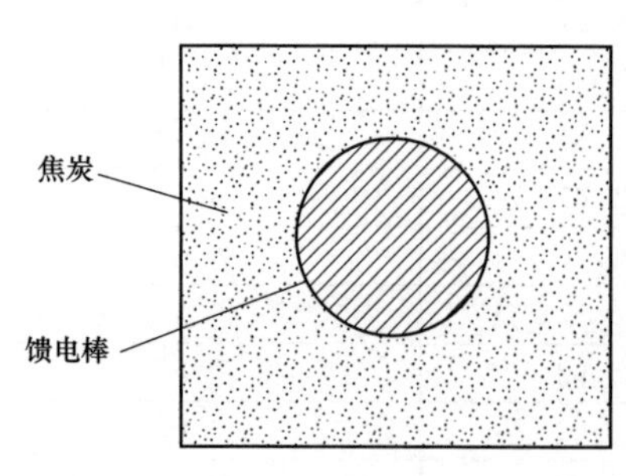

图 8-9 接地极电极结构示意图

目前世界上已经投运的接地极电极结构如图 8-9 所示，中间是导体制成的馈电棒，即接地极材料，四周填充活性材料（如石油焦炭），作用是扩大馈电棒的散流面积，降低接地电阻，同时避免金属材料与土壤直接接触，减少电腐蚀量。

为使直流接地极在设计寿命内长期有效运行，接地极材料的选择非常关键。基本原

则是材料应导电性良好、耐电腐蚀性强、加工方便、经济性好、无污染、使用寿命长。通常可作为直流接地极的材料有铁、铜、铝、碳钢、石墨、高硅铸铁、铁氧体和其他合金材料。

8.4.2 碳钢

碳钢分为低碳钢、中碳钢、高碳钢三种，研究表面碳钢接地极在土壤和海水介质中的耐腐蚀性差，埋在土壤中的最大电解腐蚀速度约为 9.1kg/(A·a)，含碳量对其腐蚀影响不明显，但因其成本低廉，碳钢是目前直流输电接地极最常用材料之一。实际应用时多采用增大碳钢设计截面，以及在陆地直流接地极周围回填活性材料（如焦炭碎屑），以减缓碳钢的腐蚀速度。

8.4.3 铜

铜分为紫铜、黄铜和青铜。铜导电性能好，导热率高，易于加工，具有比碳钢高的抗自然腐蚀的能力，是交流接地网中比较常用的接地材料，理论计算铜的电解速率为 10.46kg/(A.a)，比铁的理论值略大。但在同一土壤、同一电流密度下实际测量铜的电解速率为 7.0kg/(A.a)，比铁电解速率 6.789kg/(A.a) 略大。此外铜的价格比铁贵几十倍，且铜进入土壤会腐蚀地下水，造成环境污染，因此，铜不宜作直流输电接地阳极使用。

8.4.4 高硅铸铁

高硅铸铁是一种含硅元素的耐蚀合金，其耐腐蚀机理是表面氧化后形成一层 SiO_2 保护性薄膜能减缓腐蚀。3 种常用高硅铸铁的成分组成见表 8-4。在一般高硅铸铁中加入 4.25%的 Cr 可使其具有更强的耐受氯离子腐蚀的能力，因此高硅铸铁类合金既可用作陆地电极也可用作海水电极。自 1980 年以来，高硅铸铁和高硅铬铁在国外直流接地极工程中获得了较多应用。目前在阴极保护中，国内外基本上都用高硅铸铁替代石墨电极，但高硅铸铁类合金电极的腐蚀速度随电流密度的增加而加剧。如高硅铸铁电极在电流密度为 5mA/cm 时，接地极的电解速度只有 0.16kg/(A·a)，约为碳钢的 1/57，但当电流密度上升为 80mA/cm 时，电解速度将上升为 3kg/(A·a)，为低碳钢的 1/3。

美国 HARCO 公司试验结果也表明，高硅铬铁阳极的电解速率随电流密度的增加而增加，且在海水中还与埋设方式有关，其结果见表 8-5。此外美国腐蚀工程师学会（NACE）曾收集了230个地区使用高硅铸铁用户的情况，其使用比例为土中53%，淡水中37%，仅10%在低电阻率的海水中使用，可见高硅铸铁系电极实际使用时对电极电流密度要求较高。另外，高硅铸铁硬度非常高，机械性能及热冲击性能差，加工连接十分困难，通常需要使用配电电缆，较大程度影响其在国内接地极工程中的应用。

表8-4　　高硅铸铁的成分组成

铸铁种类	Si	Mn	C	Cr	Mo	Fe
一般	14.4	0.7	0.95	0	0	余量
加Cr	14.4	0.7	1.0	4.25	0	余量
加Mo	14.4	0.7	1.0	0	3.0～3.5	余量

表8-5　　海水中高硅铬铁电腐蚀（实验）特性

电流密度（A/m^2）	使用时间（年）	电解速率［kg/(A·a)］	设置状况
11	1.95	0.308	悬挂
8.5	2.77	0.689	埋在泥浆中
26	1.95	0.467	悬挂
23.5	2.77	0.939	埋藏

8.4.5　石墨

石墨是一种电子导体，其阳极电化学反应只是在阳极处析出氧气或氯气，不存在电解腐蚀。石墨阳极消耗率与阳极表面电化学反应关系密切。当石墨接地极埋设在土壤中时，析氧过程中初生的原子氧会扩散并渗入石墨的层状结构内，破坏层片间较弱的结合，使石墨变成疏松的粉状物质，甚至将碳氧化成CO_2气体，此时的石墨阳极也会发生溶解，其溶解速度和电流密度有关，在电流密度为20mA/cm时，约为36g/(A·a)。石墨接地极在海水中的消耗速度要比土壤中小，在溢流密度为20mA/cm时，约为18g/(A·a)，因此石墨在早期直流输电工程的海岸和海水接地极中较广泛应用。但在海岸和海水环境中，石墨阳极表面的电化学反应以析氯为主，Cl^-会浸渍破坏合成树脂的固化，使石墨点蚀而溶解，故石墨电极的寿命取决于浸渍剂保护作用的长短。石墨具有松散层状结构和明显的多孔性，在运输和安装中易损坏，且其价格成本较高，因此目前直流输电接地极中很少采用。

8.4.6 铁氧体

铁氧体电极的耐蚀性明显优于高硅铸铁类电极，它具有允许电流密度大、消耗率小且成本低的特点。其主要成分是 Fe_2O_3，成本低廉，使用过程中不会产生次污染危害环境，是一种很有应用前景的环保经济型直流接地极材料，在国外直流输电接地极、阴极保护技术领域中得到了较广泛应用。

铁氧体电极材料的化学分子式为 MFe_2O_3 或 $MO \cdot Fe_2O_3$，其中 M 为 Fe、Ni、Cr、Co、Cu、Mg、Zn 等二价金属离子。当 M 为 Fe^{2+} 时，铁氧体电极又可称为磁性氧化铁电极。铁氧体的晶体结构为反尖晶石结构，决定了其具有优良的抗腐蚀性能。表 8-6 给出了各种电极材料的电解消耗率和电流密度的关系。从表 8-6 中可以看出，即使在电流密度较大的情况下，磁性氧化铁电极的消耗率仅为 4g/(A·a)，远低于石墨和高硅铸铁电极。这是由于在磁性氧化铁的反尖晶石结构中，Fe^{2+} 离子和半数 Fe^{3+} 离子处于八面体间隙中，而余下一半 Fe^{3+} 离子处于四面体间隙中，晶格各结点间距较小且离子间堆积相对紧密，强烈阻碍了离子的扩散。当 M 具有比 Fe^{2+} 更小的离子半径时，材料的消耗率还会降低。由表 8-6 可知，$NiFe_2O_4$ 的年消耗率低于磁性氧化铁电极。这是因为 Fe^{2+} 的离子半径（0.78A）要比 Fe^{3+} 的离子半径（0.83A）小，Ni^{2+} 进入反尖晶石结构使晶格参数变小，导致氧与金属离子的扩散更加困难。

表 8-6　　不同电极材料的电解消耗率和电流密度的关系

电极材料	电流密度（mA/cm^2）	消耗率［g/(A·a)］	环境
碳钢	1.3～25	均接近 9000	土壤/海水
石墨	1.0～5.0	30～450	海水
高硅铸铁（一般）	5.0～10.0	150～430	海水
高硅铸铁（一般）	5.0～10.0	150～500	土壤
磁性氧化铁	3.0～19.0	1.45～400	海水
$NiFe_2O_4$	1.0～20.0	0.137～1.37	海水

直流接地极材料应具有良好的导电性，但铁氧体室温电阻率范围很大，一般在 10^{-2}～$10^{12}\Omega \cdot cm$，铁氧体作为电极材料则要求电阻率在 $10^{-1}\Omega \cdot cm$ 以下。不同 MFe_2O_4 的导电机理因 M 不同而异，但都主要源于金属离子之间 d 电子的交换，通过离子取代，可以改变晶格局域能级，提高材料电导率，且在晶格中形成的离子空位也能提高其电导率。对于铁氧体电极材料，气孔及其他缺陷的存在会

使其腐蚀速度加剧，因此在材料配方及制备工艺上都必须严格控制，以获得良好电性能的高致密铁氧体材料。

随着高压/特高压直流输电技术的快速发展，直流输电接地极的腐蚀问题日益严重。作为直流接地极腐蚀防护的重要途径之一，高耐蚀性接地极材料的选用越来越受到业内关注。相比碳钢、石墨、高硅铸铁等材料，铁氧体电极具有允许电流密度大、消耗率小、成本低、无污染的特点，是一种很有发展潜力的环保型直流接地极材料。但铁氧体本质上是一种功能陶瓷，其制备工艺复杂，产品存在缺陷时对其性能影响很大，因此对生产工艺控制要求很高。表 8-7 为铁氧体不同制备工艺对比评价。铁氧体已经在国外一些阴极保护工程中得到应用，国内关于铁氧体的研究起步较晚，尚未形成可实用化的直流接地极工业产品。在天广和三常直流输电工程中，经过先后对国产材料的腐蚀特性做了大量试验研究，其结果与国外同类材料试验结果没有明显的差异，试验结果见表 8-8。

表 8-7　　铁氧体不同制备工艺对比评价

工艺	优点	缺点	工艺评价
烧结	工艺简单、成本投入小	周期长，大尺寸，产品难以生产	适用于小尺寸电极制备
铸造	可制备大尺寸电极产品	组织均匀性较难控制	MFe_2O_4 可铸造性差
热喷涂	涂层密度高、性能优良	工艺成本相对较高	适用于 $NiFe_2O_4$ 涂层直流接地极材料制备
浆体法	设备简单、成本低廉	涂层致密度低、与基本结合强度低	适用于耐蚀性要求不高的电极制备

表 8-8　　不同材料放置在土壤和焦炭中腐蚀率　　kg/(A·a)

材料名称	置于土壤中		放置在不同温度的焦炭中（试验值）			
	理论值	实验值	5%	10%	20%	30%
铁（钢）	9.1	7～10	0.114	0.286	2.850	5.945
石墨		0.8～1.2	0.011	0.028	0.031	0.048
高硅铸铁		0.2～3	0.03	0.048	0.06	0.081
铜	10.4	8～11	0.0095	0.03	0.049	0.234
高硅铸铁	0.3～1.0（放置在海水中）					
铁氧体	0.001（放置在海水中）					

8.4.7　焦炭

1. 焦炭的防护机理

常用的铁阳极材料的防腐措施是在电极周围填以焦炭粉，如图 8-10 所示。焦

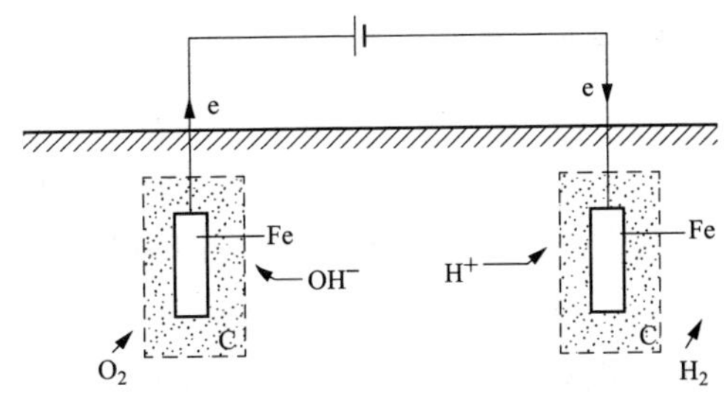

图 8-10 铁阳极的常用防腐措施

炭之所以能减缓金属阳极电解腐蚀的速率，是由于金属阳极腐蚀是通过离子导电实现的，而焦炭是一种非离子导体，它包裹金属将金属与土壤间的离子导电转化为金属与焦炭之间的电子导电，从而避免金属阳极电解腐蚀。但是，如果焦炭有一定的湿度，则在焦炭中会出现离子性的导电，导致电极和焦炭界面处的电化学反应，所以埋入焦炭中的铁阳极仍会有些电化学腐蚀，其腐蚀量与焦炭的湿度有关，研究表明当湿度为30%时，铁（钢）材料的腐蚀率为5.945kg/(A·a)，已接近其理论值。焦炭通过电流也会有损耗，电流流过焦炭将使焦炭发热，部分氧化，尤其是焦炭颗粒接触为点接触，点接触处发热首先被氧化成灰分，灰分为不导电材料。因此，散流金属与焦炭的电子导电特征部分被破坏，以离子导电代替部分电子导电，散流金属的电解腐蚀随之增加，焦炭的损耗速率为0.5～1kg/(A·a)，损耗速率取决于焦炭表面的电流密度。用于直流接地极焦炭的典型技术条件见表8-9。

表 8-9　　直流接地极焦炭的典型技术条件

特性	参数	取值
物理特性	电阻率（在1100kg/m^{2}下）	<0.5Ω·m
	容重	1040～1150kg/m^2
	密度	2g/cm^2
	孔隙率	45%～55%
颗粒成分（筛分）（焦炭应捣碎）	13×25cm	5%～7%
	25×40cm	15%～20%
	40×80cm	30%～35%
	80cm	38%～50%
化学成分	湿度	≤0.1%
	挥发性	≤0.7%
	灰尘	≤2%
	硫	≤1%
	铁	0.04%
	硅	0.06%
	炭	≥95%

2. 焦炭的防腐效果

国产 20 号、45 号钢在有、无焦炭床的土壤中实测电解腐蚀速率列于表 8-10。

由表可见，接地极铺设焦炭床大大减缓了铁阳极的电解腐蚀速率，焦炭可使国产＃20、＃45 低碳钢在土壤中的电解腐蚀速度分别降低到无焦炭直接作阳极腐蚀的 1.6％和 5.3％。此外发现＃20 钢腐蚀速率比＃45 钢小，说明选用铁为接地极材料应该选择低碳钢。国产＃20，＃45 钢在有、无焦炭床的土壤中实测电解腐蚀速率列于表 8-10 中。

表 8-10　实测电解腐蚀速率表　kg/(A・a)

材料	无焦炭	有焦炭
20 号	6.789	0.110
45 号	7.172	0.383

3. 土壤中盐分对腐蚀的影响

由于电流流过焦炭和土壤使之发热，且金属阳极周围水分会发生电渗透现象，水由高场区域流向低场区域，即流出金属阳极周围土壤，流入阴极周围土壤。因此，阳极周围的土壤必须保证足够含水量，以便电极能正常运行。试验研究表明，水分对阳极接地极材料的影响主要是由于土壤中盐分溶解到水中，特别是土壤水中含丰富导电物质如 Na^+、Ca^{2+}、Mg^{2+}、Cl^- 等使得接地极电解速率大大增加。水分的含盐量 W 对铁电解腐蚀速率 V 的影响曲线如图 8-11 所示，当土壤中含盐量为 1.2％时，接地极电解速率是无盐情况下的 7 倍。

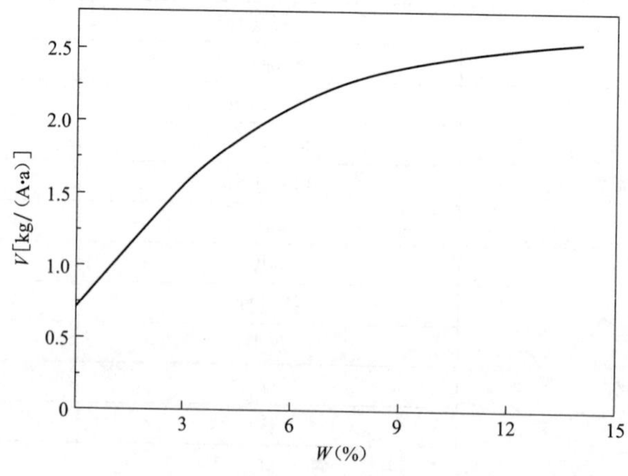

图 8-11　水分的含盐量 W 对铁电解腐蚀速率 V 的影响曲线

8.5 接地极入地电流对埋地金属物的腐蚀影响

当直流输电系统一极故障或检修时，直流输电系统将暂时采用单极大地回线运行方式，此时直流接地极入地电流将会导致附近埋地金属物上感应电位过高，腐蚀速率加剧，甚至设备损坏，这些埋地金属物主要包括：①电力接地体、架空线路；②石油、天然气等地下管道；③铁路系统铁轨和信号光缆；④电信系统的地下光缆；⑤港口、码头混凝土钢筋；⑥各种基础钢结构和自来水管道；⑦金属的仓库、地下的油罐。

我国人口密度大，土地资源紧张，直流输电工程接地极与埋地金属管道在很多地方相距很近，埋地金属管道不可避免地要受到直流接地极入地电流的影响。在广东有多处埋地金属管道与直流接地极距离较近，根据管网公司提供的资料，接地极入地电流造成了管道腐蚀加剧，多处设备损坏，包括气液联动球阀绝缘接头放电、阴极保护设备（恒电位仪）异常、等电位连接器过流烧毁等。

直流接地极入地电流对地下金属物的腐蚀影响可以用图 8-12 说明，高压直流输电线路的阳极中流出的部分电流在地下汇聚到地下金属物的一部分上，然后由另一部分流出，经过大地流向高压直流输电线路的阴极。电流从金属物流入的地方，由于电位较周围土壤电位低，这一区域称为阴极，处在阴极区域的埋地金属物不会腐蚀，而电流从金属物流出的地方，由于金属物周围土壤电位较高，这一区域为阳极区将受到腐蚀，这种腐蚀在本质上是一种电极工程中的阳极腐蚀，其腐蚀造成的材料损耗与地中直流电流的强度成正比。

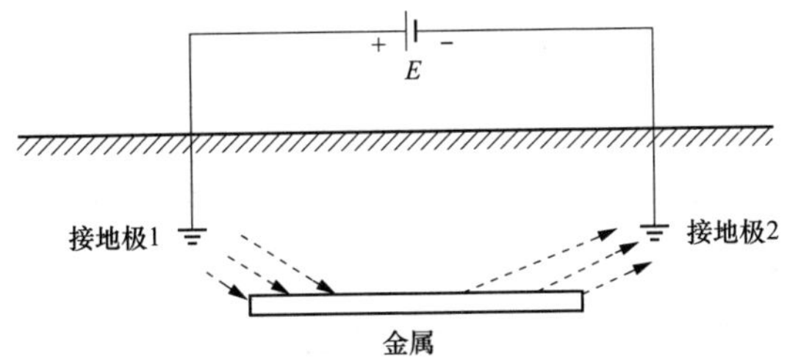

图 8-12 高压直流输电对地下金属埋设物的腐蚀影响示意图

根据法拉第（Faraday）解定律，电腐蚀影响的电腐蚀量可用下式表示

$$m = \frac{m_a}{VK_f}\int_{t_1}^{t_2} i(t)\,\mathrm{d}t$$

式中：m 为在 $t_1 \sim t_2$ 时间内电腐蚀的金属质量，kg；V 为金属材料的化合价；$K_f = 9.65 \times 10^7$ 为法拉常数，c/(kg・mol)；m_a 为金属材料的原子量；$i(t)$ 为流过电极的电流，A；t_1、t_2 为时间，s。

假设直流接地极入地电流为 4kA，由软件计算出接地极在整个使用寿命期间对钢铁、铅和铜 3 种金属材料集中埋设物的电腐蚀深度，见表 8-11。

表 8-11　　接地极入地电流对埋地金属不同距离的电腐蚀深度

与接地极的距离（km）	钢铁（mm）	铅（mm）	铜（mm）
0.1	0.11056	0.28542	0.22218
0.2	0.02764	0.07135	0.05554
0.3	0.01228	0.03171	0.02469
0.4	0.00691	0.01784	0.01389
0.5	0.00442	0.01142	0.00889
0.6	0.00307	0.00793	0.00617
0.7	0.00226	0.00582	0.00435
0.8	0.00173	0.00446	0.00347
0.9	0.00136	0.00352	0.00274
1	0.00111	0.00285	0.00222
2	0.00028	0.00071	0.00056
3	0.00012	0.00032	0.00025
4	0.00007	0.00018	0.00014
5	0.00004	0.00011	0.00009
6	0.00003	0.00008	0.00006
7	0.00002	0.00006	0.00005
8	0.00002	0.00004	0.00003
9	0.00001	0.00004	0.00003
10	0.00001	0.00003	0.00002

由表 8-11 可见，埋地金属距离接地极越远，其腐蚀量越小，当距离大于 10km 时，腐蚀量极小。

因此为了减少埋地金属物腐蚀的最好办法是使直流接地极远离金属物，这样可以使流经金属物的电流密度大为减少，因而金属的腐蚀就可以忽略不计，各国都制定了相关标准，尽量从设计上尽量避免直流接地极对周围环境的影响。我国的 DL/T 5224—2014《高压直流输电大地返回系统设计技术规范》和 DL/T 437—2012《高压直流接地极技术导则》规定了直流干扰相关的判定：

（1）如果接地级与地下金属管道、地下电缆、非电气化铁路等地下金属构件的最小距离（d）小于 10km 或者地下金属管道、地下电缆、非电气化铁路等地下金属构件的长度大于 d，应计算接地极地电流对这些设施产生的不良影响。对电气化铁路，还应评估接地极地电流对供电变压器、牵引车变压器的磁饱和影响。

（2）对非绝缘的地下金属管道、铠装电缆，在正常额定电流下，如果泄漏电流密度大于 1A/cm 或者累积腐蚀量（厚度）影响到其安全运行，应采取保护措施。

（3）对用水泥或沥青包裹绝缘的地下金属管道，在正常额定电流下，如管道对其周边土壤的电压超出（－1.5～－0.85V，相对于饱和硫酸铜参比电极 CSE）范围，应采取保护措施。

石油标准 SY/T 0017—2006 规定：在管道设计阶段，当发现管道附近土壤电位梯度大于或等于 2.5mV/m 时，应评估管道敷设后可能受到的直流干扰影响，必要时可预设干扰防护措施。管道投运后，对于施加阴极保护的管道，当干扰引起管道极化电位不满足阴保准则要求时（－1.2～－0.85V，相对于饱和硫酸铜参比电极 CSE），管道干扰程度为不可接受，应及时采取干扰防护措施；对于未施加阴极保护的管道，当其任意点上管地电位较自然电位正向偏移大于或等于 100mV 时，管道干扰程度为不可接受，应及时采取干扰防护措施。

电力标准中规定了直流接地极与管道距离不应小于 10km，但仅从距离上区分直流接地极是否对管道有影响不太科学。石油系统标准规定了加装阴极保护设备和未施加阴极保护的管道是否受到直流接地极影响的具体判据，可以用于实际工程和仿真计算中判定管道是否受到直流接地极的影响。

实际工程中管道上都加装了阴极保护装置，但计算时考虑阴极保护装置将导致计算模型非常复杂。另外，计算模型中管道受直流接地极影响的偏移电压小于 100mV 时，装有阴极保护系统的管道受直流接地极入地电流的影响也较小，可以不考虑直流接地极的影响；而当计算模型中的偏移电压大于 100mV 时，装有阴极保护系统的管道也不可避免地受到直流接地极的影响，需要采取抑制措施。

因此，一般计算模型中都不考虑阴极保护系统，并以管道上的正向偏移电压是否大于 100mV 作为临界条件判定接地极入地电流是否造成管道腐蚀。

当直流接地极与管道距离较近时，直流接地极在管道上产生的干扰电压有可能超过相关标准限值的要求，造成管道设备异常、腐蚀加重。因此，在工程中应采用相应的措施抑制直流接地极入地电流对金属管道的影响，可采取的措施有：

（1）增大直流接地极与管道之间的防护距离。当直流接地极与埋地金属管道的防护距离大于一定数值时，直流接地极入地电流对管道的影响很小，可以不考虑其影响。防护距离随土壤电阻率的增大而增大。计算发现，当土壤电阻率为50Ω·m时，防护距离至少为8km；当土壤电阻率为500Ω·m时，防护距离至少为1.5km。

（2）尽可能地减少单极大地回线运行的次数和时间，减小直流接地极入地电流对埋地金属管道的影响。

（3）管道系统可以采取的措施：增加管道绝缘接头数量，将长距离管道分割为电气上绝缘的小段，可以有效地降低管道上的干扰电压；在管道上近直流接地极段铺设牺牲阳极，增加排流通道，减小管道上的干扰电压；在管道上装设阴极保护设备抑制管道腐蚀；增加旁路排流措施，如沿管道敷设锌带，不仅能够屏蔽金属管道，抑制电磁干扰，也能增加分流通道，减小流进、流出管道的电流。

当直流接地极址靠近输电走廊时，将有直流电流通过地线在处于不同等电位面的杆塔之间流动，从而造成杆塔接地体及基础导体的腐蚀，为了减小直流电流对杆塔接地体的腐蚀影响，一方面可以减小或者消除流过杆塔接地体的电流，从而减少对杆塔接地体的腐蚀；另一方面可以增加杆塔接地体本身抗直流电流腐蚀的能力，使杆塔接地体在设计寿命中的腐蚀量满足运行要求，具体措施如下：

1）将直流接地极附近的数基杆塔与避雷线绝缘，这样就不会将直流接地极附近杆塔的高电位与远方杆塔的低电位建立电气连接，从而降低流过杆塔的直流电流值。

2）焦炭具有良好的导电性能，主要作用是将金属体的离子导电转化为电子导电，从而起到防腐作用。试验数据表明，钢材在直流电流的作用下，在焦炭中的腐蚀率仅为土壤中10%～30%。在完全干燥的焦炭中钢材腐蚀率小于10%。直流接地极的设计和运行经验表明。焦炭防腐效果明显。因此，将焦炭用于输电线路杆塔接地体的防腐保护会大大降低直流对杆塔接地体的腐蚀量与腐蚀厚度。

3）对于新建的输电线路，根据各杆塔接地体的腐蚀量计算值，针对腐蚀较严重的数基杆塔，在设计中适当增加接地体的截面，截面选择按预期使用年限，在裕度系数中除考虑自然腐蚀外，增加直流电流的腐蚀量进行设计。另外，可以在接地体射线末端采用双根导体并联或加装导电模块，以防止直流腐蚀的端部效应。

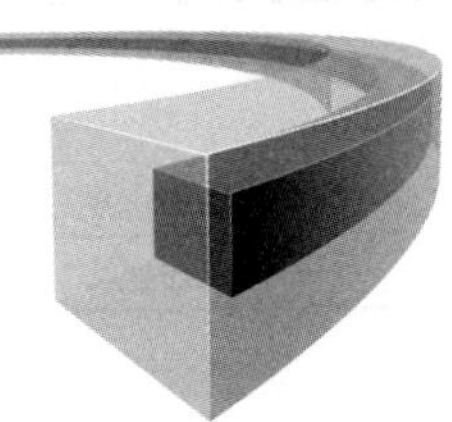

9 接地装置土壤腐蚀评价

9.1 土壤腐蚀评价指标及分析方法

常见的土壤腐蚀评价指标及分析方法见表 9-1。土壤的现场测试及实验室分析可参考《材料土壤腐蚀试验方法》（国家土壤腐蚀试验网站编，科学出版社，1990）以及《土壤农化分析》（鲍士旦主编，中国农业出版社，2008）。

表 9-1　常用土壤腐蚀评价指标和分析方法

分析项目	分析方法
土壤电阻率	利用四极接地电阻测量仪测定（Wenner 四电极法）
土壤地电位梯度	采用土壤对土壤 S/S（Soil to Soil）测定法。把两支硫酸铜参比电极插入土壤（间距 20～50m），再把两支电极串接在数字万用表计上，仪器的选择钮拨至[mV] 档，测量两支电极在土壤中的电位差。两点间电位差除以两点间距离即为土壤电位梯度
土壤质地	依据标准现场鉴别
土壤含水量	利用土壤含水率测定仪或采用实验室烘干称重法
土壤容重	用一定容积的钢制环刀，切割自然状态下的土壤，使土壤恰好充满环刀容积，然后称量并根据土壤自然含水率计算每单位体积的烘干土重
接地网电位	采用参比电极用万用表测定
氧化还原电位	利用土壤氧化还原测定仪或土壤氧化还原电位的铂电极直接测定法
pH 值	采用水浸提，以水土比 2.5∶1 混合，后用 pH 计测定
总酸度	1mol/L KCl 交换—中和滴定法
电导率	采用水浸提，以水土比 5∶1 混合，后用电导率仪测定
含盐量	以水土比 5∶1 溶解土壤，对过滤后的土壤浸出液进行烘干，烘干后的增重即为土壤含盐总量
F^-、Cl^-、NO_3^-、SO_4^{2-}	水提取—离子色谱法
K^+、Na^+	醋酸铵提取—火焰光度法

续表

分析项目	分析方法
Ca^{2+}、Mg^{2+}	EDTA 容量法或醋酸铵提取—吸收分光光度法
点蚀最大深度	取样或现场测量，使用孔蚀仪或显微镜
平均腐蚀速率	通过埋地试样进行测试，原位腐蚀电化学测试

9.1.1 土壤理化分析方法

(1) 土样采集。土壤理化分析需要现场取土壤，然后在实验室用离子色谱进行分析。

采样应避免在雨后或雪后立即进行，一般宜在连续天晴 3 天后或在干燥季节进行；采样分析项目用的土壤样品应在现场测试项目的同一地点、同一土坑、同一土层中采集；为尽量减小土壤结构不均匀性的影响，采样点不应设在有明显的岩石、裂缝和边坡等土壤不均匀处。

使用清洁的锹、镐或铲子在选定的采样点开挖采集样品，采样深度应与地网深度相当，在 0.8m 左右；采集土壤样品 1～2kg，装入准备好的容器内并密封好，以便带回实验室进行分析，为防止接地体的腐蚀产物进入土样中，采样点应与接地体保持一定的距离，至少在 30cm 以上，土壤样品带回实验室后应立即对含水量进行测定，以避免土壤水分的流失，其余土样应及时进行风干处理，然后保存，以免发霉而引起性质变化。

(2) 土壤的准备。首先将采样取得的土壤放在木盘中或塑料布上，摊成薄薄的一层，置于室内通风风干。在土样半干时，须将大块土捏碎，以免完全干后结成硬块，难以磨细。

样品风干后，应去除动植物残体如根、茎、叶、虫体等和石块、结核（石灰、铁、锰）。如果石子过多，应当将拣出的石子称重，记下所占的百分比。

风干后的土样，倒入钢玻璃底的木盘上，用木棍研细，用 2mm 孔径的筛子过筛，通过的土壤充分混匀后用四分法分成两份。一份作物理分析，另一份作化学分析。化学分析用的土样还必须进一步研细，并通过 1mm 孔径的筛子过筛。1927 年国际土壤学会规定通过 2mm 孔径的土壤作为物理分析之用，通过 1mm 孔径作为化学分析之用，人们一直沿用这个规定。

(3) 土壤溶液配制。在测定土壤 pH 值以及含盐量时，都需要配制土壤的水溶液。然而水土比例的大小对土壤的性能测试有很大的影响。对于测定土壤 pH

值、水溶性盐总量所配水溶液水土比例分别为1∶1、2.5∶1、5∶1，且在测试结果中应注明水土比例。

配制过程如下：

1）称取一定量过筛后的风干土样（精确到0.01g），放入到适当容积的大口塑料瓶中。再根据上述规定的水土比例加入无二氧化碳蒸馏水。

2）将大口塑料瓶用橡皮塞塞紧，并通过搅拌或振荡等方式使溶液混合均匀。

3）溶液混合均匀后静置20～30min，然后取上层清液并进行真空抽滤，获得清亮的滤液，加塞备用。

（4）实验室检测。在实验室可以检测的项目见表9-2。

表9-2　　实验室检测项目和分析方法

分析项目	分析方法
土壤含水量	利用土壤含水率测定仪或采用实验室烘干称重法
土壤容重	用一定容积的钢制环刀，切割自然状态下的土壤，使土壤恰好充满环刀容积，然后称量并根据土壤自然含水率计算每单位体积的烘干土重
pH值	采用水浸提，以水土比2.5∶1混合，后用pH计测定
总酸度	1mol/L KCl交换—中和滴定法
电导率	采用水浸提，以水土比5∶1混合，后用电导率仪测定
含盐量	以水土比5∶1溶解土壤，对过滤后的土壤浸出液进行烘干，烘干后的增重即为土壤含盐总量
F^-、Cl^-、NO_3^-、SO_4^{2-}	水提取—离子色谱法
K^+、Na^+	醋酸铵提取—火焰光度法
Ca^{2+}、Mg^{2+}	EDTA容量法或醋酸铵提取—吸收分光光度法

9.1.2　现场测试方法

（1）土壤电阻率。土壤电阻率的测试一般采用四极等距法（Wenner法）。该方法适用于平均土壤电阻率的测试，且测试结果比较准确。

在土壤电阻率测试中，靠近测试场地的地下金属物常引起所测值的急剧下降。所测值降低的数值和程度，表明地下金属物的大小和深度。在需要测试土壤电阻率的地方，如怀疑有地下金属物，且能确定这些地下金属物的位置时，可通过试验将试验电极排列的与该地下金属物的走向垂直，以减少金属物对土壤电阻率测试结果的影响。此外，试验电极应尽可能远离地下金属物。测试步骤如下：

1）在测试场地将四个电极呈直线等间距插入土壤中，电极间距记为a。电极

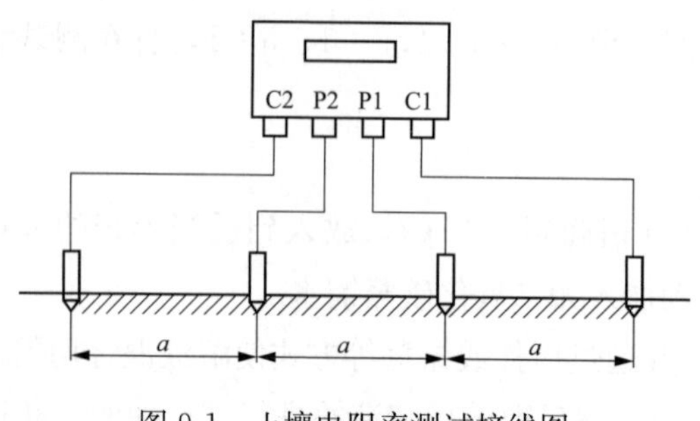

图 9-1 土壤电阻率测试接线图

入土深度应小于 $a/20$。

2）接线时，首先保证仪表各个接线端子间相互断开。然后按顺序连接极棒与仪表上接线端子，其接线图如图 9-1 所示。

3）布置好电极后，即可开始测试，仪表测试值即为土壤电阻值 R。

从地表至深度为 a 的平均土壤电阻率按下列公式计算

$$\rho = 2\pi aR$$

式中：ρ 为地表至深度 a 土层的平均土壤电阻率，Ω·m；a 为相邻两电极之间的距离，m；R 为接地电阻仪示值，Ω。

（2）土壤地电位梯度。采用土壤对土壤 S/S（Soil to Soil）测定法。把两支硫酸铜参比电极插入土壤（间距 20～50m），再把两支电极串接在数字万用表计上，仪器的选择钮拨至［mV］挡，测量两支电极在土壤中的电位差。两点间电位差除以两点间距离即为土壤电位梯度。

（3）氧化还原电位。利用土壤氧化还原测定仪或土壤氧化还原电位的铂电极直接测定，一般使用硫酸铜参比电极。

9.1.3 试样埋地实验与分析方法

（1）试样的制备。

1）每组试样应由材质、尺寸、加工条件、表面状况和裸露面积相同的多个试样组成。

2）试样裸露面形状宜为圆形或方形。

3）试样裸露面积宜根据土壤腐蚀性和埋设时间确定，一般宜为 6.5～50cm²，相同裸露面积尺寸误差不应超过 10%。

4）试样厚度宜为 3～5mm，其余尺寸宜根据裸露面积分别选用Ⅰ型或Ⅱ型试样。试样尺寸应符合图 9-2 和图 9-3 的要求。

5）试样应采用机械加工制备，如果采用气割需去掉热影响区。加工后试样表面可根据需要保持原始表面状态或保持与其结构相同的表面状态。

6）试样材质表面不应有明显的缺陷，如麻点、裂纹、划伤、分层等，边缘

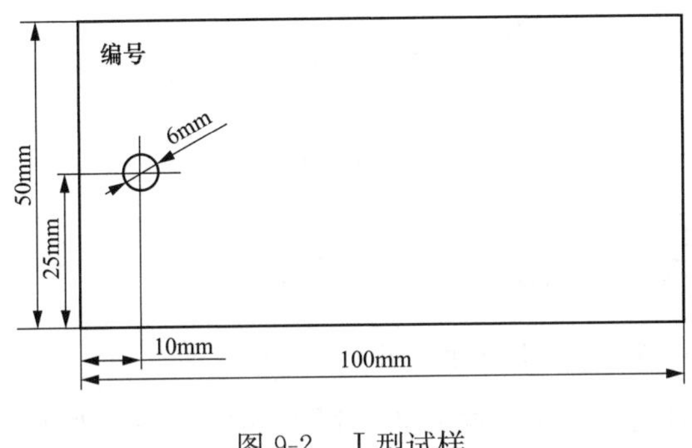

图 9-2　Ⅰ型试样

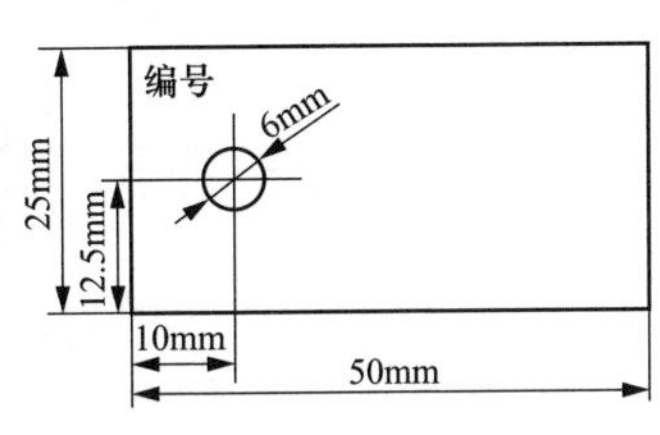

图 9-3　Ⅱ型试样

不应有毛刺。

7）试样应进行编号，宜采用中号钢字模将其打印在图 9-2 和图 9-3 中所示的位置。

（2）试样埋设的步骤。

1）试样埋设前要先对埋设地的地形、地质以及土壤的理化性能进行调查记录。

2）根据调查结果确定埋设点的位置和数量，并做好记录。人为条件影响的区域不宜选点。

3）确定需要试样的数量，然后按要求制作规定尺寸和形状的试样，并对试样进行标号。平行试样应不少于 3 个。

4）试验前试样表面应清洗，宜先采用有机溶剂脱脂，再用自来水冲洗或刷洗，除去不溶污物，吹（擦）干后再放入无水酒精中浸泡脱水约 5min，取出吹干，用干净白纸包好，放入干燥器内干燥 24h 后称重，精确到 0.2mg。

5）用易于被有机溶剂清洗的涂料或易去除的耐水密封材料覆盖编号和多余的裸露面。测量、记录裸露面边长或直径，精确到 0.1mm。

6）埋设前要做好记录，记录内容包括：试样编号、材质、制备方法、表面状态、原始尺寸、原始重量、裸露面边长或直径、制备人、制备时间等。

7）开挖埋设坑。埋设坑一般成长方形，其大小随试样的大小、数量和排列情况而定。挖出的土样分层放置。

8）埋设试样。一般管状试样系水平放置，方形试样系垂直放置，短边着地。试样宜阔面平行于地网，片间距宜不低于 0.3m，片中心距地网 0.1～0.3m，如图 9-4 所示。为保持腐蚀条件一致性，试样应埋设在同一土层中，其埋设深度应与实用状态相当。

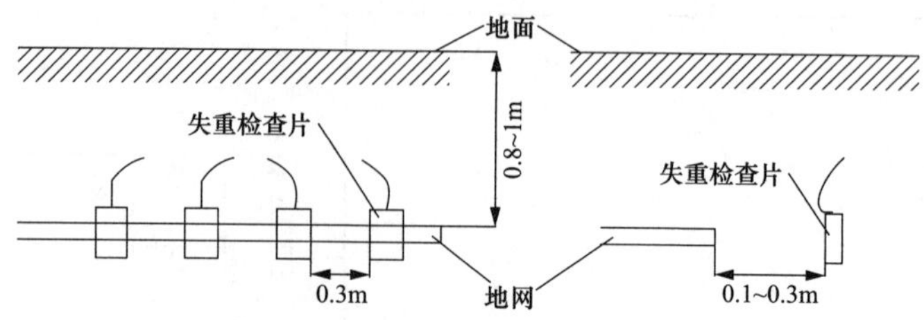

图 9-4 失重试样埋设示意图

9）填土。挖出的土样按顺序回填，力求使全部试样上的回填土的厚度和松紧度相同。

10）埋设完成后在埋设点四角用水泥桩或标识牌作永久性标志，牌上注明埋设日期、埋设点编号、试样数量及编号、埋设位置及方位、埋设深度、排列顺序、相互间距等。

（3）试样分析。埋设的试样从土壤中取出后，应对试样外观进行拍照。试样腐蚀产物的清除方法见表 9-3。

表 9-3　清除腐蚀产物所用的化学清洗方法

序号	材料	化学药品	时间	温度	备注
1.1	铁及钢	1000mL 盐酸（HCl，ρ=1.19g/mL） 20g 三氧化锑（Sb_2O_3） 50g 氯化锡（$SnCl_2$）	1～25min	20～25℃	强烈搅拌溶液或刷洗试样。某些情况下，需要延长时间
1.2		50g 氢氧化钠（NaOH） 200g 锌粒或锌屑 加蒸馏水配制成 1000mL 溶液	30～40min	80～90℃	锌粉暴露于空气中能自燃，使用时应特别小心
1.3		200g 氢氧化钠（NaOH） 20g 锌粒或锌屑 加蒸馏水配制成 1000mL 溶液	30～40min	80～90℃	锌粉暴露于空气中能自燃，使用时应特别小心
1.4		200g 柠檬酸铵［$(CN_3)_2HC_6H_5O_7$］ 加蒸馏水配制成 1000mL 溶液	20min	75～90℃	—
1.5		500mL 盐酸（HCl，ρ=1.19g/mL） 3.5g 六次甲基四胺 加蒸馏水配制成 1000mL 溶液	10min	20～25℃	某些情况下，需要延长时间
2.1	锌及锌合金	第一步：150mL 氢氧化铵（NH_4OH，ρ=0.90g/mL） 加蒸馏水配制成 1000mL 溶液 第二步：50g 三氧化铬（CrO_3） 10g 硝酸银（$AgNO_3$） 加蒸馏水配制成 1000mL 溶液	5min 15～20s	20～25℃ 沸点	应把硝酸银溶解在水中，添加到沸腾的铬酸里，以防止铬酸银的过度晶化。铬酸必须不含硫酸盐，以避免侵蚀锌基金属

续表

序号	材料	化学药品	时间	温度	备注
2.2	锌及锌合金	100g 氯化铵（NH_4Cl） 加蒸馏水配制成 1000mL 溶液	2～5min	70℃	—
2.3		200g 三氧化铬（CrO_3） 加蒸馏水配制成 1000mL 溶液	1min	80℃	应避免在含盐的环境中形成的腐蚀产物带来铬酸的氯化物污染，以防止侵蚀锌基金属
2.4		85mL 氢碘酸（HI，ρ=1.5g/mL） 加蒸馏水配制成 1000mL 溶液	15s	20～25℃	有可能去除一些锌基金属。应使用对比试样
2.5		100g 过硫酸铵［$(NH_4)_2S_2O_8$］ 加蒸馏水配制成 1000mL 溶液	5min	20～25℃	特别推荐用于镀锌钢
2.6		100g 乙酸铵（CH_3COONH_4） 加蒸馏水配制成 1000mL 溶液	2～5min	70℃	—
3.1	铜及铜合金	500mL 盐酸 （HCl，ρ=1.19g/mL） 加蒸馏水配制成 1000mL 溶液	1～3min	20～25℃	用纯氮对溶液脱氧，以减少对金属基体的损害
3.2		4.9g 氰化钠（NaCN） 加蒸馏水配制成 1000mL 溶液	1～3min	20～25℃	用于去除上述盐酸法不能去除的硫化铜腐蚀产物
3.3		100mL 硫酸 （H_2SO_4，ρ=1.84g/mL） 加蒸馏水配制成 1000mL 溶液	1～3min	20～25℃	处理前，先去除松散的腐蚀产物，以减少铜再沉积到试样表面上
3.4		120mL 硫酸 （H_2SO_4，ρ=1.84g/mL） 30g 重铬酸钠 （$Na_2Cr_2O_7\cdot 2H_2O$） 加蒸馏水配制成 1000mL 溶液	5～10s	20～25℃	去除硫酸处理后的再沉积铜
3.5		54mL 硫酸 （H_2SO_4，ρ=1.84g/mL） 加蒸馏水配制成 1000mL 溶液	30～60min	40～50℃	用纯氮对溶液脱氧。建议刷去试样表面的腐蚀产物，然后重新浸泡 3～4s

注 用危险物质（如氰化物、三氧化铬、锌粉）操作时，必须采取必要的安全措施。

(4) 腐蚀速率计算。腐蚀速率为土壤腐蚀评价最重要的指标，表示为在被腐蚀样品的单位面积上、单位时间里，由于腐蚀引起的重量变化。若重量损失为 Δw(g)，试件曝露面积为 A(dm^2)，埋藏年限为 T(a)。用 g/(dm^2 · a) 来表示重量损失，其计算公式如下。

对于质量损失法

$$V=\frac{K\Delta m}{AT\rho}$$

式中：K 为常数；T 为试验周期，h；A 为试样初始面积，cm^2；Δm 为腐蚀试验中试样的质量损失，g；ρ 为试验材料的密度，g/cm^3。

在美国最常用的深度表示法为密耳/年（mil per year，简写为 mpy）和时/年（inch per year，简写为 ipy），尤以 mpy 使用最普遍，因为实际上有用的材料的腐蚀速度大约在 1～200mpy 之间变动。这样一来，腐蚀速度数据就可以用较小的整数来表示，使用起来比较方便（1in＝1000mil＝25.4mm）此外，腐蚀文献上还用毫克/分米^2 · 天（milligram per decimeter^2 per day 简写 mdd），表 9-4 常用腐蚀速度单位的换算关系。

表 9-4　　常用腐蚀速度单位的换算关系

腐蚀速度采用单位	换算单位				
	g/(m^2 · h)	mg/(dm^2 · d)	mm/a	ipy	mpy
g/m^2 · h	1	240	$8.76/\rho$	$0.345/\rho$	$345/\rho$
mg/dm^2 · d	4.17×10^{-3}	1	$3.65\times10^{-2}\rho$	$1.44\times10^{-3}/\rho$	$1.44/\rho$
mm/a	$0.114\times\rho$	$274\times\rho$	1	3.94×10^{-2}	39.4
ipy	$2.9\times\rho$	$696\times\rho$	25.4	1	10^3
mpy	$2.9\times10^{-3}\times\rho$	$0.696\times\rho$	2.54×10^{-2}	10^{-3}	1

9.1.4　接地网腐蚀电化学测试方法

电化学测试方法是接地装置土壤腐蚀研究中的一种十分重要的方法，也是土壤腐蚀速度监测的必要手段。由于土壤与一般腐蚀介质相比，具有多相性、不流动性不均匀性、季节性和地域性等特点，使土壤腐蚀的电化学过程和控制因素相当复杂。目前用于接地装置腐蚀研究的电化学测试方法包括电位测量、电偶电流测量、极化曲线测量、极化阻力测量、电化学阻抗谱（EIS）测试、电化学噪声测试、恒电流充电测试。

9.1.4.1 电位测量

腐蚀电位监测的基本原理是，金属设备的腐蚀电位与它的腐蚀状态之间存在着某种特征的关系，其实质是用一个高阻电压表测量设备金属材料相对于某参比电极的电位。在实际测量时，经常采用比较方便的甘汞电极、氯化银电极、硫酸铜电极等作为参比电极。腐蚀电位监测是一种不改变金属表面状态的监测方法，测试装置简单，操作维护容易，并且是非破坏性的，可长期连续监测，可用于阴极或阳极保护、活化/钝化态转变、点蚀和应力腐蚀开裂以及电偶腐蚀影响范围的监测。不足的是这种方法只能给出定性指标，而不能得到定量的腐蚀速度指标。

9.1.4.2 电偶电流测量

电偶电流测量是一种很简单的电化学监检测方法，一般有两支不同的金属电极，用一个零阻电流表测量埋入土壤中两电极间的电偶电流即可。电偶电流检测通常是在试片探头上进行的，这种方法不需要外加电流，设备简单，它可以灵敏地显示阳极金属腐蚀速度的变化。但是探头上所使用的金属材料从生产过程和组织状态都可能与待监测的接地装置材料相差较大，甚至完全不同于待测材料，然而这种方法在监测介质的腐蚀性信息或做相对定性比较方面得到了较普遍的应用。

9.1.4.3 极化曲线测量

极化曲线测量方法以电流或电位为自变量，遵循给定的电流、电位变化程序，测定相应的电极电位或极化电流随电流或电位变化的关系曲线。为测定极化曲线，需要同时测定电极上流过的电流和电极电位，常采用三电极体系，它是由极化电源（最常用的是恒电位仪）、电流与电位检测、电解池与电极系统组成。极化曲线可以用于研究接地装置材料腐蚀机理、测定腐蚀速率等，是目前最为常用的电化学研究方法。详细的极化曲线的测量与应用见 2.4.3 节。

9.1.4.4 极化阻力测量

极化阻力技术通过测量极化曲线在 E_{corr}处的斜率得到极化阻力 R_p，进而计算腐蚀速度。极化阻力的测试系统可以采用与极化曲线测定相同的经典三电极体系，还可以采用同种材料三电极或双电极体系。极化阻力测试方法具有响应迅速的优点，可以快速灵敏地实时测定金属瞬时腐蚀速度，也可及时连续地跟踪设备腐蚀速度及其变化。还可以根据阴阳极相同电位下响应电流的不对称性提供设备发生点蚀或其他局部腐蚀的指示。在腐蚀电化学监检测技术中，线性极化技术是最成熟也是应用最广的方法。详细的线性极化阻力测试基本原理见 2.4.4.1 节。

9.1.4.5　电化学阻抗谱（EIS）测试

电化学阻抗谱测试是对所研究的电极体系施加微小的正弦扰动信号，其响应过程可等效成电子元件，这些等效元件与电极反应具体过程有关，因而 EIS 实际上也就成了一项研究腐蚀电化学过程的重要手段。由于它属于频响分析技术，抗干扰能力强，不受土壤电阻的影响，能获得较多的与电化学动力学过程有关的信息，而且激励信号很小，对所研究的体系不会造成影响，比较适用于土壤这样阻抗较高的电化学体系中。

根据阻抗谱的形状，尾部是否出现 45°的斜线，可推断土壤腐蚀过程是否有扩散控制；根据阻抗谱上出现的容抗个数和大小以及是否出现感抗，可推测土壤电化学反应的速度、中间步骤和复杂程度，甚至有可能推断局部腐蚀的情况；根据电容大小，可推测地下构件腐蚀的大约面积。

电化学阻抗谱测量对仪器要求较高，需要信号发生器、恒电位仪以及记录仪等，必要时还需用到锁相频谱分析仪或相关积分处理器等，无法适应野外现场测量。另外有关土壤腐蚀 EIS 的数据与分析都较为困难，解释理论也需进一步提高，一般简单的等效电路法很难分析土壤腐蚀中的复杂过程。曹楚南提出了一套 EIS 分析的理论，使阻抗分析系统化和简单化，为 EIS 谱图的分析提供了统一模型，显著促进了 EIS 测量在土壤腐蚀中的运用。

9.1.4.6　电化学噪声测试

电化学噪声是指在恒电位或恒电流控制下，电解池中通过金属电极，溶液界面的电流或电极电位的自发波动。数学处理上可以运用统计方法研究电极电位或电流随时间波动的时间谱的波动规律，以及通过傅里叶变换成功率密度随频率变化的功率密度谱，通过分析一些特征参数来研究腐蚀过程。通过噪声分析，可以获得点蚀诱导期的信息，较准确地计算出点蚀特征电位及诱导期。目前已经用于土壤腐蚀研究，但是电化学噪声技术应用于腐蚀监检测的历史不长，对电化学噪声谱的更明确详细的解释还需要更多的工作，作为腐蚀监检测方法电化学噪声技术还是有待进一步发展的新兴技术。

9.1.4.7　恒电流充电测试

恒电流充电法基本原理是对腐蚀体系施加恒定阶跃电流，记录极化电位随时间的变化曲线，其充电曲线方程式为

$$E = IR_1 + IR_P\left[1 - \exp\left(-\frac{t}{R_P C_d}\right)\right]$$

式中：R_P 为极化电阻；C_d 为界面电容；R_l 为介质电阻。

通过解析充电曲线可得到工作电极的极化电阻和土壤电阻，充电曲线解析可由接地网腐蚀电化学检测软件完成。以极化电阻 R_p 值作为表征接地网腐蚀状态的特征参数，通过比较极化阻力值的相对大小，可判断被测地网的腐蚀情况。图 9-5 为恒电流充电曲线。

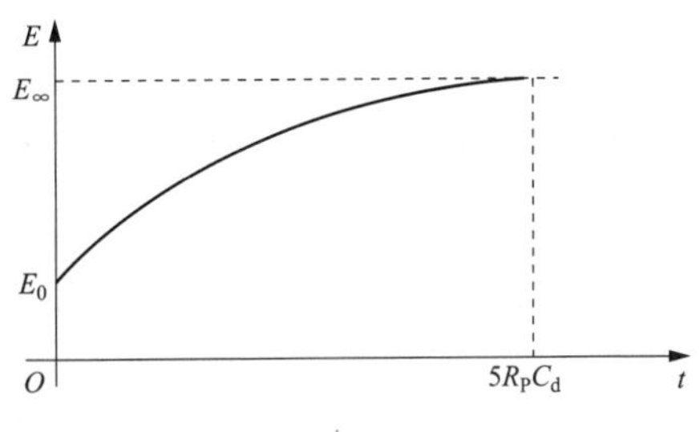

图 9-5　恒电流充电曲线

9.1.5　点蚀的测量与评定

（1）点蚀坑深度测量。

对于成片的腐蚀坑，测量最深部位的深度，腐蚀坑深度实测的参数如图 9-6 所示。

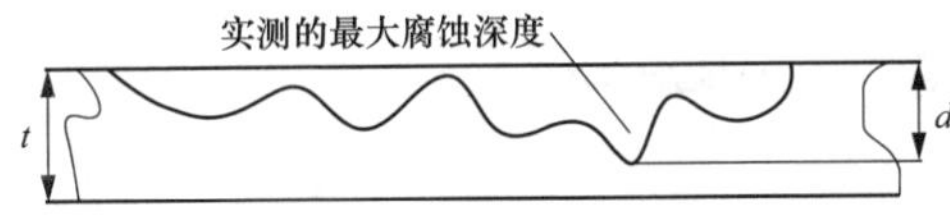

图 9-6　腐蚀坑深度实测的参数示意图

2）计算方法。腐蚀坑相对深度按下式计算

$$A = \frac{d}{t} \times 100\%$$

式中：A 为腐蚀坑相对深度，mm；d 为实测的腐蚀区域最大腐蚀坑深度，mm；t 为试片公称厚度，mm。

（2）点蚀程度的评定。

1）金属穿透法。

a. 根据腐蚀坑的最大深度或 10 个最大腐蚀坑的平均深度，或两者兼用，来测量最深腐蚀坑以描述金属的穿透。

b. 金属穿透也可用点蚀因子来表示。它是由失重确定的最深金属穿透深度与平均金属穿透深度的比值，即

$$\text{点蚀因子} = \frac{\text{最深金属穿透深度}}{\text{平均金属穿透深度}}$$

点蚀因子为 1 表示均匀腐蚀。该值越大，穿透深度越大。点蚀因子不能适用于点蚀或均匀腐蚀很小的情况，因为当分子或分母中任意一个趋近于零时，可能会得到零值或不确定值。

2）标准图法。根据标准图表按照密度、大小和深度来对腐蚀坑评级，如图 9-7 所示。A 和 B 列与金属表面的点蚀范围有关（A 列是用每单位面积点数来评级的方法，B 列是用显示这些点的平均大小来分类的方法）。C 列按破坏程度或平均深度来评级。如评级为 A-3、B-2、C-3 可以认为是代表腐蚀坑的密度为 5×10^4 个/m^2 的一种典型评级，平均腐蚀坑开口为 2.0mm^2，平均腐蚀坑深度为 1.6mm。

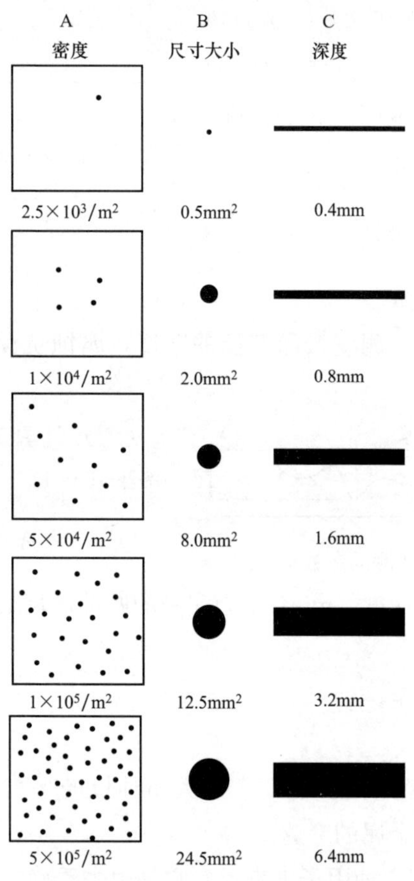

图 9-7　腐蚀坑的标准评级图

9.2　接地装置土壤腐蚀评价

土壤腐蚀评价标准可以分为单因子和多因子两大类。

9.2.1 单因子

9.2.1.1 土壤电阻率

对于一般地区的土壤，土壤腐蚀性可采用土壤电阻率进行判定。土壤电阻率法主要是根据土壤电阻率高低来判断土壤腐蚀性的强弱。但不同国家给出的标准并不一致。不同国家土壤电阻率法评价土壤腐蚀性的标准见表 9-5。

表 9-5 不同国家土壤电阻率法评价土壤腐蚀性的标准

腐蚀程度	土壤电阻率（Ω·m）					
	中国	美国	苏联	日本	法国	英国
低	>50	>50	>100	>60	>30	>100
较低				45～60		50～100
中等	20～50	20～45	20～100	20～45	15～25	23～50
较高		10～20	10～20			
高	<20	7～10	5～10	<20	5～15	9～23
特高		<7.5	<5		<5	<9

土壤电阻率的评价方法十分简便，在某些场合也较为可靠，但由于土壤电阻率影响主要在宏电池腐蚀的 *IR* 降，与微观电池的腐蚀关系不大，并不能完全决定土壤的腐蚀性。采用电阻率作指标也常出现误判。

9.2.1.2 含水量

用含水量做土壤腐蚀性评价标准，尽管有不少报道但在实践中，土壤含水量与腐蚀性关系往往相当复杂且随土壤种类而不同。一般认为仅对同类土壤的腐蚀性评价有参考意义。土壤含水量与土壤腐蚀性的对应关系见表 9-6。

表 9-6 土壤含水量与土壤腐蚀性的对应关系

腐蚀程度	极低	低	中等	高	极高
含水量（%）	<3	3～7 或>40	7～10 或 30～40	10～12 或 25～30	12～25

9.2.1.3 含盐量

含盐量与土壤腐蚀性有关，也被用作评价土壤腐蚀性。土壤含盐量与土壤腐蚀性的对应关系见表 9-7。

表 9-7　　土壤含盐量与土壤腐蚀性的对应关系

腐蚀程度		极低	低	稍高	高	极高
含盐量（%）	标准 1	＜0.05	0.05～0.2	0.2～0.5	0.5～1.2	＞1.2
	标准 2	＜0.01	0.01～0.05	0.05～0.1	0.1～0.75	＞0.75

土壤中含盐不仅种类多，而且浓度变化范围大，盐含量不仅影响土壤电阻率而且影响土壤宏观电池的腐蚀过程，不同盐分所起的作用也各不相同，采用这种简单的评价方法显然风险较大。

9.2.1.4　氧化还原电位（Eh7）

当土壤存在微生物腐蚀时，其腐蚀性可采用土壤氧化还原电位进行判定。氧化还原电位能综合反映土壤氧化还原程度，其数值与土壤中细菌的活动有很大关系，pH 在 5.5～8.5 范围内，Eh7 愈低，硫酸还原菌对金属腐蚀的作用愈大，因此在还原性较强条件下，Eh7 也可成为土壤微生物腐蚀的指标。土壤氧化还原电位与土壤腐蚀性对应关系见表 9-8。

表 9-8　　土壤氧化还原电位与土壤腐蚀性对应关系

腐蚀程度	不腐蚀	低	中等	高
Eh7（mV）	＞400	200～400	100～200	＜100

9.2.1.5　pH 值

在酸性土壤中，土壤交换性酸总量、土壤 pH 值与腐蚀性存在一定对应关系，列于表 9-9 和表 9-10，但对于非酸性土壤则往往得出的结论与实际相差甚远。

表 9-9　　土壤交换性酸总量与土壤腐蚀性的对应关系

腐蚀程度	低	中	较高	高	特高
交换性酸总量（毫克当量/百克土）	＜4.0	4.1～8.0	8.1～12.0	12.1～16.0	＞16.0

表 9-10　　土壤 pH 值与土壤腐蚀性的对应关系

腐蚀程度	极低	低	中等	高	极高
pH 值	＞8.5	7.0～8.5	5.5～7.0	4.5～5.5	＜4.5

9.2.1.6　电解失重

这是一种实验室进行的快速腐蚀测定土壤腐蚀性方法。电解失重采用烘干土加入蒸馏水至饱和，电流密度法采用原土，该方法已经列入苏联标准。

电解失重与土壤的腐蚀性关系见表 9-11。

表 9-11　　电解失重与土壤的腐蚀性

腐蚀性分级	低	中	稍高	高	特高
失重（g/d）	0～1	1～2	2～3	3～6	＞6
失重率（%）	0～0.7	0.7～1.3	1.3～2.0	2.0～4.0	＞4.0

这种方法优点是能快速得到结果，但它不是现场直接测出的碳钢腐蚀速率，因而也只能作为参考标准。

9.2.1.7　极化电流密度标准

极化电流密度与土壤腐蚀性见表 9-12。

表 9-12　　极化电流密度与土壤腐蚀性

土壤腐蚀性	不危险	中等危险	危险
500mV 时电极极化电流密度（mA/cm^2）	＜0.05	0.05～0.3	＞0.3

9.2.1.8　侵蚀度

侵蚀度、穿孔年限与土壤腐蚀性见表 9-13。

表 9-13　　侵蚀度、穿孔年限与土壤腐蚀性

土壤腐蚀性	侵蚀度（mm/a）	腐蚀穿孔年限（a/mm）
强	＞0.125	1～3
较强	0.04～0.125	3～5
中等	0.01～0.04	5～10
轻微	0.0025～0.01	10～25
极轻微	＜0.0025	＞25

9.2.1.9　平均腐蚀速率

土壤腐蚀性可采用检测金属材料在土壤中的腐蚀电流密度和平均腐蚀速率判定，碳钢腐蚀电流密度、平均腐蚀速率与土壤腐蚀性关系见表 9-14。

表 9-14　　碳钢平均腐蚀速率与土壤腐蚀性

土壤腐蚀性	微	较弱	弱	中	强
腐蚀电流密度（$\mu A/cm^2$）	＜0.1	0.1～3	3～6	6～9	＞9
平均腐蚀速率（失重法）[$g/(dm^2 \cdot a)$]	＜1	1～3	3～5	5～7	＞7

9.2.1.10 点腐蚀速率

接地网在土壤中常发生点腐蚀。一般可采用最大点蚀速率对土壤中金属材料的点蚀程度进行判定，最大点蚀速率与土壤腐蚀性的关系见表 9-15。

表 9-15　　点蚀速率与土壤腐蚀性

土壤腐蚀性	弱	中	强	极强
最大点蚀速率（mm/a）	＜0.305	0.305～0.611	0.611～2.438	＞2.438

9.2.1.11 土壤表面电位梯度

管道受到直流干扰程度判定应采用管地电位正向偏移指标或地电位梯度指标，当管道任意点管地电位较自然电位正向偏移大于 20mV，或管道附近土壤的地电位梯度大于 0.5mV/m 时，直流干扰般采用土壤表面电位梯度来评价，直流干扰程度评价指标见表 9-16。

表 9-16　　直流干扰程度评价指标

杂散电流干扰程度	小	中	大
土壤表面电位梯度（mV/m）	＜0.5	0.5～5.0	＞5.0

9.2.1.12 交流干扰电位

交流电对埋地管道干扰腐蚀程度，可采用管道交流电干扰电位。埋地钢质管道交流电干扰判断指标见表 9-17。

表 9-17　　埋地钢质管道交流电干扰判断指标

土壤类别	严重性程度（级别）		
	弱	中	强
	判断指标（V）		
碱性土壤	＜10	10～20	＞20
中性土壤	＜8	8～15	＞15
酸性土壤	＜6	6～10	＞10

9.2.2 多因子

从上述单项指标的土壤腐蚀性评价方法来看，虽然在某些情况下较为成功，但过于简单，误判的现象很多。事实上，采用上述单项指标的评价只有在土壤腐蚀的主要影响因素正好被选作评价指标才可能有意义，实际当中要做到这一点并不容易。

为此，国外建立了多项指标打分的办法，如美国的 ANSI 土壤腐蚀性综合评价标准和德国的 DVGW 土壤腐蚀综合评价。二者均是考虑不同土壤的理化因素，先对土壤理化指标进行打分，然后进行腐蚀性等级评价。

9.2.2.1 ANSI 土壤腐蚀性综合评价标准

ANSI 土壤腐蚀性综合评价打分标准见表 9-18。

表 9-18 ANSI 土壤腐蚀性综合评价打分标准（ANSI/AWWAC105/A21.15 标准）

土壤性质	测定值	评价指数
电阻率（Ω·m）	＜7	10
	7～10	8
	10～12	5
	12～15	2
	15～20	1
	＞20	0
pH	0～2	5
	2～4	3
	4～6.5	0
	6.5～7.5	0
	7.5～8.5	0
	＞8.5	3
氧化还原电位（mV）	＞100	0
	50～100	3.5
	0～50	4
	＜0	5
硫化物	存在	3.5
	微量	2
	不存在	0
湿度	终年湿	2
	一般潮湿	1
	一般干燥	0

当有硫化物时，氧化还原电位低时，该分值改为 3。当评价指数之和大于 10，表示土壤对灰口铸铁和球墨铸铁有腐蚀性，需采用聚乙烯保护膜。ANSI 没有区分微观腐蚀和宏观腐蚀，而且只针对铸铁管在土壤中使用时是否用聚乙烯保护膜，在其他情况下未必可行。

该方法虽然综合多因素进行评分，不同土壤的理化因素作用大小可能差别很大，因此实际操作难度大。

9.2.2.2 DVGW 土壤腐蚀综合评价

德国的 Baeckman 综合评分指标（DVGW）根据与腐蚀有关的 12 项土壤性质与状况逐项打分，然后根据其对土壤腐蚀性影响大小进行评价分级。腐蚀等级综合评价标准见表 9-19。

表 9-19　　腐蚀等级综合评分标准（DIN50929）

项目名称	内容及指标		评价指数
土壤类型	石灰质土、石灰质泥灰土、砂质泥灰土（黄土）、砂土		+2
	壤土、壤质泥灰土、含砂量不大于75%的壤质砂土和黏质砂土		0
	黏土、黏质泥灰土、腐植土		−2
	泥灰土、淤泥土、沼泽土		−4
土壤状况	埋设物深处地下水	无	0
		有或时有时无	−1
	自然土壤		0
	含有垃圾碎砖的土壤		−2
	埋设物部位土壤均匀		0
	埋设物部位土壤不均匀		−3
土壤电阻率（Ω·m）	>100		0
	100～50		−1
	50～23		−2
	23～10		−3
	<10		−4
含水量（%）	<20		0
	>20		−1
pH 值	>6		0
	<6		−1
总酸度 $K_{B7.0}$（mmol/kg）	<2.5		0
	2.5～5		−1
	>5		−2
氧化还原电位（mV）	>400 强透气性		+2
	200～400　中度透气性		0
	0～200　弱透气性		−2
	<0 不透气性		−4

续表

项目名称	内容及指标	评价指数
总碱度 $K_{S4.3}$ (mmol/kg)	>1000	+2
	200～1000	+1
	<200	0
硫化氢和硫化物（S^{2-}）(mg/kg)	无	0
	<0.5	−2
	>0.5	−4
煤粉或焦炭粉	无	0
	有	-4
氯离子 (mg/kg)	<100	0
	>100	-1
硫酸盐总量 (mg/kg)	<200	0
	200～500	−1
	500～1000	−2
	>1000	−3

表 9-20　　土壤腐蚀性评价

评价指数总和	土壤腐蚀性
>0	微
0～−4	弱
−5～−10	中
<−10	强

利用多指标评价某一地区的土壤环境时，通常会出现部分指标对土壤腐蚀性评价结果影响显著，而其余指标则影响甚微。鉴于此，对土壤的众多理化指标进行筛选，剔除影响甚微的指标，可以在保证评价结果准确率的前提下，减少评价指标的数目，实现对某一地区土壤腐蚀性的快速评价。

9.2.2.3　三指标法和八指标法

变电站钢质接地网土壤腐蚀性评价三指标法和八指标法，根据广东佛山供电局变电站的现场实践，三指标法总体准确率可达80%，八指标法总体准确率可达89%。

三指标法评价框图如图 9-8 所示，三指标法以土壤质地、土壤 pH 值、土壤电阻率三个指标为评价依据，通过打分计算得到最后的评价结果。依据结果分为5个腐蚀等级。三指标法优点是指标少，易于操作，但是准确率偏低。

图 9-9 为八指标法，其实是在三指标基础上增加了土壤含盐量、含水量、腐蚀电位、水溶性（Cl^- 和 SO_4^{2-}），准确性比三指标高些，但是现场不宜操作。

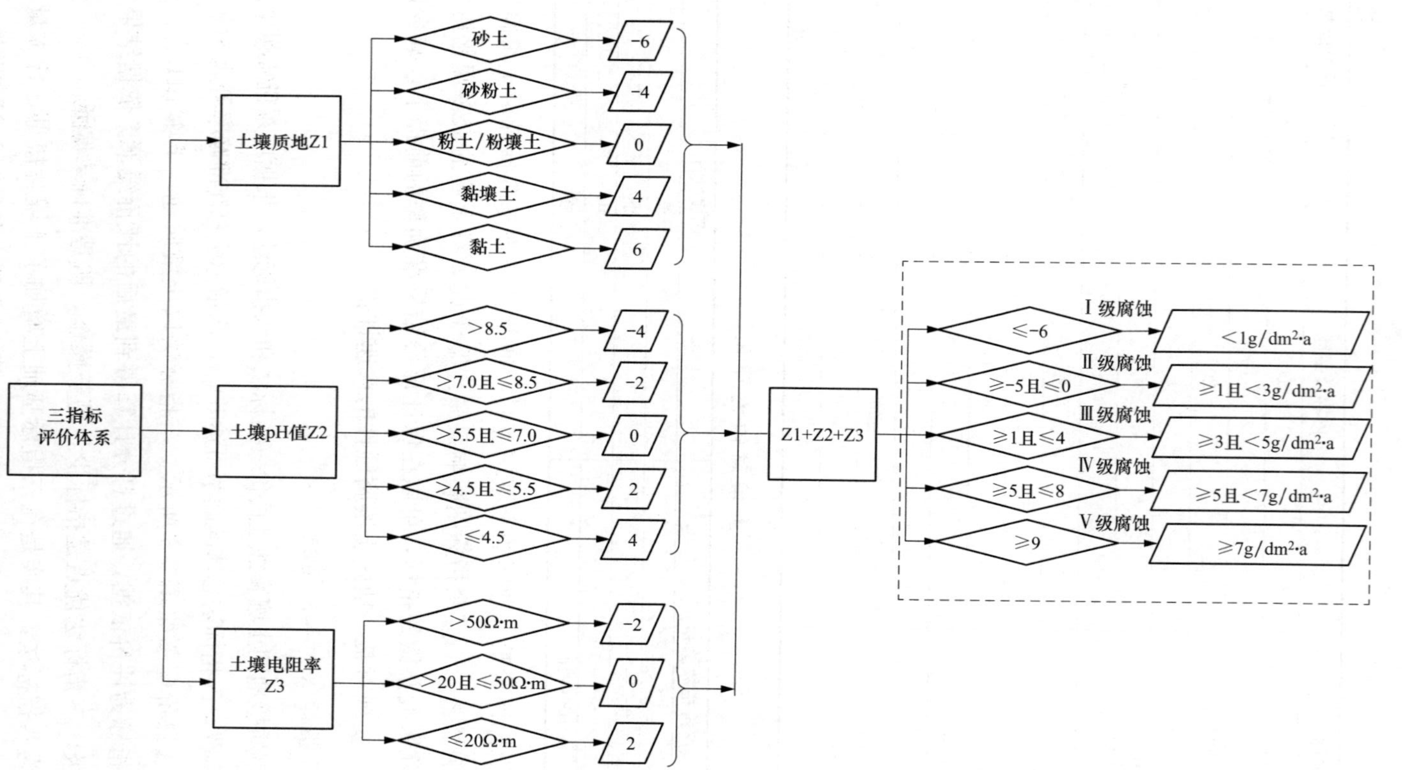

图 9-8　三指标法评价框图

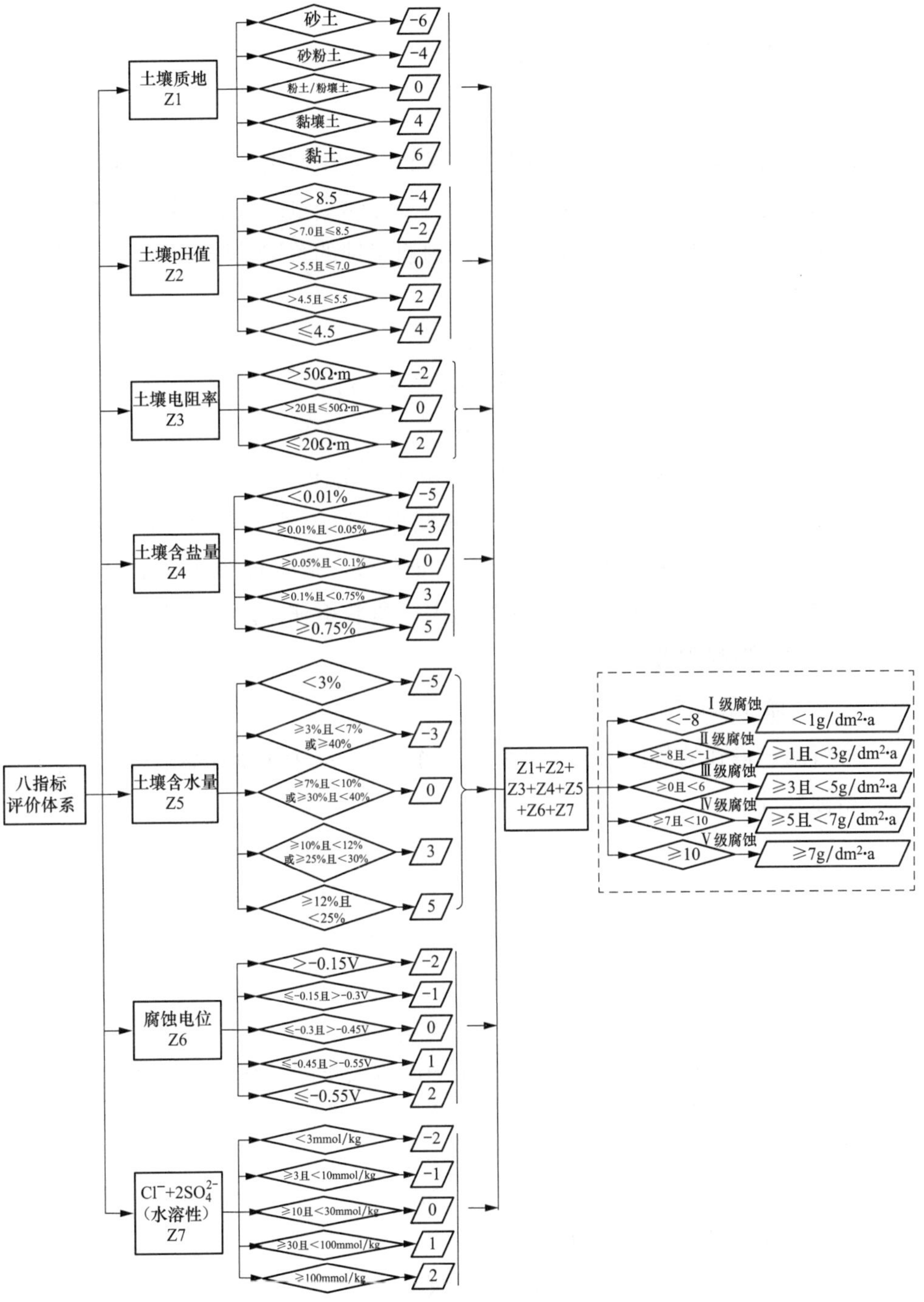

图 9-9　八指标法评价框图

9.2.3 因子分析法

9.2.3.1 因子分析模型

因子分析法是将全部原始变量中的有关信息集中起来，通过探讨相关矩阵的内部结构，将多变量综合成少数因子，以再现原始变量之间的关系，可以运用因子分析法筛选出影响该地区变电站接地网材料腐蚀的关键土壤理化指标，从而构建仅包含关键土壤理化指标的评价法。

$$X_1 = b_{11}F_1 + b_{12}F_2 + \cdots + b_{1p}F_p + \varepsilon_1$$
$$X_2 = b_{21}F_1 + b_{22}F_2 + \cdots + b_{2p}F_p + \varepsilon_2$$
$$\cdots\cdots$$
$$X_m = b_{m1}F_1 + b_{m2}F_2 + \cdots + b_{mp}F_p + \varepsilon_m$$

式中：$X=(X_1, X_2, \cdots, X_m)$ 是实际测试得到的 m 个土壤理化指标构成的 m 维随机向量；F 是 X 的公共因子；b_{mp} 为因子负载，是第 m 个变量在第 p 个公共因子上的载荷，由 b_{mp} 构成的矩阵 B 称为因子负载矩阵；ε 为 X 的特殊因子，特殊因子包含了随机误差。

9.2.3.2 标准化处理

分析测定得到的数据构成一个 $m\times n$ 的矩阵，m 为土壤样品数目，n 为土壤理化指标数目。

$$X_{m\times n} = \begin{Bmatrix} x_{11}\cdots x_{1j}\cdots x_{1n} \\ \vdots \\ x_{i1}\cdots x_{ij}\cdots x_{in} \\ \vdots \\ x_{m1}\cdots x_{mj}\cdots x_{mn} \end{Bmatrix}$$

由于各个变量的量纲不尽相同，为了消除因变量间量纲差异造成的影响，对原始数据进行标准化处理，也称为自身规范化，标准化处理公式如下

$$z_{ij} = \frac{x_{ij} - \bar{x}_{\cdot j}}{s_j}$$

式中：x_{ij} 为原始数据；z_{ij} 为标准化数据。

$$\bar{x}_{\cdot j} = \frac{1}{m}\sum_{i=1}^{m} x_{ij}$$

$$s_j = \sqrt{\sum_{i=1}^{m} \frac{(x_{ij} - \bar{x}_{\cdot j})^2}{m-1}}$$

9.2.3.3 数据检验

进行因子分析需要分析变量间具有较好的相关性。数据的相关性由 KMO 和 Bartlett 值来评判，其中 Bartlett 检验用于确认原始变量是否取自于多元正态分布的整体，若数据符合 Bartlett 检验，则进行 KMO 检验，KMO 检验用于分析原始变量间的偏相关性和简单相关性的相对大小，若 KMO 过小，则不适合做因子分析。表 9-21 为 KMO 与因子分析效果。

表 9-21　　KMO 与因子分析效果

KMO 值	效果
>0.9	非常好
0.8～0.9	好
0.7～0.8	一般
0.6～0.7	较差
0.5～0.6	很差
<0.5	不能接受

9.2.3.4 求相关矩阵 R

得到标准化数据后再进行相应的变换求出相关矩阵，变换公式如下

$$r_{ij} = \frac{\sum_{k=1}^{m}(z_{jk} - \overline{z_j})(z_{ik} - \overline{x_i})}{\sqrt{\sum_{k=1}^{m}(z_{ik} - \overline{z_i})^2 \cdot \sum_{k=1}^{m}(z_{jk} - \overline{z_j})^2}}$$

其中 $i=j$ 时，$r_{ij}=1$；$i\neq j$ 时，$r_{ij}=r_{ji}$。

9.2.3.5 特征值和特征向量的求解

用雅克比算法求得特征值和对应的特征向量

$$(R - \lambda E)X = 0$$

设 R 的特征根为 λ_1、λ_2、…、λ_n，并假定 $\lambda_1 \geqslant \lambda_2 \geqslant \cdots \lambda_n \geqslant 0$，称 λ_i 为所对应的指标为第 i 主成分，记 $trR=\lambda_1+\lambda_2+\cdots+\lambda_n$，则 λ_i/trR 是第 i 主成分的贡献。记 $T_i=\lambda_1+\lambda_2+\cdots+\lambda_i$，称 T_i/trR 是前 i 个主成分的累积贡献。若确定主成分分析的因子累积贡献率大于预设值（如 80%），则可以对前 i 个主成分进行提取。

9.2.3.6 公共因子负载计算

公共因子初始负载的计算方法如下

$$B=\begin{bmatrix} e_{11}\sqrt{\lambda_1} & e_{21}\sqrt{\lambda_2} & \cdots & e_{p1}\sqrt{\lambda_p} \\ e_{21}\sqrt{\lambda_1} & e_{22}\sqrt{\lambda_2} & \cdots & e_{p2}\sqrt{\lambda_p} \\ \vdots & \vdots & \vdots & \vdots \\ e_{m1}\sqrt{\lambda_1} & e_{m2}\sqrt{\lambda_2} & \cdots & e_{pm}\sqrt{\lambda_p} \end{bmatrix}$$

其中 e_i 为特征根 λ_i 所对应的特征向量。提取前 i 个主成分计算得到因子负载，可用最大方差正交旋转法对因子负载进行旋转，得到的旋转负载有利于对公共因子进行解释。

9.2.3.7 公共因子的解释

绝对值大的元素通常代表土壤的一种特性，如土壤的化学性质、电化学性质、物理性质。此特性与土壤的某项理化指标密切相关。从而在众多的土壤腐蚀性评价指标中筛选出影响显著的关键指标。

9.2.3.8 评价法验证

通过因子分析得到影响该地区土壤腐蚀性的关键理化指标，制订土壤腐蚀性的影响因素及评价指数表，形成适用于该地区变电站土壤腐蚀性评价方法。利用变电站接地网实际腐蚀情况或土壤腐蚀性试验结果，考察新评价法的准确率。在验证的样本数量和评价结果准确率均达到要求的情况下，才可在该地区使用新评价方法。

9.2.3.9 因子分析法的应用

接地网材料土壤腐蚀，主要是因为阴离子的作用，表 9-22 为 7 个变电站土壤阴离子浓度值。

表 9-22　　7 个变电站土壤阴离子浓度值

土壤编号	pH(X_1)	F^-(X_2)	Cl^-(X_3)	NO_3^-(X_4)	SO_4^{2-}(X_5)	NO_2^-(X_6)
1号	6.58	0.08	7.76	0.30	2.92	0.03
2号	7.46	0.17	5.02	1.74	0.06	0.15
3号	7.16	0.14	1.99	1.72	14.67	0.12
4号	7.41	0.67	4.13	1.65	7.46	0
5号	8.01	0	5.65	5.50	16.24	0.26
6号	8.05	0	3.93	5.36	5.15	0.08
7号	6.13	0	1.92	0.22	21.74	0.05

图 9-10 为紫铜材料在 7 种变电站土壤溶液中的的 Tafel 极化曲线，通过拟合得到各自的自腐蚀电流密度见表 9-23。

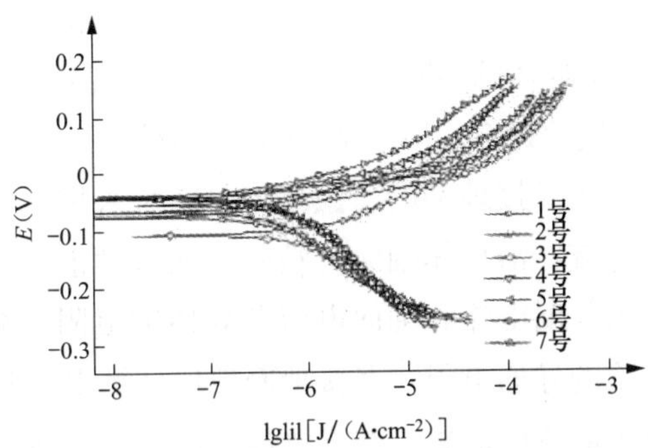

图 9-10　紫铜材料在 7 种变电站土壤溶液中的 Tafel 极化曲线

表 9-23　Tafel 极化曲线拟合得到腐蚀电流密度

试样	1 号	2 号	3 号	4 号	5 号	6 号	7 号
紫铜（Y_1）	5.03	6.19	2.08	10.73	5.84	1.49	17.05

$$Y_1 = \{5.03, 6.19, 2.08, \cdots, 17.05\}$$

$$X_1 = \{6.58, 7.46, 7.16, \cdots, 6.13\}$$

$$X_2 = \{0.08, 0.17, 0.14, \cdots, 0\}$$

$$X_3 = \{7.76, 5.02, 1.99, \cdots, 1.92\}$$

$$X_4 = \{0.30, 1.74, 1.72, \cdots, 0.22\}$$

$$X_5 = \{2.92, 0.06, 14.67, \cdots, 21.74\}$$

$$X_6 = \{0.03, 0.15, 0.12, \cdots, 0.05\}$$

因为接地材料的腐蚀速率与腐蚀电流密度成正比，所以腐蚀电流密度可以表示腐蚀率。以腐蚀电流密度为母序 $Y1$，各离子浓度和 pH 值为子序列 $X1$，$X2$，$X3$，…。得到一个新的矩阵，结果因子分析求解得到 KMO(pH)＝0.93；KMO(F^-)＝0.85；KMO(Cl^-)＝0.92；KMO(NO_3^{2-})＝0.63；KMO(SO_4^{2-})＝0.81；KMO(NO_2^-)＝0.77，得到的 KMO 值与表 9-21 对照发现，对紫铜腐蚀影响最大的是 pH 和 Cl^-，即为腐蚀关键因子。

9.2.4　节点电压法模型接地网腐蚀评价

9.2.4.1　节点电压模型

传统的解析表达式在求取接地网参数时将接地网视为等电位分布，对电压等级低、占地面积小的变电站而言，接地网上各点的电位被视做相等是可以接受的，不会造成多大误差。但是，随着电压等级以及电力系统容量的不断增大，接地网面积动辄上万平方米乃至更大。在这种情况下，电流经注入点流向接地网的边角点时流经路径很长，接地网网格导体的内阻便不可忽略。又由于国内通常选用电阻率和磁导率都较大的钢材作为接的材料，接地网上的不等电位问题更加突出。

不等电位模型计算法对接地网的腐蚀故障诊断可采用恒定电流场进行模拟计算。注入接地网中的电流在沿导体轴向流动时会向大地泄漏。不等电位计算模型考虑了大地和导体区域与漏电流和轴向电流及导体的电阻，获取轴向电流、节点电位值，得到地网支路的导通电阻。在接地网数值计算中，假定：

（1）每导体段上的散流电流集中在导体段中部节点入地。

（2）支路电压（无穷远为参考点）等于其端点电压的平均值。

图 9-11 为其中某个节点的等效电路，每段导体上有一沿导体方向的轴向电流及周围土壤的散流电流。图中 i、m 和 l、j 分别为相交于节点 k 的支路的端点；I_a(b、c、d) 和 I_{Ji}(j，l，m) 均为集中在导体段中部入地的散流电流；I_{Fk}为注入节点 k 的注入电流。

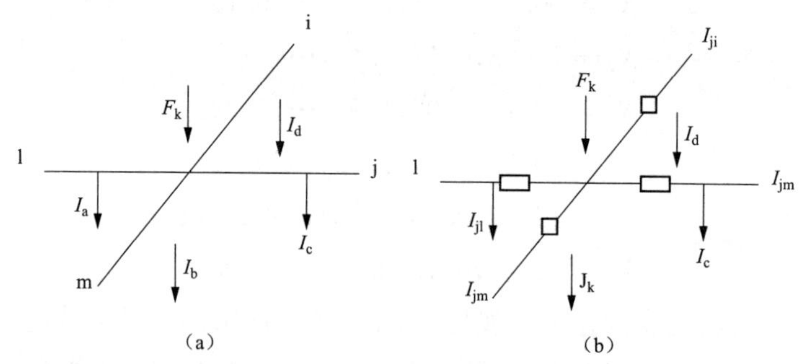

图 9-11　某个节点的等效电路

（a）节点示意图；（b）节点等效电路图

依据场路结合思想，运用节点电压法，将地网看作是由一系列节点和支路组成的网络。采用节点电压法从电路方向求解，避免了基于麦斯韦方程的复杂计算。同时考虑了地网导体间的电磁耦合，避免了基于传输线模型计算造成较大的误差。接地网中一点或多点注入正弦工频电流 I_F 后，由于位移电流和传导电流的影响，在接地网中的导体有一定的电位，定义节点 j 的电压 uN_j是 j 点的电位和无穷远点（参考点）间的差。当支路导体长度较小时，可认为每一支路的电压恒

定。由以上假设第 k 段支路的电压为

$$\dot{U}_k = \frac{\dot{V}_l + \dot{V}_m}{2}$$

式中：l 和 m 是 k 支路的两个端点。对所有支路和节点有一个矩阵关系

$$[\dot{U}] = [K] \cdot [\dot{U}_N]$$

式中：$[\dot{U}]$ 为 r 条支路的电压列向量；$[\dot{U}_N]$ 为 n 个节点电压列向量；$[K]$ 为 $r \times n$ 二维系数矩阵。当支路 i 与节点 j 相连时，$K_{ij}=0.5$，否则为 0。接地网的等效电路由 r 根导体和 n 个节点构成，每条支路除电阻、自感和互感外，因接地网周围土壤媒质的导电性和容性效应，每条支路有一散漏电流流入地中。考虑所有的支路电压和支路散流电流有：

$$[I] = [G] \cdot [U]$$

将支路散流电流，$\dot{I}_k$ 分成两部分，等分到与之相连的节点有

$$\dot{J}_j = \sum_{k=1}^{r} c_{k,j} \frac{\dot{I}_k}{2}$$

式中，如 j 与 k 相连，则 $C_{ij}=1$，否则为 0。同样考虑整个接地网的支路有

$$[\dot{J}] = [K]^{\mathrm{T}} [\dot{I}]$$

式中：$[\dot{J}]$ 为等效节点散流电流列向量，$[K]^{\mathrm{T}}$ 是 $[K]$ 的转置。运用电路中节点电压法，对整个接地网可得到表达式

$$[\dot{F}] = [\dot{J}] = [Y] \cdot [\dot{U}_N]$$

式中：$[Y]=[A] \cdot [Z]^{-1} \cdot [A]^{\mathrm{T}}$，$A$ 为关联矩阵，Z 为支路阻抗矩阵。$[y]$ 为节点导纳矩阵，综合前面六个方程式整理就有

$$\begin{aligned}
[\dot{F}] &= [K]^{\mathrm{T}} \cdot [\dot{I}] + [Y] \cdot [\dot{U}_N] \\
&= [K]^{\mathrm{T}} \cdot [G] \cdot [\dot{U}] + [Y] \cdot [\dot{U}_N] \\
&= [K]^{\mathrm{T}} \cdot [G] \cdot [K] \cdot [\dot{V}] + [Y] \cdot [\dot{V}]
\end{aligned}$$

其中

$$[\dot{F}] = [Y^l] \cdot [\dot{U}_N]$$

$$[Y^l] = [K]^{\mathrm{T}} [G] \cdot [K] + [Y]$$

如果知道注入节点电流 $[\dot{F}]$，通过以上方程式求出节点电压向量 $[\dot{V}]$，进而得到支路轴向电流。为此，现在问题转化为求解散流阻抗矩阵的逆阵 $[G]$

和 [Y]。

9.2.4.2 节点电压模型求解

对半无限大均匀媒介，即将大地视为单层模型时，根据镜像法，该电位可由点电流源和其一镜像产生的电位叠加求解。但对两层及多层模型，需设置无限多个镜像。以下采用复镜像法，对多层模型该法仅需几个复镜像便可得到较高的计算精度。在复镜像法中，镜像的大小和位置为复数。实际上接地网互阻抗矩阵是一个互电阻矩阵，计算互电阻方法有点匹配及迦辽金矩量法两种。用点匹配矩量法计算互电阻的计算表达式为

$$R_{ij}=\frac{1}{4\pi\sqrt{[\delta^2+(\omega\varepsilon)^2]L_i}}\int_{L_i}\frac{1}{r}\mathrm{d}l_i$$

式中：δ 是媒质的电导率；ω 是电流角频率；ε 是土壤的介电系数；L_i 是第 i 根导体的长度；r^j 是第 j 段导上的点到第 i 根导体上的距离，取 j 段导体的中点。

9.2.4.3 节点电压法模型接地网腐蚀评价应用

依据节点电压法对变电站接地网腐蚀的电性能参数变化分析结论，建立节点电压法模型地网腐蚀评价体系。通过接地网的导通电阻分布和电位分布判断地网腐蚀点位置，并从整体上评估地网腐蚀状态。

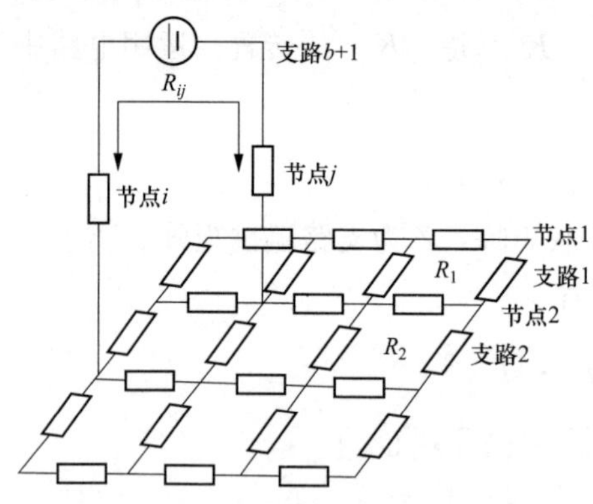

图 9-12 接地网导通电阻测试示意图

(1) 接地网导通电阻测试。导通电阻测试采用大电流直流测试，接地网导通电阻测试示意图如图 9-12 所示。

接地网网孔数 5×5，网孔大小 20m×20m，接地网由钢材构成，钢的电阻率为 $1.7\times10^{-7}\Omega\cdot\mathrm{m}$，相对磁导率为 636，导通电阻单位为 mΩ。

接地网完好时，在 0 处注入单位电流，其余各节点处的导通电阻值（mΩ）如图 9-13 所示，地网完好且电流注入点处在地网对角线时，导通电阻呈对角线对称分布，且其数值基本保持一个固定增量增长，不存在跃变情况。

假设接地网边角节点。至 6 节点存在一处腐蚀的情况，其导通电阻值（mΩ），由图 9-12 分析知，当地网边角处存在一处腐蚀且电流注入点处在地网

对角、线上的点时，导通电阻沿着对角线分布大体保持对称，距离腐蚀锈断处越远，对称性越好。而在腐蚀锈段处（1～6 号之间）导通电阻跃变明显，这是由于在腐蚀锈断处，导体轴向电流变化引起，一处腐蚀时导通电阻值如图 9-14 所示：

23.05 20.47 20.04 20.69 22.27 25.53
19.12 17.45 17.43 18.26 19.74 22.27
15.99 14.91 15.47 16.67 18.26 20.69
12.43 12.22 13.64 15.47 17.43 20.04
7.55 9.36 12.22 14.91 17.45 20.47
7.55 12.43 15.99 19.12 23.05

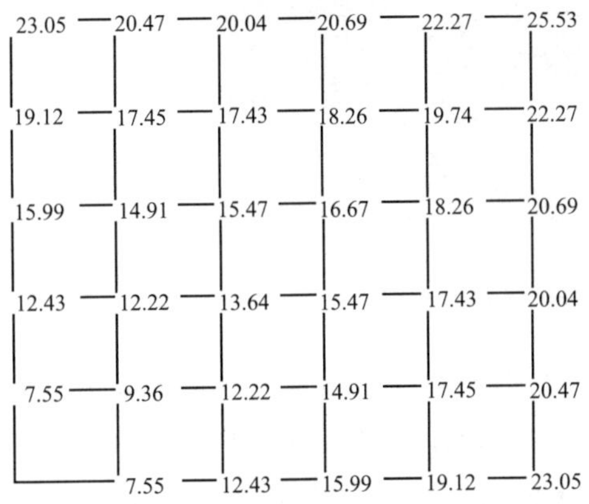

图 9-13　完好地网时的导通电阻值

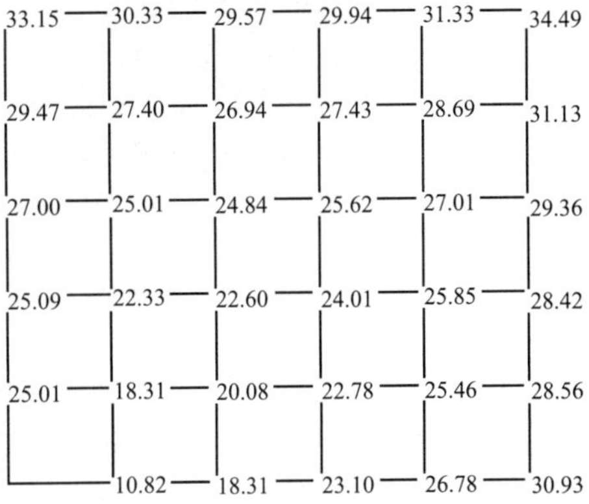

33.15 30.33 29.57 29.94 31.33 34.49
29.47 27.40 26.94 27.43 28.69 31.13
27.00 25.01 24.84 25.62 27.01 29.36
25.09 22.33 22.60 24.01 25.85 28.42
25.01 18.31 20.08 22.78 25.46 28.56
10.82 18.31 23.10 26.78 30.93

图 9-14　一处腐蚀时导通电阻值

（2）电位分布测试。向接地网注入一定数值的电流信号，以注入点为参考点，在接地网内以 1～5m 为间隔分别做横向或纵向的测量，测出电压分布情况。试验采用变频电源，电流线放置距离尽量远，以防止因接地网与电流极间距不当产生的互助抗引起的梯度畸变。电流注入点尽量选在变电站地网中部。地网完好，单位电流从中心点注入时，地网的电位分布如图 9-15 所示。

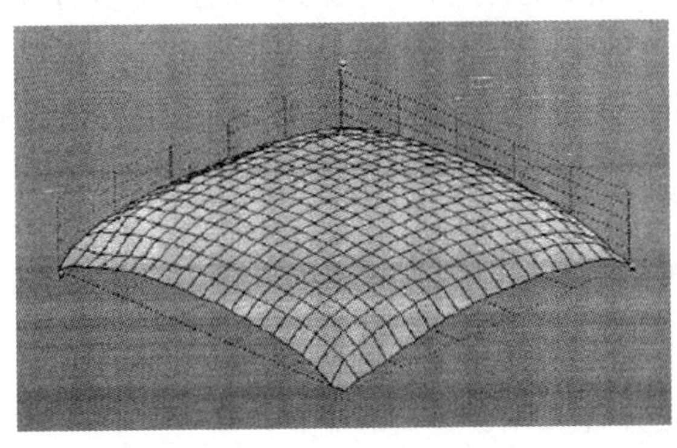

图 9-15　完好地网电位分布图

地网发生一处腐蚀，单位电流从中心点注入时，地网的电位分布如图 9-16 所示。

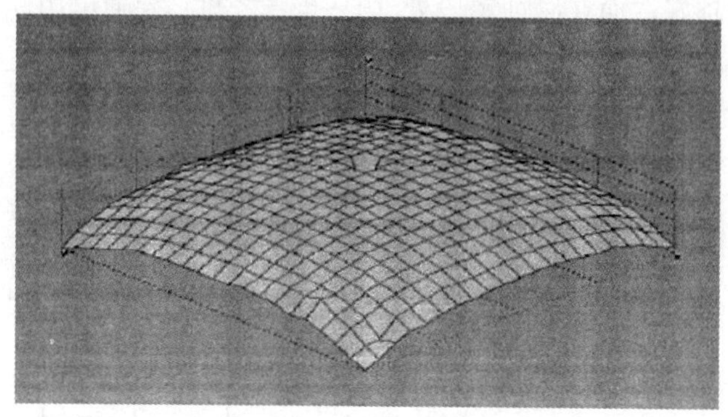

图 9-16　一处腐蚀地网电位分布图

（3）测试结果评估。对导通电阻测试结果分析，完好接地网导通电阻值相对测试点呈平稳递变，非正常接地网在腐蚀处导通电阻跃变。据此判断地网状态并进行故障定位。绘制电位分布曲线，完好接地网电位分布曲线以注入点为参考，比较平滑，非正常接地网在腐蚀处出现电位升高突变点，据此作为腐蚀故障定位辅助判据。

9.3　变电站防雷及接地装置状态量评价

9.3.1　状态量权重

视状态量对变电站安全运行的影响程度，从轻到重分为四个等级，对应的权重分别为权重 1、权重 2、权重 3、权重 4，其系数为 1、2、3、4。

权重 1、权重 2 与一般状态量对应，权重 3、权重 4 与重要状态量对应。

9.3.2　状态量劣化程度

视状态量的劣化程度从轻到重分为四级，分别为Ⅰ、Ⅱ、Ⅲ和Ⅳ级。其对应的基本扣分值为 2、4、8、10 分。

9.3.3　状态量扣分值

状态量应扣分值由状态量劣化程度和权重共同决定，即状态量应扣分值等于

该状态量的基本扣分值乘以权重系数（见表 9-24）。状态量正常时不扣分。

表 9-24　　状态量的评价表

状态量劣化程度 \ 基本扣分值 \ 权重系数		1	2	3	4
Ⅰ	2	2	4	8	10
Ⅱ	4	4	8	12	16
Ⅲ	8	8	16	24	32
Ⅳ	10	10	20	30	40

9.3.4　变电站防雷及接地装置的状态评价方法

变电站防雷及接地装置评价状态按扣分的大小分为正常状态、注意状态、异常状态和严重状态。变电站防雷及接地装置状态量评价标准见表 9-26。

（1）当任一状态量的单项扣分和合计扣分同时达到表 9-25 规定时，视为正常状态。

（2）当任一状态量的单项扣分或合计扣分达到表 9-25 规定时，视为注意状态。

（3）当任一状态量的单项扣分达到表 9-25 规定时，视为异常状态或严重状态。

表 9-25　　设备部件总数评价标准

部件 \ 评价标准	正常状态		注意状态		异常状态	严重状态
	合计扣分	单项扣分	合计扣分	单项扣分	单项扣分	单项扣分
变电站防雷及接地装置	≤30	＜12	＞30	12～16	20～24	≥30

表 9-26　　变电站防雷及接地装置状态量评价标准

序号	状态量		劣化程度级别	基本扣分	判断依据	权重系数	应扣分值（基本扣分×权重）
	分类	名称					
1	变电站接地体	接地阻抗值	Ⅱ	4	大于设计值	4	
			Ⅲ	8	大于 1.5 倍初值	4	
2		场区地表电位梯度分布	Ⅲ	8	地表电位梯度大于 2 倍初值，或大于其他多数数值的 3 倍，且小于 80V/m（35kA 以下）	4	
			Ⅳ	10	严重畸变，地表电位梯度≥80V/m（35kA 以下）	4	

续表

序号	状态量		劣化程度级别	基本扣分	判断依据	权重系数	应扣分值（基本扣分×权重）
	分类	名称					
3	变电站接地体	埋深	Ⅰ	2	埋深为60%～80%设计深度	4	
			Ⅱ	4	埋深为40%～60%设计深度	4	
			Ⅲ	8	小于40%设计深度	4	
4		腐蚀情况	Ⅰ	2	腐蚀剩余导体面积为80%～95%	4	
			Ⅱ	4	腐蚀剩余导体面积为60%～80%，但能满足热容量	4	
			Ⅳ	10	腐蚀剩余导体面积小于60%，但能满足热容量		
5		接地体、接地极的规格	Ⅳ	10	热容量不足	4	
6		焊接	Ⅲ	10	焊点表面不平整光滑；有残留药粉；有肉眼可见砂眼；焊接不牢固、可靠；焊接长度不符合要求	4	
7	接地引下线	接地引下线规格	Ⅳ	10	热容量不足	4	
			Ⅱ	4	50mΩ＜测试值≤200mΩ	4	
8		与接地体导通	Ⅲ	8	200mΩ＜测试值≤1Ω	4	
			Ⅳ	10	测试值＞1Ω	4	
			Ⅱ	4	腐蚀剩余导体面积为80%～95%	4	
9		腐蚀	Ⅲ	8	腐蚀剩余导体面积小于80%，但能满足热容量	4	
			Ⅳ	10	腐蚀剩余导体面积不能满足热容量	4	
10		焊接	Ⅲ	8	焊点表面不平整光滑；有残留药粉；有肉眼可见砂眼；焊接不牢固、可靠；焊接长度不符合要求	4	
11	独立避雷针	接地阻抗值	Ⅳ	10	大于10Ω	4	
12		与主地网连接	Ⅳ	10	有金属性连接	4	
13		腐蚀	Ⅲ	8	表面材料腐蚀严重、有损坏		
			Ⅳ	10	表面材料腐蚀严重、有损坏，危及安全	4	
14		埋深	Ⅰ	2	埋深为60%～80%设计深度		
			Ⅱ	4	埋深为40%～60%设计深度	4	
			Ⅲ	8	小于40%设计深度	4	
15	非独立避雷针	腐蚀	Ⅲ	8	表面材料腐蚀严重、有损坏	4	
			Ⅳ	10	表面材料腐蚀严重、有损坏，危及安全	4	

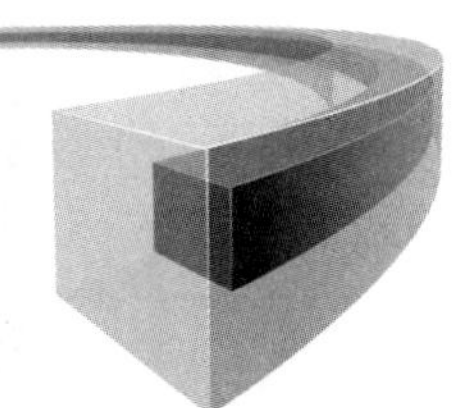

10 接地装置腐蚀典型案例分析

10.1 某 110kV 输电线路引下线腐蚀

10.1.1 腐蚀概况

某 110kV 输电线路区域植被茂密，空气湿度大，不远处有几家化工厂和冶金厂，空气污染较严重，表 10-1 为环保部门提供的该区域 2010 年 SO_2 检测数据，可见空气中 SO_2 含量在冬季最高。图 10-1（a）～（d）是现场选取接地引下线代表性的腐蚀照片。图 10-1（a）～（c）中的 1～3 号线路杆塔于 1992 年投运，电压等级 110kV，接地引下线采用直径 ϕ10mm 的镀锌圆钢，镀锌厚度 30～50μm。图 10-1（d）中的 4 号线路杆塔于 2008 年投运，电压等级 220kV，接地引下线采用 ϕ12mm 的镀锌圆钢，镀锌厚度 150～200μm。由图可知：引下线腐蚀部位均处于空气和土壤交界－20～10cm 范围内，其中 1 号接地引下线截面直径腐蚀约减少 20%；2 号接地引下线截面直径腐蚀约减少 80%；3 号接地引下线完全腐蚀断线；4 号接地引下线镀锌层龟裂，部分剥落，由照片可见，1～4 号接地引下线腐蚀严重。

表 10-1　　2010 年空气中 SO_2 含量　　mg/m³

月份	1	2	3	4	5	6	7	8	9	10	11	12
SO_2 含量	0.09	0.06	0.06	0.06	0.07	0.05	0.03	0.03	0.03	0.04	0.08	0.10

10.1.2 土壤理化分析

表 10-2 是 1～4 号接地引下线周围土壤理化分析结果，由表可知：1～4 号接地引下线周围土壤含水量较高，均大于 18%；土壤电导率均大于 80μS/cm，说明土壤中阴阳离子含量较大，尤其是对接地引下线材料腐蚀性较强的 Cl^- 和 SO_3^{2-}，由此可见，1～4 号接地引下线周围土壤腐蚀性较强，这与该线路区域酸雨较多有关。

图 10-1　接地引下线代表性的腐蚀图

(a) 1 号杆塔；(b) 2 号杆塔；(c) 3 号杆塔；(d) 4 号杆塔

表 10-2　　1～4 号接地引下线周围土壤理化参数

杆塔编号	Na^+ (mg/L)	NH_4^+ (mg/L)	Mg^{2+} (mg/L)	Ca^{2+} (mg/L)	Cl^- (mg/L)	F^- (mg/L)	NO_3^- (mg/L)	SO_4^{2-} (mg/L)	pH	电导率 (μS/cm)	含水量 (%)
1 号	2.53	0.25	1.85	18.23	3.56	0.03	0.92	8.02	7.03	121.8	22.8
2 号	3.15	0.31	2.97	22.58	4.85	0.72	4.21	11.9	6.91	105.2	23.7
3 号	3.20	0.01	1.09	12.99	5.38	0.27	1.08	5.92	8.12	126.7	18.6
4 号	1.78	0.33	3.90	22.58	3.65	0.67	1.65	7.46	7.77	80.2	25.3

10.1.3　扫描电镜及能谱分析

图 10-2 是 3 号接地引下线扫描电镜微观腐蚀形貌图，由图 10-2 (a) 可见，断口凸凹不平，表面覆盖大量的腐蚀产物 [见图 10-2 (b)]，有的腐蚀产物呈针状 [见图 10-2 (c)]，有的腐蚀产物呈球或片状 [见图 10-2 (d)、(e)]，并且腐蚀产物疏松，有大量裂纹 [见图 10-2 (f)]，腐蚀产物无保护性。

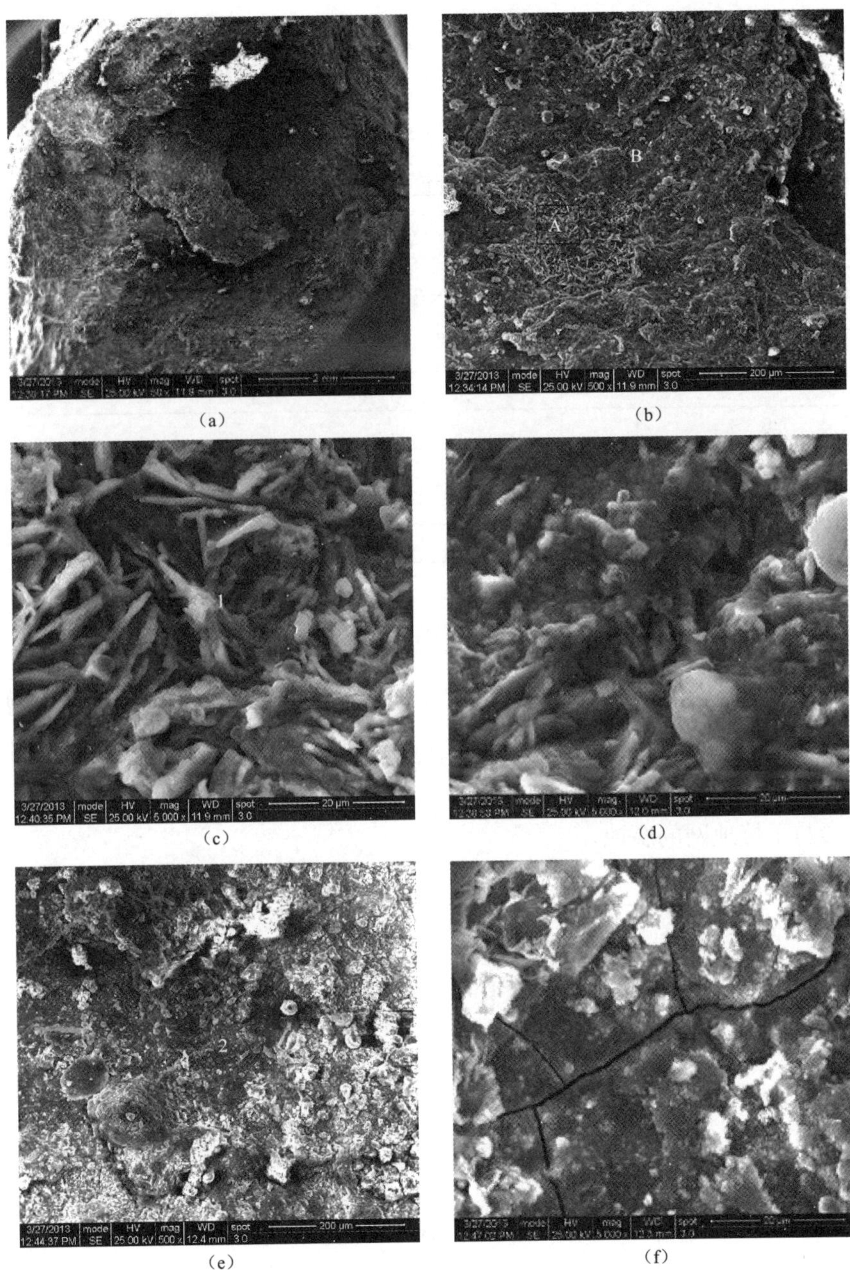

图 10-2　3 号接地引下线扫描电镜微观腐蚀形貌

(a) 宏观腐蚀断口；(b) 断口中间放大图；(c) 图 (b) A 点放大图；
(d) 图 (b) B 点放大图；(e) 图 (a) 边缘放大图；(f) 图 (e) 2 点放大图

表 10-3 是图 10-2（c）1 号位置和图 10-2（e）2 号位置区域腐蚀产物成分能谱分析结果，可见，针状腐蚀产物主要元素为 Fe 元素和 O 元素；而片状腐蚀产物主要元素为 Fe、O 和 Zn。

表 10-3　图 10-2 中标记位置的能谱分析结果

元素	1 位置（at%）	2 位置（at%）
Fe	29.09	29.49
O	54.91	54.22
Al	0.38	0.37
Si	0.83	1.52
S	0.15	0.24
Ca K	0.17	0.39
P K	0.38	0
Zn K	0	6.04

10.1.4　X 射线衍射分析

图 10-3 是 3 号接地引下线腐蚀产物 X 射线衍射分析结果，可见腐蚀产物主要为 Fe_2O_3、Fe_3O_4、$CaSO_4$，以及少量的 $ZnCO_3$，其中 Fe_2O_3、Fe_3O_4 对应图 10-2（c）针状产物。$ZnCO_3$ 对应图 10-2（e）片状产物。$CaSO_4$ 的存在表明土壤中 SO_4^{2-} 参与了接地网的腐蚀。

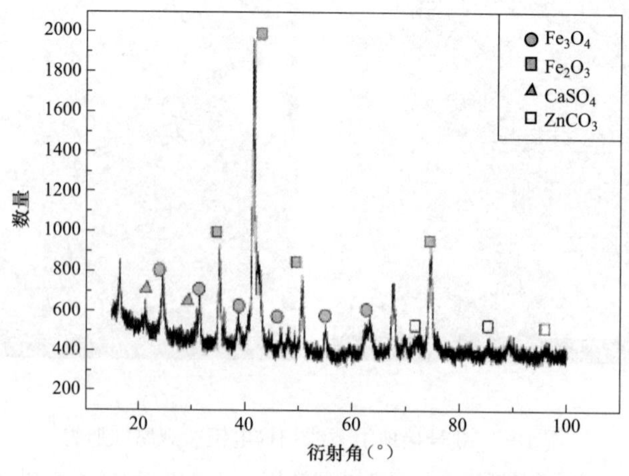

图 10-3　3 号接地引下线腐蚀产物 X 射线衍射分析

10.1.5 腐蚀机理分析

由以上分析可知，该接地引下线腐蚀最为严重的部位均处于空气/土壤交界－20～10cm范围内，即土壤上10cm和土壤下20cm区域（见图10-4），土壤上部区域位于空气中，而土壤下部区域位于土壤中，两者所处环境不同，其腐蚀机理也不同。

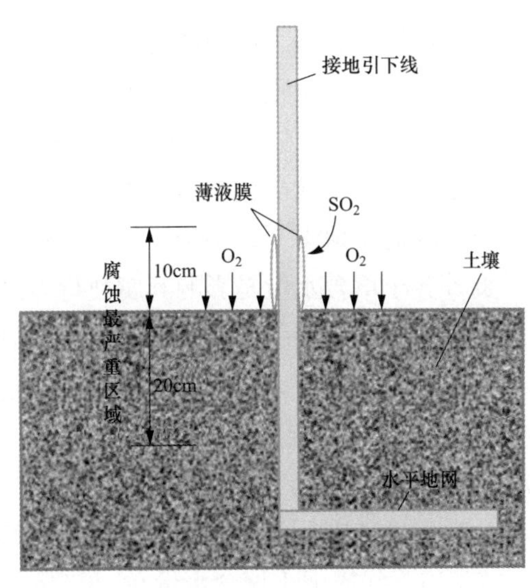

图10-4 接地引下线腐蚀机理示意图

(1) 土壤上部（0～10cm）腐蚀机理。图10-4为接地引下线腐蚀机理图。接地引下线的土壤上部区域位于空气中，其腐蚀必然受到周围空气的影响。调研发现，该输电线路区域植被茂密，空气的湿度较大，使得引下线上容易积聚水珠，水珠由于重力作用从上向下流到引下线根部，即在引下线上空气/土壤交界处汇聚，形成一层薄薄的液膜，从而产生薄液膜下的电化学腐蚀。此外，在天气晴朗的时候，地面温度升高，土壤中的水分开始蒸发，水蒸气由地底下向上流动至土壤表面，由于土壤和空气温度的差异，在空气/土壤界面处部分水蒸气凝结成水，从而造成空气/土壤界面湿度较大，加速了此处引下线的电化学腐蚀。

此外，由表10-1可知，输电线路区域空气中常年含有大量SO_2气体，研究表明，SO_2对锌有强烈的破坏性，其能够将Zn表面原有的富保护性的ZnO膜转快速失去保护性，使基体金属在薄液膜下很快腐蚀，且SO_2气体污染越重，湿度越大，锌腐蚀越重。

(2) 土壤下部（－20～0cm）腐蚀机理。土壤下部区域（－20～0cm）位于土壤中，其腐蚀最为严重。土壤是由固、液、气三相物质构成的电解质，空气中的氧气扩散到土壤中，土壤中的部分氧气溶解在水中，与接地引下线构成一个氧化还原电池。阳极（接地引下线）逐渐失去电子，开始溶解，从而引起了接地引下线的腐蚀。

电极反应为：阳极，$Fe-2e=Fe^{2+}$；阴极，$2H_2O+O_2+4e^-=4OH^-$。

由于土壤的阻挡作用，随着土壤深度的增加，氧气扩散速度逐渐减弱，因此土壤中的氧气从空气/土壤界面开始，浓度从大到小分布，界面处氧气浓度最大，此处氧气浓度差也最大，因此电化学腐蚀反应最强烈，处在空气中的引下线作为阴极受到保护，而土壤/空气界面下引下线作阳极被腐蚀，因此腐蚀最严重部位一般在界面下 20cm 左右，而随着土壤深度的增加，氧分布逐渐均匀，局部氧气浓度差值变小，因此电化学腐蚀也较弱。而界面处氧浓度差一直存在，腐蚀就不断进行，因此接地引下线位于空气/土壤交界土壤侧腐蚀最为严重。

此外，土壤含水量是影响其腐蚀行为的重要因素之一。首先由于土壤中电解质溶液的存在，使得引下线腐蚀的电化学过程得以进行；此外，含水量变化显著影响土壤的理化性质，进而影响材料在土壤中的腐蚀行为。含水量变化对土壤腐蚀性的影响十分复杂，一般情况下认为：在中碱性土壤中，含水量较低（0～10%）时腐蚀速度随含水量增加而增大，当含水量达到某一个临界值（10%～25%）时腐蚀速度最大，再增加含水量（25%～35%），腐蚀速度反而下降。1～4 号接地引下线周围土壤含水量在 18.6%～25.3%，土壤 pH 值在 6.91～8.12 之间（见表 10-1），即属于中碱性土壤，含水量刚好落在腐蚀速度最大区间。研究表明：含水量决定了腐蚀过程中的电导率和氧扩散速度，低含水量时，电导率是决定腐蚀速度的主要因素，而在高含水量时，中碱性土壤中的腐蚀速度主要受氧扩散过程控制，可见 1～4 号接地引下线腐蚀速度受氧扩散过程控制。

由于土壤水分的蒸发，引下线根部潮湿，而界面 10cm 之上相对干燥，因而在界面处形成干湿交替区，此处含水量充足，氧气浓度高，其腐蚀最为激烈。

由表 10-2 可知，引下线周围土壤含有 SO_4^{2-}，该离子主要随雨水渗透到土壤中，一般认为 SO_4^{2-} 可以加速接地材料的腐蚀，首先破坏镀锌层，然后与基体 Fe 反应生成疏松、保护性差的腐蚀产物附着于基体表面（见图 10-2），造成这部分金属表面的阳极电流密度和阴极电流密度不平衡，从而引起局部腐蚀的催化作用，使接地引下线的腐蚀速率增大。另外，由表 10-2 可知，1～3 号引下线周围土壤电导率较大，而其大小直接关系到接地材料的腐蚀快慢，一般认为土壤电导率大于 100μS/cm，土壤腐蚀性最强，1～3 号接地引下线周围土壤电导率均大于 100μS/cm（见表 10-2），尤其是 3 号引下线，电导率最大，因此腐蚀最严重，这与观察结果较一致。

（3）镀锌层厚度。目前接地引下线防腐主要采用热浸镀锌，镀锌层一方面屏蔽外界水分子，另一方面作为牺牲阳极材料保护底层金属免受腐蚀，因此镀锌层的致密性和厚度直接影响防腐效果。1～3 号引下线属于早期输电线路，镀锌层厚度较薄 30～50μm 按照重污染区镀锌层的腐蚀速率 6.4μm/a 计算，镀锌层的理论

保护寿命约为5～10年，因此1～3号引下线镀锌层厚度是不符合要求的，这也是引下线腐蚀严重的重要原因之一。引下线镀锌层需要足够厚，保护寿命才能长久，但是镀锌层达到一定厚度，受力弯曲时就容易龟裂，如图10-1（d），因此对于受力部位的镀锌层不宜太厚。

10.1.6 防腐建议

接地引下线腐蚀严重部位均位于空气/土壤交界－20～10cm范围，因此需针对此部位重点防腐，根据其腐蚀特点，采取的防腐措施建议如下：

（1）耐蚀材料。镀锌钢本身的不耐腐蚀性决定了其使用寿命，因此可以采用耐腐蚀材料代替镀锌钢，从根本上解决引下线的腐蚀问题，但必须满足接地引下线防雷接地的要求，即引下线需要具备良好的导电性、热稳定性、耐腐蚀性，满足此条件的耐蚀材料有纯铜棒、镀铜棒、铜绞线，性能优异，耐蚀性好，是理想的接地引下线材料，但考虑到铜价格昂贵，不适合大规模应用，因此可以将引下线空气/土壤交界±30cm处使用铜代替镀锌钢，需要注意的是焊接部分必须用防锈漆保护起来，以免产生铜的电偶腐蚀。

（2）防腐涂料。将防腐涂料涂覆在引下线空气/土壤交界±30cm处，避免引下线与土壤中的水和氧气接触，从而起到物理屏蔽作用，使得引下线免受腐蚀。常见的耐土壤腐蚀的涂料主要有沥青涂料，但使用寿命有限，近年来开发的导电涂料，使用寿命更长，应用前景广阔。此外，也可以采用PVC套管保护空气/土壤交界±30cm处，两端用水泥密封。

（3）表面处理。表面处理是提高材料耐蚀性常用方法，利用最新的超音速喷涂、冷喷涂、电镀镀、化学镀等手段在接地引下线材料表面镀上一层耐蚀又导电的合金涂层，如热喷涂Al-Si合金、电镀铜等均可以显著提高接地材料的耐蚀性。

10.1.7 结论

（1）接地引下线腐蚀最严重部位均位于空气/土壤交界－20～10cm处。

（2）土壤上部（0～10cm）空气湿度大、氧浓度大，形成了干湿交替区域，其腐蚀是由薄液膜下的大气腐蚀造成的，主要影响因素是周围空气湿度和SO_2气体。

（3）土壤下部（－20～0cm）的腐蚀是由氧浓度差引起的电化学腐蚀造成的，主要影响因素是土壤含水量、电导率、土壤中硫酸根离子，此处持续的氧浓度差存在，使得界面处腐蚀最严重。

（4）接地引下线镀锌层太厚度容易造成龟裂，加速接地引下线的腐蚀。

（5）接地引下线腐蚀最严重部位可以采用耐蚀金属材料、防腐涂料、表面处理进行重点防腐处理。

10.2　某500kV变电站水平地网腐蚀

10.2.1　现场检查

现场挖开湖南某500kV变电站500kV侧1号主变压器C相避雷器附近水平接地网，如图10-5所示：引下线未腐蚀，该处水平地网被黑色降阻剂包裹，部分区域接地扁铁厚度减薄达30%～80%［图10-5（a）］；部分区域接地网已经腐蚀断裂［图10-5（b）］；部分区域降阻剂厚薄分布不均匀，且可见降阻剂的包装塑料袋，该区域接地扁铁相对完好［图10-5（c）］；部分无降阻剂区域接地扁铁腐蚀相对较轻，腐蚀产物呈黑褐色［图10-5（d）］；一处已经锈蚀断裂的接地扁铁表面腐蚀剧烈，出现向河流一样平行排列的沟槽［图10-5（e）］。

(a)

(b)

图10-5　500kV侧1号主变压器高压侧C相避雷器附近接地网腐蚀照片（一）

(a) 腐蚀1；(b) 腐蚀2

(c)　(d)

(e)

图 10-5　500kV 侧 1 号主变压器高压侧 C 相避雷器附近接地网腐蚀照片（二）

(c) 腐蚀 3；(d) 腐蚀 4；(e) 腐蚀 5

10.2.2　变电站改造及降阻剂使用情况

经询问和查阅资料，2010 年进行过地网改造，当时的改造方式是对 500kV 变电站地网改“川”字形结构为“田”字形结构。改造时在站内未采用降阻剂，站门口出口处（靠右侧水田）敷设地网采用了 GPF-94c 高效膨润土降阻防腐剂，数量为 18.6t。此外该变电站在 1995 年左右基建时曾使用过降阻剂，查阅基础资料，该变电站基建时使用过 CJ-1（或 EG）型降阻剂，数量为 34.5t。

10.2.3　土壤及降阻剂理化分析

通过检测土壤及降阻剂的理化参数，可以判断其腐蚀影响因素，表 10-4 为两处土壤和两处降阻剂的理化参数，表 10-5 为土壤及降阻剂（1∶1）过滤液中阴阳离子含量。

表 10-4 土壤及降阻剂理化分析

编号	取土位置	含水量（%）	电导率（$\mu S/cm$）	氧化还原电位 Eh7（mV）	pH 值
A	606 断路器	26.9	147.2	362	6.1
B	1 号主变压器 C 相避雷器	25.3	182.5	296	7.7
C	图 10-5（a）降阻剂	51.7	1206	119.2	10.1
D	图 10-5（b）降阻剂与泥土 1∶1 混合	—	2191	272.5	8.4

表 10-5 土壤及降阻剂（1∶1）过滤液离子含量（ICS-2000 离子色谱仪） $\mu g/L$

编号	K^+	Na^+	NH_4^+	Mg^{2+}	Ca^{2+}	Cl^-	PO_4^{3-}	NO_3^-	SO_4^{2-}
A	1.525	2.522	0.965	2.599	20.028	4.754	—	1.905	46.41
B	0.979	12.117	0.337	2.785	43.332	3.413	1.143	0.677	23.98
C	1.736	2.254	4.30	1.024	313.51	2.861	0.317	0.946	—
D	1.035	8.108	0.729	12.161	618.09	4.195	4.103	1.782	—

由表 10-4 和表 10-5 可知，土壤含水量为 26%左右，呈中性，SO_4^{2-} 含量较高。取不同位置降阻剂，分析结果表明：降阻剂碱性较强，吸水性很强，离子电导率较土壤高约 6～7 倍，导通实验表明，该降阻剂电子导电性极强；纯降阻剂氧化还原电位约为 100mV，容易发生厌氧微生物腐蚀；此外，不同位置的降阻剂电导率以及 pH 值有较大差异，说明降阻剂成分或其盐含量不均匀，埋设时较随意，部分降阻剂包装塑料袋完好，氧气透过率低，容易发生局部腐蚀。

10.2.4 腐蚀产物及降阻剂成分

扫描电子显微镜（SEM）可以观察样品表面腐蚀产物形貌，电子能谱（EDS）可以分析腐蚀产物的组成元素，X 射线衍射（XRD）可以分析腐蚀产物的物相，测试腐蚀产物的含量。取图 10-5（e）中样品对腐蚀产物进行能谱和 X 射线分析，图 10-6 为腐蚀扁钢横截面和表面扫描电镜及能谱分析，可见腐蚀产物很厚，其主要元素为 Fe、O、Si、S 等，用 X 射线进一步分析发现腐蚀产物的主要成分为 SiO_2、FeOH、Fe_2O_3、Fe_3O_4、FeS_2（见图 10-7）。其中 SiO_2 为土壤成分，其余为腐蚀产物，FeS_2 的存在说明有硫酸盐还原菌参与了腐蚀过程。图 10-8 为降阻剂的 X 射线物相分析，由图可见降阻剂主要成分为石墨、$CaCO_3$、

KAl_2（Si_3Al）O_{10}（OH，F）$_2$。表 10-6 为降阻剂物相定量分析，由表可见石墨含量高达 63.2%，考虑到石墨吸附土壤中的离子（Ca、K、Al、Si），且降阻剂呈碱性，可以推断此降阻剂为石墨＋钝化剂型物理降阻剂，该降阻剂利用石墨的强导电性和吸水性达到接地降阻的目的。

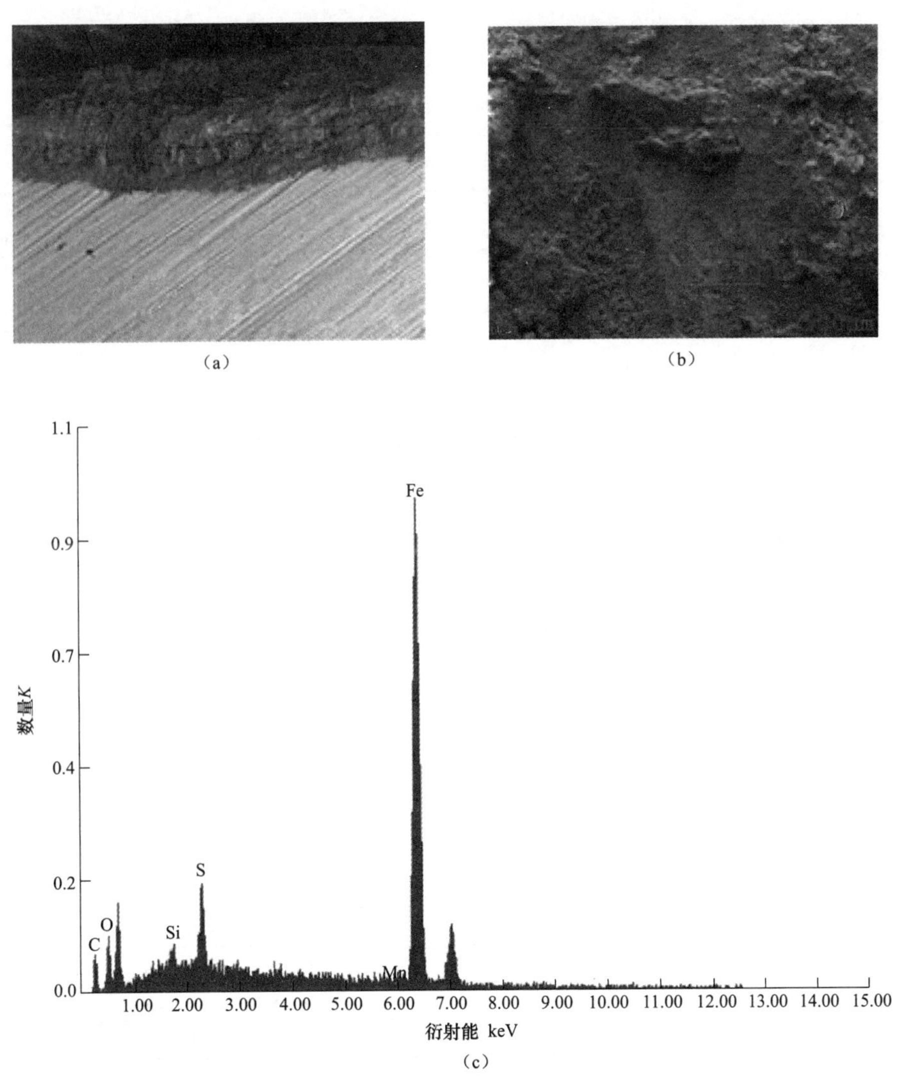

图 10-6　接地扁钢横截面/表面产物扫描电镜及能谱分析

(a) 腐蚀扁钢横截面；(b) 扁钢表面腐蚀产物；(c) 表面腐蚀产物能谱分析

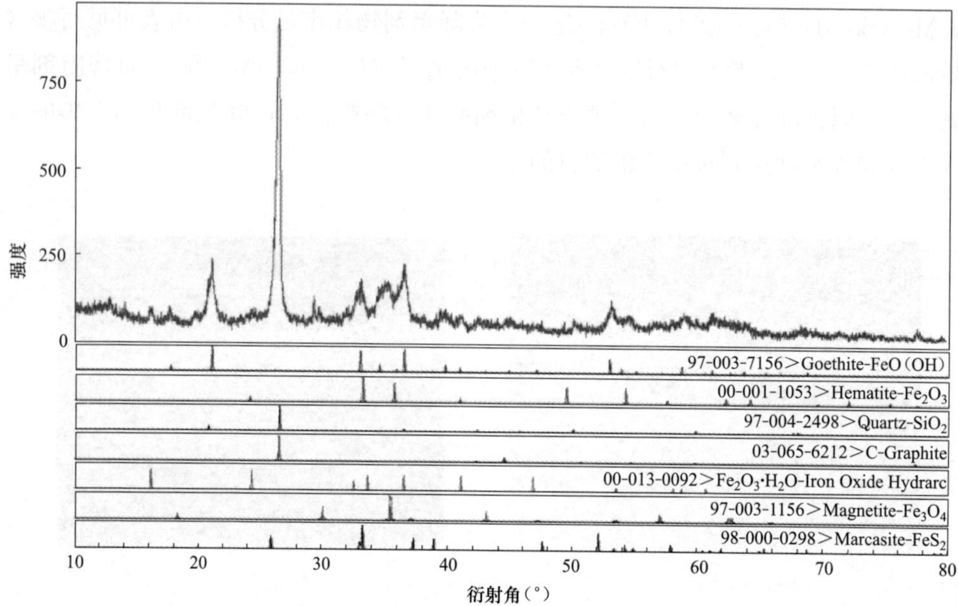

图 10-7　表面腐蚀产物 X 射线物相分析

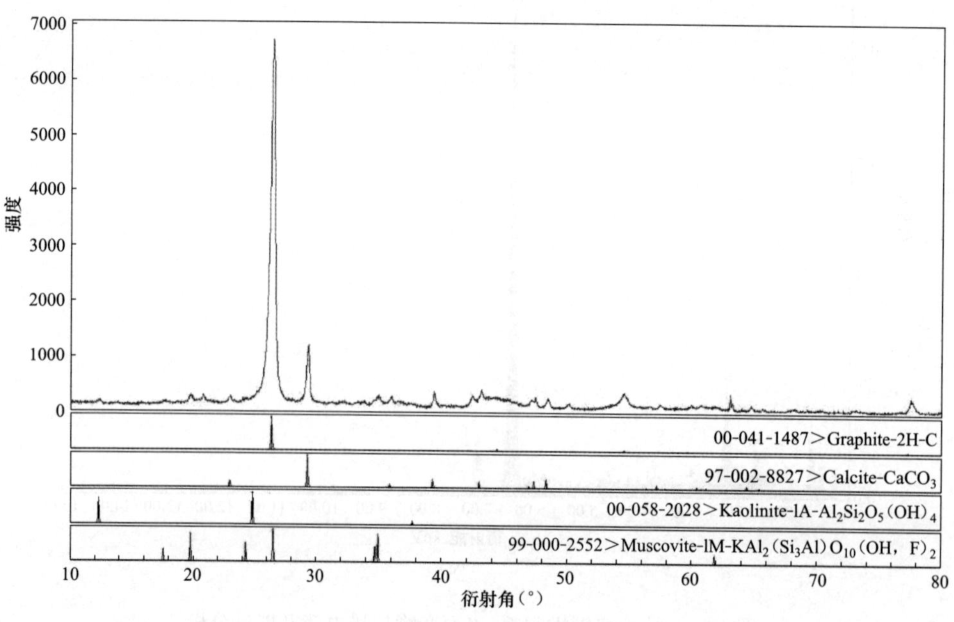

图 10-8　降阻剂 X 射线物相分析

表 10-6　　降阻剂物相定量分析

物相	石墨 C	碳酸钙 $CaCO_3$	KAl_2（Si_3Al）O_{10}（OH，F）$_2$	$Al_2Si_2O_5$（OH）$_4$
百分含量 Wt%	63.2	26.0	9.9	0.9

10.2.5　腐蚀电化学试验

（1）Tafel 和线性极化曲线测试。实验条件：饱和水土壤，同材质三电极体系，－200～200mV，扫描速率 1mV/s，线性极化扫描速率 1.25mV/s，－10～10mV。

（2）电偶腐蚀试验（石墨/碳钢面积比＝1）。

由腐蚀电化学测试可知（图 10-9 和表 10-7），碳钢在 C（纯降阻剂）和 D（降阻剂和土 1∶1 混合）样中的腐蚀速率明显大于 A（断路器土壤）和 B（变压器土壤）样，尤其在降阻剂中，虽然降阻剂呈碱性，对碳钢有钝化作用，但是钝化电流较大，所以碳钢腐蚀速率仍然高达 0.083mm/a，远超过 DL/T 380—2010《接地降阻材料技术条件》规范要求扁钢在纯降阻剂中的平均腐蚀速率应在 0.03mm/a。

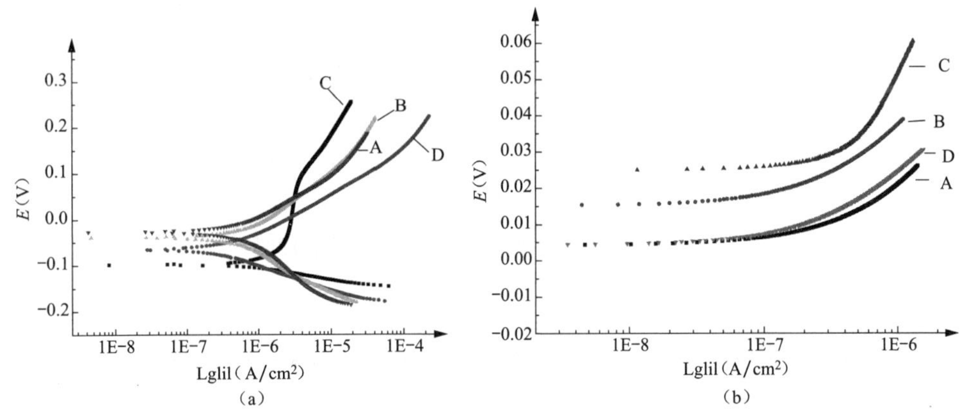

图 10-9　Tafel 曲线和线性极化曲线

(a) Tafel 曲线；(b) 线性极化曲线

表 10-7　　由图 10-9 曲线拟合得到四种溶液中碳钢的腐蚀速率

编号	Beta A（V）	Beta C（V）	I_{corr}（μA）	E_{corr}（mV）	Rp（kΩ）	腐蚀速率（mm/a）
A	0.0113	0.0156	0.808	−26.5	25.24	0.033
B	0.0138	0.0112	0.663	−59.6	33.0	0.036

续表

编号	Beta A（V）	Beta C（V）	I_{corr}（μA）	E_{corr}（mV）	Rp（kΩ）	腐蚀速率（mm/a）
C	0.683	0.048	2.01	−98.4	36.09	0.083
D	0.0848	0.0677	0.393	−65.9	31.09	0.016

由图 10-5（e）中的沟槽腐蚀形貌特征及石墨自腐蚀电位大于碳钢，推测碳钢和石墨降阻剂存在电偶腐蚀，因此测试了石墨棒与碳钢在土壤中的电位差值高达 1089mV，如图 10-10 和表 10-8 所示，碳钢/石墨电偶腐蚀剧烈，理论腐蚀速率高达 2.179mm/a，由于实际降阻剂并非纯石墨，且周围土壤温度，适度等影响，因此实际腐蚀速率比理论测试值小。

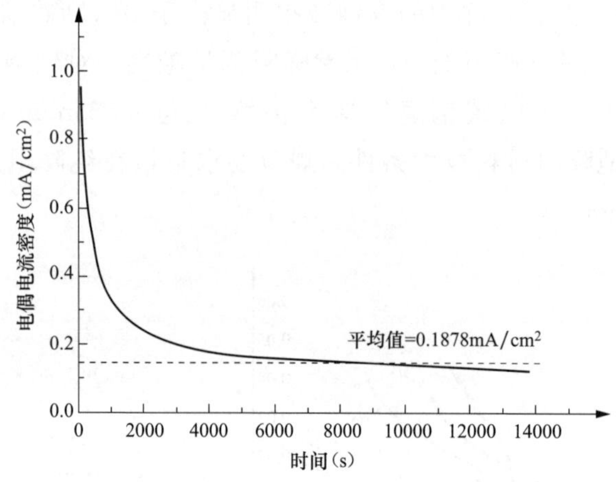

图 10-10　电偶腐蚀电流密度随时间变化曲线

表 10-8　　**电偶腐蚀参数**

电偶电位差值（mV）	平均电偶电流密度（mA/cm^2）	电偶腐蚀速率（mm/a）
1089	0.1878	2.179

（3）埋片腐蚀试验。实验条件：含饱和水土壤，(30±1)℃，两个平行试样，周期 20 天。

实验室埋片腐蚀速率见表 10-9，埋片平均腐蚀速率与电化学测试得到的瞬时腐蚀速率趋势一致，即碳钢在纯降阻剂中的腐蚀速率最大。从腐蚀 20 天后的表面形貌可以看出（见图 10-11），在土壤中碳钢主要为均匀腐蚀（A 和 B），而在纯降阻剂中和降阻剂与土混合物中，局部腐蚀明显（C 和 D），说明降阻剂促进了碳钢的局部腐蚀，尽管平均腐蚀速率不高，但可能局部区域腐蚀速率远高于平均腐蚀速率，因而危害更大。

表 10-9　　埋片腐蚀速率

编号	样品号	表面积 S (cm^2)	初始重量 M_0 (g)	腐蚀后重量 M_1 (g)	腐蚀速率 (mm/a)	平均腐蚀速率 (mm/a)
A	1号	28.56	20.5569	20.5367	0.0182	0.0196
	2号	28.31	20.3668	20.3436	0.0210	
B	1号	28.06	18.8651	18.8475	0.0161	0.0154
	2号	28.25	18.9800	18.9639	0.0146	
C	1号	28.12	18.9241	18.8995	0.0225	0.0212
	2号	28.55	19.0405	19.0186	0.0197	
D	1号	28.29	20.0398	20.0286	0.0102	0.0091
	2号	28.37	20.4759	20.4672	0.0079	

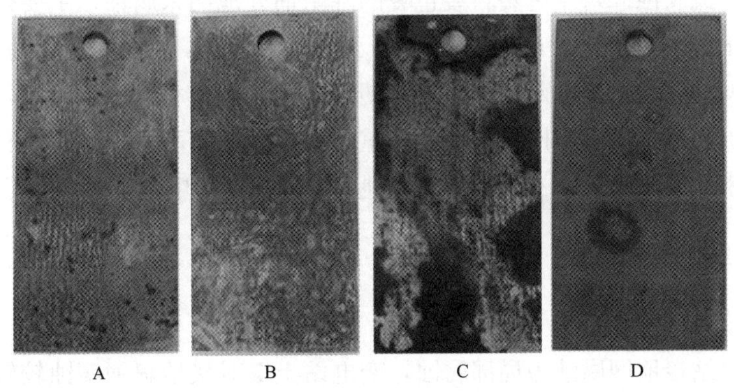

图 10-11　腐蚀 20 天后的试片形貌

实验室埋片加速腐蚀条件下（温度、湿度条件得到强化，相应腐蚀速率也高），四种情况平均腐蚀速率均在工程应用可接受范围，但应看到纯降阻剂中由于没有与土壤接触，硫酸盐还原菌引发起的腐蚀无法进行（缺乏土壤的硫酸盐），而且没有变电站实际环境泄漏电流（杂散电流）因素，因此得到的腐蚀速率与实际比较应是偏低的。

10.2.6　原因分析

从开挖的情况看，该变电站接地网局部腐蚀严重。实验室试验结果表明：硫酸盐还原菌和降阻剂联合作用是接地扁钢加速腐蚀的重要原因，证据有：降阻剂氧化还原电位约为 100mV 满足硫酸盐还原菌腐蚀发生充分条件；土壤中含有较高硫酸根离子；接地扁钢腐蚀产物呈灰黑色；能谱及 X 射线衍射确认腐蚀产物中含有硫化铁。这些证据说明存在较严重的硫酸盐还原菌腐蚀。能谱及 X 射线衍射分析可知降阻剂主要成分为石墨和碳酸钙，其离子电导和电子电导率较普通土壤成数量级增加，也将大大加快扁钢的腐蚀速率，只是由于降阻剂呈碱性，对碳钢有钝化作用才降低其电化学腐蚀速率。石墨包裹扁钢，而石墨在土壤中的腐蚀电位远高于扁钢，两者电位差约为 1089mV，从而使得两者形成强电偶对，在合适条件下如形成离子电流或电子电流通路时将由电偶腐蚀主导腐蚀进程。实验表明，在 1∶1 面积比下纯石墨与扁钢电偶对的引起的扁钢腐蚀，其速率是土壤腐蚀速率的 10 倍。此次锈蚀断裂地网刚好位于两避雷器中间，不能排除可能存在泄漏电流，加速了扁铁和降阻剂之间的电偶腐蚀，沟槽状的腐蚀形貌也佐证了存在强烈的电流腐蚀。对于有塑料袋包裹的降阻剂处地网未腐蚀，主要是由于塑料袋隔离了土壤，使得此处地网降阻剂含水量相对较少，氧浓度低（扩散受阻），减缓了地网的腐蚀。因此部分降阻剂被塑料袋包裹，另一部包装破损，降阻剂铺设不均匀，也会导致了地网局部腐蚀严重。硫酸盐还原菌和降阻剂联合作用导致了接地扁钢的腐蚀，避雷器附近地网的泄漏电流加速了电偶腐蚀。

10.2.7 结论及建议

1. 结论

该变电站接地网腐蚀为局部腐蚀，变电站土壤对接地扁钢腐蚀较轻，降阻剂铺设不均匀，在土壤硫酸盐还原菌和石墨＋钝化剂型降阻剂联合作用下使变电站接地扁钢局部腐蚀，石墨与扁钢的电偶腐蚀在泄漏电流作用下快速发展。

2. 建议

（1）加强日常的接地电阻和导通测试，重点检查避雷器以及地势低洼处地网，发现异常应立即挖土检查，更换腐蚀断裂的地网，已经腐蚀的地网降阻剂要全部清除换土。

（2）结合停电检修，运行单位应对使用降阻剂的变电站进行全面检查，举一反三，排除隐患；

（3）按照 DL/T 380—2010 要求，加强降阻剂的入网质量抽查，石墨型降阻剂需要进行腐蚀实验才能在变电站应用。

10.3 某 500kV 输电线路接地网腐蚀

10.3.1 腐蚀概况

某供电公司对所辖我国第一条 500kV 输电线路姚双线（1982 年 1 月 13 日投运）进行接地电阻周期性测量时，发现有 34 基地网的接地电阻不合格，经检查发现地网严重腐蚀，部分杆塔地网甚至锈断，不得不重新铺设地网。此后，供电公司对所辖 4 条线路按 10∶1 的比例进行地网开挖检查；并对所辖 5 条线路 1227 基杆塔进行接地电阻测量。

对 500kV 姚双线、双玉一回、葛双一回、葛双二回 4 条线路共抽查 102 基。所抽查的 102 基地网锌皮全部脱落，基本锈蚀为 1mm 左右，较严重的截面不足原来的 1/2，直径甚至只剩 2mm；有的腐蚀为"肝肠寸断"，锈蚀非常严重的（接地引下线被腐蚀 3.0mm 以上）42 基，占所抽查的 41.18%。该公司在 1998～1999 年对双玉一回进行接地引下线改造时发现，有 12 基锈断，占所改造的 5.02%（共改造 239 基）。同时，发现不同的土质其腐蚀程度也不同，排水性、通气性差而保持水分能力大的黏土和淤泥的细粒土壤比排水性和通气性良好的粗粒土壤（如石渣土）锈蚀严重（见表 10-10）。

表 10-10　　500kV 葛双一回接地网腐蚀情况表

塔号	接地型号	地形	土质	接地引下线直径减少量(mm)	地网直径减少量(mm)	备注
116	ZBK-60	耕地	沙土	1.5	1.5	
117	ZBK-57	丘陵	黄黏土	1.0	1.0	
164	ZLV-33	丘陵	沙土	3.0	2.0	
162	ZLV-27	丘陵	沙土	2.0	2.0	
163	ZLV-27	丘陵	黄黏土	3.0	2.0	
201	ZLV-27	山地	黄黏土	3.0	1.0	
199	ZB-42	山地	石渣土	2.0	1.0	
203	JG-24	山地	石渣土	1.0	1.0	
229	ZB-27	山地	沙土	1.0	1.0	
230	JHG-27	山地	石渣土	1.0	1.0	
231	ZB-33	山地	沙土	2.0	2.0	
257	ZLV-33	丘陵	黄黏土	2.0	2.0	

续表

塔号	接地型号	地形	土质	接地引下线直径减少量（mm）	地网直径减少量（mm）	备注
258	ZLV-33	耕地	黄黏土	3.0	1.5	
259	ZLV-33	耕地	黄黏土	2.0	1.5	
277	ZB-45	丘陵	沙土	3.0	1.0	
278	JG-27	丘陵	黑土	2.0	1.5	
279	ZB-33	丘陵	黑土	1.5	1.0	

腐蚀特点有：

（1）圆钢在土壤中的腐蚀是以锈层形式发展的，成层状、树皮状，使圆钢层状分离，即剥蚀，严重时大块大块的完全连续的锈层脱离圆钢本体，清除锈皮后，可以看到圆钢表面个别的或小区域内有深坑和麻面，出现小孔状腐蚀坑，呈点状弥散分布，即形成点腐蚀或点蚀。如姚双线 562、666、634、635、662 等。其中 10mm 圆钢仅剩 3mm 粗，一折即断。

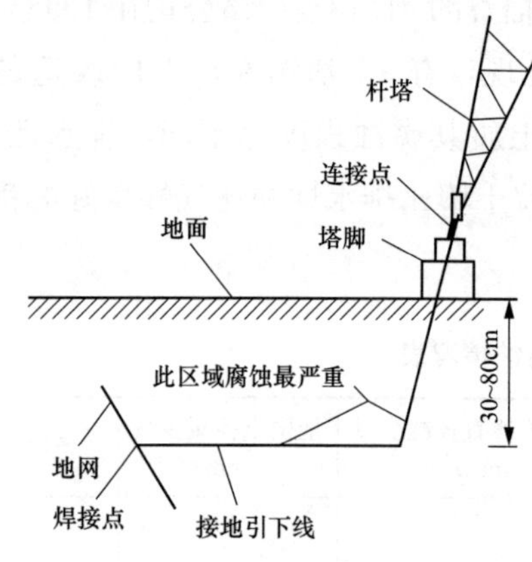

图 10-12　严重锈蚀部位示意图

（2）在开挖检查中，发现所有锈蚀的接地网其锈蚀最严重的部位在接地引下线上，特别是垂直体入土处至水平体弯曲处最严重（见图 10-12）。

（3）接地引下线锈断，如双玉一回 177，断裂两端成针状，既有剥蚀，又有点蚀。

10.3.2　腐蚀原因分析

输电线路接地网均埋设于地面下 0.3～0.8m 的土壤中。因此，土壤是造成其腐蚀的环境介质。土壤腐蚀一般属于电化学腐蚀，它和其他介质中的电化学腐蚀过程一样，因金属和介质的电化学不均一性形成腐蚀原电池，这是腐蚀发生的根本原因。实质上，土壤腐蚀是水溶液腐蚀的一种特例，它受土壤的 pH 值、杂散电流、化学反应、电阻率和微生物作用的影响极大。氧和水是土壤腐蚀的关键因素。但因土壤介质具有多相性，不均匀性等特点，所以除了有可能生成和金属组织的不均一性有关的腐蚀微电池外，由于土壤介质的宏观不均一性所引起的腐蚀宏电池（它是造成接地引下线入土处至水平网 2m 以内锈蚀最严重的主要原因），在土壤腐蚀中往往起着更大的作用。

土壤介质的不均匀性主要是由于土壤透气性不同所引起的，在不同的透气性条件下，氧的渗透速度变化幅度很大，强烈地影响着不同区域土壤直接接触的金属各部分电位，这是促使建立氧浓差腐蚀电池的基本因素。接地引下线由地面伸入地下，其接触的土壤电解质的含氧量是不同的，含氧量低的为最下端，其电极电位较负，为阳极，发生腐蚀严重。因此接地引下线水平体腐蚀最严重。

10.3.3 影响接地网腐蚀的因素

与地网腐蚀有关的土壤性质主要有孔隙度（透气性）、含水量、电阻率、酸度及含盐量等。而这些影响因素又是相互联系的，共同作用的。

（1）孔隙度（透气性）的影响。透气性较好的石渣土、风化石等粗粒无黏性土壤中的接地网腐蚀程度较轻，直径减少量为1mm左右。而在密不透气的黏土中。地网却发生了严重的腐蚀，黏性越大，腐蚀越严重。这是因为在氧浓差电池的作用下，透气性差的区域将成为阳极而发生严重腐蚀。而在透气性良好的土壤中也更容易生成具有保护能力的腐蚀产物层，阻碍金属的阳极溶解，使圆钢腐蚀速度减缓。

（2）含水量的影响。土壤中含水量对腐蚀的影响很大，土壤中的水分对于金属溶解的离子化过程及土壤电解质的离子化都是必要的。当土壤含水量很高时，饱和度大于95%，氧的扩散渗透受到阻碍，腐蚀减轻。如葛双二回137位于泥水田，腐蚀量为0.8mm。随着含水量的减少，饱和度为10%～90%，氧的极化容易，腐蚀速度增加，如葛双二回263（黑黏土）、姚双线562、666（黄黏土）腐蚀较严重，有的锈断。当湿度降到10%以下，由于水分的短缺，阳极极化和土壤电阻加大，腐蚀速度又急速降低，如葛双一回230（石渣土）、葛双二回166（风化土）腐蚀很轻。

（3）电阻率的影响。黏性土电阻率为1000～10000Ω·cm，地网处于此种土质中腐蚀较大，而石渣土等土质的电阻率为10000Ω·cm以上，腐蚀较轻。所以，土壤电阻率越小，土壤腐蚀也越严重。

（4）其他因素。包括：①土壤酸度的影响：用pH试纸对腐蚀较严重的土壤进行酸度测定，pH呈酸性，其腐蚀性越强。②含盐量的影响：含盐量越大，土壤的电导率就越大，其腐蚀性也越强。③微生物对地网腐蚀的影响：在缺氧的土壤条件下，如密实、潮湿的黏土深处，有利于某些微生物的生长，它们的活动能引起很强的腐蚀。④泄漏电流的影响：导地线对杆塔的泄漏电流对接地引下线有影响。导地线与杆塔分别用绝缘子和空气间隙绝缘组合，这样导地线和杆塔相当于一个电容，特别是地线感应电压达到上万伏，因此，铁塔也产生相应电位，该电位使接地网周围的不同地点间产生电位差，该电位差会在接地网中产生电流，从而使接地网腐蚀。从开挖的情况来看，地网腐蚀程度比拉线拉棒更为严重。

注意到以上影响地网腐蚀的因素并不符合所有的情况，更有一些相反的实例，如双玉一回在水田中锈蚀相当严重；而葛双二回 137 腐蚀很轻。在土壤对地网的腐蚀性和各种不同特征的土壤之间不能建立简单的对应关系，必须综合考虑和对各种因素综合分析，才能对地网的腐蚀作出合理的估计。

10.3.4 对接地网严重腐蚀的防护改造措施

对于腐蚀严重的地网必须改造，重新铺设，同时，要采取防护措施，主要措施如下：

（1）为有效降低接地电阻，防止接地网腐蚀，在接地网改造时使用高效膨润土防腐降阻剂以降低接地电阻和提高防腐蚀性能。特别是对接地引下线，应采取此措施。

（2）对杆塔接地引下线采用两根引下线与地网的不同点可靠地焊接在一起，实行“双接地”，焊口的长度大于圆钢直径的 6 倍，并对焊口刷防锈漆，放弃使用并钩线夹，因为它锈蚀后会增大接地电阻。

（3）对接地引下线，从地面入土处直到水平接地体涂沥青漆进行处理，以避免因腐蚀电位不同而引起电化学腐蚀，加快接地引下线的腐蚀。

（4）对腐蚀特别严重的黏土、黄土环境，采用表面防腐处理技术；对接地引下线，进行电镀或者化学镀锌镍金属保护层处理。

10.3.5 结论

输电线路接地网腐蚀问题直接影响线路的防雷效果，威胁线路的安全运行，特别是腐蚀较严重的接地网。因此，必须在更换时采取有效的防护措施，切实减轻接地网的腐蚀，降低接地电阻，从而保证输电线路的安全运行。

10.4 某 220kV 变电站接地网腐蚀 1

10.4.1 腐蚀概况

220kV 水贝变电站是深圳供电公司一个重要的枢纽变电站，担负着罗湖区、

香港等地的供电任务。该变电站自 1980 年建成投运以来已运行了 20 多年。经检查发现，其接地网主母线钢材已遭严重腐蚀，危及系统安全运行。

该地网的基本情况见表 10-11。为了配合变电站接地网的改造工作，对变电站地网进行了全面检查。由于地网面积内土壤的电阻率比较均匀，水平地网开挖了 16 处，为总长度的 10%，垂直接地体检查的数量为垂直接地体总数的 10%，引下线应为总引下线数量的 10%，网格搭接处、电缆沟长度均为各自总量的 10%，可基本反应地网的腐蚀程度。

表 10-11　　水贝变电站地网基本情况

地网大小			水平接地极		网格情况		垂直接地极		电缆沟情况		引下线	
长（m）	宽（m）	面积（m^2）	规格（mm）	数量（m）	平均网格距离（m）	网格数（个）	规格（mm）	极数（个）	电缆沟内敷设长度（m）	水平地网跨接数目（个）	规格（mm）	数量（根）
223	137	30551	ϕ18	12660	5	850	$L50\times5$	80	1000	60	ϕ22	460

该地网在 1993 年第二次地网改造时选用了 ϕ18 的镀锌圆钢，开挖检查时发现，地网圆钢被腐蚀比较严重，有的地方已损坏了 1/3，损坏最严重的地方直径已不足 10mm，无法满足短路电流热稳定的要求。各种缺陷检查结果列于表 10-12 中。

表 10-12　　各种缺陷检查结果表

主接地网腐蚀		引下线		电缆沟		垂直接地体	
腐蚀率	最严重的情况	腐蚀率	最严重的情况	腐蚀率	最严重的情况	腐蚀率	最严重的情况
100%	占原钢直径的 70%	100%	占原钢直径的 68%	100%	占原钢直径的 65%	100%	占原钢直径的 80%

另外，还存在以下缺陷：设备接地接触不良的有 4 处；设备未接地的有 2 处；引下线与接地网连接超过 3m 的有 10 处；水平地网埋深不足，小于 0.6m 的有 10 处，共 100m。综上所述，地网腐蚀最严重的地方是接地引下线与地面的交界处和拐弯的地方，其次是电缆沟内。腐蚀的原因主要是电化学腐蚀，这与变电站地网的土壤结构和施工质量有关，与引下线通过的电流无关。如按腐蚀程度排序，最严重的是电缆沟中的接地带腐蚀，其次是引下线腐蚀，再次是地网内水平接地带腐蚀。

10.4.2　腐蚀原因分析

1. 电缆沟内接地带的腐蚀

电缆沟内接地带腐蚀比较严重，从开挖的情况来看，电缆沟内的扁钢已从原来5mm的厚度降到3.75mm，腐蚀率为65%。因为电缆沟内比较潮湿，潮气在扁钢表面形成了许多水珠或水膜，氧气在水珠和水膜中浓度不均匀，这样在水珠的边缘与中心之间形成了气浓差腐蚀电池，边缘部分为阴极，中心部分为阳极，造成接地扁钢的腐蚀。相对湿度从90%增加到100%时，腐蚀量将增大20倍左右；如果相对湿度小于65%，则对接地体无太大的影响。

2. 接地引下线的腐蚀原因

地网的接地引下线普遍已被腐蚀，无论在大电流入地处还是小电流入地处，腐蚀的结果均一样。运行10年之后的地网，圆钢已被腐蚀一半左右。其腐蚀原因如下：

(1) 电化学腐蚀。引下线一半是在地上，一半是在地下，地下土壤内含氧量较少，地上含氧量较大，因而形成氧浓度差腐蚀。

(2) 宏电池腐蚀。当引下线一半在地下一半在地上，处于2种物质的界面处会形成“宏电池”，导致地网腐蚀。

(3) 接地引下线垂直部分的地下拐弯处被腐蚀的原因有2个，一个是电化学腐蚀，一个是拐弯处铁的应力损坏。在铁弯曲的时候，尤其是硬性弯曲的时候，会导致铁表面撕裂，造成铁表面电化学过程不均匀，裂纹的尖端部分会成为腐蚀的活性点，裂纹愈大，腐蚀愈加严重。

3. 水平地网腐蚀原因

水平地网被腐蚀主要原因是接地体的截面积小，土壤里盐和碱的成分较高，加剧了接地体的腐蚀。

10.4.3 防腐蚀措施

1. 提高导体的横截面积

接地体横截面积偏小是地网寿命降低的主要原因。按照GB/T 50065—2011的规定，接地线的最小截面积为

$$S_g \geqslant \frac{I_g}{c}\sqrt{t_e}$$

式中：S_g为接地线的最小截面积，mm^2；I_g为入地的短路电流，A；t_e为短路等效持续时间，s；c为接地材料的热稳定系数。

1983年用的$\phi 14$圆钢，现在的直径只剩下不到2mm，年腐蚀率为5%；1993年用$\phi 18$镀锌圆钢，最严重的地方只剩下12mm，年腐蚀率为3.7%。可见水贝

变电站的年腐蚀率普遍高于广东省其他地区。广东地区普遍的土壤腐蚀率见表10-13。

表10-13　广东地区的土壤腐蚀速率

序号	金属性质	年腐蚀率 R（%）
1	普通钢材	3
2	铜	1
3	镀锌钢材	2

水贝变电站入地短路电流为4000A，入地电流等效持续时间最长为3s，则计算最小截面积为134.7mm^2。目前敷设的地网为Φ22圆钢，按公式计算，水贝变电站地网的寿命为

$$N=(\phi_1-\phi)/(\phi_1 R)$$

式中：N为使用寿命，年；ϕ_1为钢材截面直径，mm；ϕ为地网要求最小截面直径，mm；R为1年的腐蚀率，%。按上述计算其运行寿命为8.6年。

2. 使用耐腐性铜作为接地材料

如采用铜材敷设，电流暂定为4000A，动作时间为3s，热稳定系数为210，最小截面积为57mm^2. 铜敷设的年腐蚀率为1%，运行寿命为30年时的截面积为116mm^2，即如果地网运行30年，短路电流不变，可选用截面积为116mm、直径为13mm的圆铜。

3. 改善地网施工工艺

（1）改善电缆沟内的施工工艺。沟内电缆支架应多处与主地网连接，并连接可靠。

（2）水平地网应尽量选用圆钢，不要选用扁钢，圆钢表面不易形成水珠，而扁钢表面易积累水珠，电化学反应强烈。且因为扁钢薄，一旦被腐蚀，腐蚀速度会加快。圆钢一定要选用标准圆钢，每根长为9～12m，不要选用短的圆钢连接，尽量避免焊口太多。

（3）水平接地极拐弯处要避免硬弯，防止形成裂纹。

（4）地网埋深一定不能小于0.6m，水平地网穿过电缆沟时要从电缆沟底部穿过。

（5）水平地网十字交叉处如果不能双面焊接，则一定要增加焊接长度，

焊点处要涂防腐漆。引下线不能超过 3m，离开地面部分要垂直于地面，且高度要一样，拐弯处要预先用模具做好，然后再施工，重要设备的接地线不能少于 2 处。

（6）地网大修完毕后，应测试设备与设备之间连接的直流电阻、主设备与地网的接触电阻以及地网的工频接地电阻。

10.4.4 结论

（1）水贝变电站地网选用 $\phi22$ 圆钢只能运行 9 年。实践表明，运行 9 年之后该地网将不能满足电网安全运行的要求。

（2）对于类似水贝变电站腐蚀率较高的地网，大修改造时，建议选用铜材做主接地材料。

（3）一些地区运行超出 10 年的地网，建议及时进行开挖检查。

10.5 某 220kV 变电站地网腐蚀 2

10.5.1 腐蚀概况

2011 年 3 月，湖南某供电公司对某 220kV 变电站内 110kV 和 220kV 区域接地网进行开挖检查时，发现埋地扁钢发生严重腐蚀，有多处引下线已锈断。220kV 变电站 1994 年投产，基建时接地网采用 40×4mm 镀锌扁钢，并采用加降阻剂处理，当时接地电阻测试值为 0.87Ω。1999 年在检查中发现接地网发生了严重腐蚀，且接地电阻偏高，对接地网进行了整体更换，更换的材料采用 50×5mm 镀锌扁钢。

10.5.2 腐蚀分析

1. 现场调查情况

在 110kV 区域东侧接地网开挖的土壤内有多处发现了残留的降阻剂，有些为整包放入土壤内（见图 10-13），在有残留降阻剂处的扁钢均发生了严重腐蚀（见图 10-14）。发生严重腐蚀的扁钢有较厚的黑色氧化皮或鼓泡，边缘呈锯齿状，整体减薄较多。除去氧化皮可发现许多腐蚀坑，个别部位已穿孔。在没有残留降阻剂的部位扁钢腐蚀现象不明显。

图 10-13　接地网土壤内的降阻剂

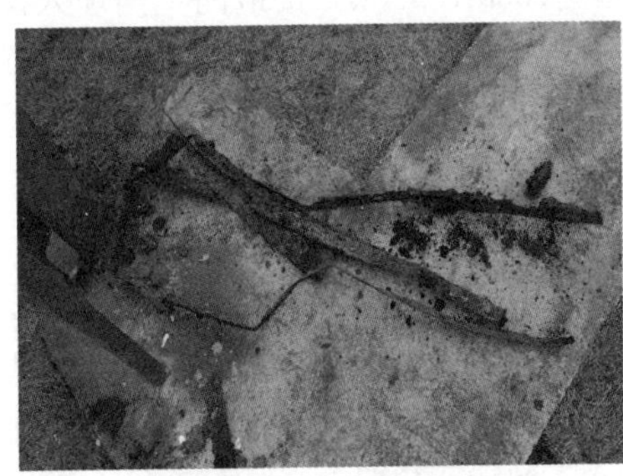

图 10-14　110kV 接地网腐蚀形貌

在 110kV 区域西侧接地网开挖的土壤内有少数几处发现了残留降阻剂，在有残留的降阻剂处的扁钢发生了严重腐蚀。110kV 区域西侧接地网在没有残留降阻剂的地方腐蚀也较严重，观察开挖的土壤较疏松。在接地网主网有一段约 3m 长规格为 40×4mm 的扁钢与 50×5mm 的扁钢相连接，其两端的扁钢发生严重锈蚀。

在 220kV 已开挖的一条接地网主网土壤中没有发现降阻剂。接地网主网埋地扁钢表面有一薄层氧化皮，里层为黑色，整体腐蚀不严重，有个别局部腐蚀坑点（见图 10-15）。

在 110kV 和 220kV 接地网引下线均有多处已锈断（见图 10-16），发生位置主要在地表下 0～10cm 范围内。

图 10-15　220kV 接地网腐蚀形貌及埋深

图 10-16 锈断的接地网引下线

110kV 接地网水平地网埋入深度为 50～70cm，220kV 接地网主网埋入深度为 70cm，110kV 接地网和 220kV 接地网引线埋入深度为 20～30cm（见图 10-15 和图 10-17）。

图 10-17 110kV 接地网埋深

1999 年进行整体更换（同时沿地网边缘打了 8 口接地深井）后的接地电阻测试值为 0.51Ω。

2. 土壤中降阻剂来源调查

经调查，该变电站在 1994 年基建施工时对 220kV 和 110kV 接地网均使用了降阻剂。1998 年供电公司在扩建 220kV 桃迎线时，发现接地网扁铁局部存在严重锈蚀，于是在 1999 年对 220kV 和 110kV 接地网进行了整体更换。在更换过程中由于部分位置较窄，开挖的新沟距离老沟较近，而旧地网降阻剂没有完全清除，留在了土壤内，影响到新沟的扁钢。另一方面，新旧地网搭接处降阻剂没有清理干净，留在了土壤内。

3. 土壤化学分析

在现场取 30cm 深度土壤样、60～70cm 深度土壤样、含降阻剂的土壤样和

降阻剂样进行相关试验，pH 的测试采用泥水比 1∶1 混合的过滤液。试验结果见表 10-14。

表 10-14 土壤试验数据

样品＼项目	水分（%）	pH
30cm 深土壤	20.16	5.97
60～70cm 深土壤	22.37	5.85
含降阻剂土壤	23.66	7.09
降阻剂	14.83	8.16

从测试结果看，不同深度土壤的 pH 值差异不大，但混有降阻剂的土壤 pH 值大大提高，与正常土壤 pH 值相差达到 1.24。而降阻剂的 pH 为 8.16，呈碱性，有利于减缓扁钢的腐蚀。但如果施工过程中没有用降阻剂完全包裹扁钢，则使扁钢处于不同 pH 条件的介质中，发生电化学反应。从此次检查发现土壤中存在整包的降阻剂（见图 10-13），可看出在 1994 年使用降阻剂的施工工艺欠佳。

10.5.3 腐蚀机理分析

接地网的腐蚀主要是电化学反应过程。埋在土壤内的扁钢如果接触到不同理化性质的土壤，会形成不同的电极电位。接地网扁钢上不同电位的差异是引起局部发生严重腐蚀的根本原因，它通过土壤介质构成回路，形成腐蚀电池。在电位较负的部位形成阳极，发生金属的腐蚀溶解：$Fe \rightarrow Fe^{2+} + 2e$。电位较正的部位形成阴极，不发生金属腐蚀反应。

该变电站在 1999 年对接地网进行整体更换时，没有完全清除存在土壤中的降阻剂。土壤中混有的降阻剂改变了土壤盐含量，从而改变了土壤的理化性质（见表 10-14）。扁钢处在不同盐含量的土壤中形成盐浓差电池，在有降阻剂部位的扁钢腐蚀电位较低，形成阳极，发生腐蚀反应。这种土壤中盐含量不同引起的腐蚀电位差异形成的电化学反应造成了埋地扁钢的局部严重腐蚀。

110kV 区域西侧接地网整体腐蚀较严重与施工时回填土压实不均匀，部分土壤较疏松有关。当土壤压实不一致时，较疏松的土壤透气性良好，这部分土壤氧气含量较充足，而压实的土壤氧气含量较稀薄，在小距离范围内构成氧浓差电池，形成电化学反应，在氧气较少的部位电位较低，扁钢发生金属腐蚀反应。在引下线位置发生严重腐蚀，多处扁钢锈断也是同样的道理。空气中氧气充足，而土壤中氧气相对较少，形成氧浓差电池，发生电化学反应。引下线周围种植的草皮有利于表层土壤保持湿润的状态，加速腐蚀反应的进行。

110kV 区域西侧接地网有一段约 3m 长规格为 40×4mm 的扁钢相连接的两端扁钢发生严重腐蚀。主要原因是不同规格的新、旧材料焊接在一起，由于对土壤的腐蚀电位不同，在新、旧材料接触区域形成电偶腐蚀，加速了金属腐蚀进程。

10.5.4 结论和建议

1. 结论

接地网镀锌扁钢腐蚀主要原因是电化学反应。土壤中残留的降阻剂改变了土壤的理化性质，导致腐蚀电位不同，在局部位置加速扁钢腐蚀反应。同时，安装过程中使用的少量不同规格的旧材料和施工时部分位置回填土压实不够促进了埋地扁钢的电化学腐蚀反应。

2. 建议

（1）对变电站内 110kV 区域接地网进行整体更换，220kV 区域接地网全面开挖检查埋地扁钢的腐蚀情况和土壤中是否有残留降阻剂。

（2）彻底清除土壤中残留的降阻剂。

（3）为降低接地电阻和延长地网使用寿命，建议统一使用 60×6mm 镀锌扁钢。

（4）接地网施工要求如下：

1）接地网扁钢埋深应大于 60cm，尽可能不要出现不同埋深的情况；

2）地网沟底部应平整，扁钢与土壤之间不应有空洞和较大间隙；

3）回填土土质应一致，不要夹带石块等杂物；

4）回填约一半深度后，应有夯实工序，夯实后再回填剩余土层，保证土壤的密实度；

5）接地线的连接应采用搭接焊，其焊接长度必须为扁钢宽度的 2 倍，且至少三个棱边焊接。

（5）对接地网引下线部位进行防腐处理，可采用涂环氧树脂或涂刷防腐蚀较好的涂料，在引下线周围建议不要种植草皮。

（6）对改造后的接地网测试接地电阻，确保接地电阻符合要求。

（7）建议公司对其他使用降阻剂的接地网选择 2～3 个点进行检查性开挖，检查使用降阻剂的施工工艺和扁钢的腐蚀情况。

11

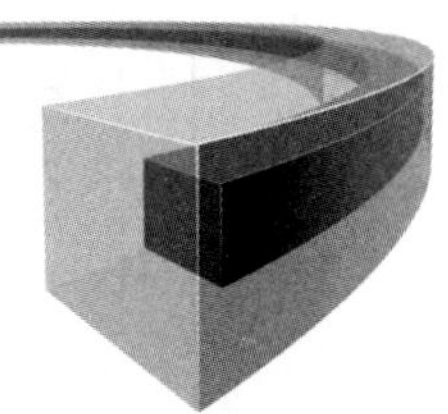

接地网全过程技术监督

2017年初，国家电网公司颁布了输变电设备全过程技术监督精益化管理实施细则，总计63个分册，其中包含接地网全过程技术监督精益化管理实施细则，接地网全过程技术监督分为：规划可研、工程设计、设备采购、设备制造、设备验收、设备安装、设备调试、竣工验收、运维检修、退役报废10个阶段，覆盖接地网全寿命周期，进一步提升公司技术监督管理水平，实现技术监督管理全公司、全过程、全方位标准化。

11.1 规划可研阶段

技术监督阶段	监督内容							
	技术监督专业	序号	监督项目	关键项权重	监督要点	监督依据	监督要求	监督结果
规划可研	电气设备性能	1	高土壤电阻率地区降阻措施	Ⅲ	对于高土壤电阻率地区的接地网，应采用有效的降阻措施，在接地阻抗难以满足要求时，应采用完善的均压及隔离措施，对弱电设备应有完善的隔离或限压措施	《国家电网公司十八项电网重大反事故措施（修订版）》（国家电网生〔2012〕352号）	查阅可研报告、可研评审意见	查阅可研报告及可研评审意见，记录高土壤电阻率地区是否有降阻措施，且当接地阻抗不满足要求时，是否有均压及隔离措施，是否对弱电设备有完善的隔离或限压措施
		2	远景最大接地短路电流水平的评估	Ⅲ	应根据当前系统状况的计算，评估拟建设站址远景最大接地短路电流水平	《国家电网公司十八项电网重大反事故措施（修订版）》（国家电网生〔2012〕352号）	查阅可研报告	查阅可研报告，是否评估远景最大接地短路电流水平并记录
		3	接地网材质选择	Ⅳ	对于110kV及以上新建、改建变电站： （1）在中性或酸性土壤地区，接地装置宜选用热镀锌钢。 （2）在强碱性土壤地区或者其站址土壤和地下水条件会引起钢质材料严重腐蚀的中性土壤地区，宜采用铜质、铜覆钢（铜层厚度不小于0.8mm）或者其他具有防腐性能材质的接地网	《国家电网公司十八项电网重大反事故措施（修订版）》（国家电网生〔2012〕352号）	查阅可研报告	查阅可研报告，接地材料是否符合要求并记录

续表

技术监督阶段	监督内容						
	技术监督专业	序号	监督项目	关键项权重	监督要点	监督依据	监督要求	监督结果
规划可研	电气设备性能	3	接地网材质选择	Ⅳ	（3）室内变电站及地下变电站应采用铜质材料的接地网	《国家电网公司十八项电网重大反事故措施（修订版）》（国家电网生〔2012〕352号）	查阅可研报告	查阅可研报告，接地材料是否符合要求并记录

11.2 工程设计阶段

技术监督阶段	监督内容						
	技术监督专业	序号	监督项目	关键项权重	监督要点	监督依据	监督要求	监督结果
工程设计	电气设备性能	1	最大不对称入地故障电流	Ⅳ	（1）应根据当前和远景的最大运行方式下，一次系统电气接线、母线连接的送电线路状况、故障时系统的电抗与电阻比值等，确定设计水平年的最大接地故障不对称电流有效值。 （2）应计算确定流过设备外壳接地导体（线）和经接地网入地的最大接地故障不对称电流有效值	《交流电气装置的接地设计规范》（GB 50065—2011）	查阅设计文件、可研、初设评审意见	记录水平年的最大接地故障不对称电流有效值计算是否规范，流过设备外壳接地导体（线）和经接地网入地的最大接地故障不对称电流有效值是否计算

续表

技术监督阶段	监督内容						
	技术监督专业	序号	监督项目	关键项权重	监督要点	监督依据	监督要求	监督结果
工程设计	电气设备性能	2	接地电阻	Ⅳ	(1) 有效接地和低电阻接地系统中，接地电阻应满足 $R \leqslant 2000/I_G$，或通过技术经济比较后适当增大。 式中 R——考虑季节变化的最大接地电阻，Ω； I_G——计算用经接地网入地的最大接地故障不对称电流有效值，A。 (2) 不接地、谐振接地、谐振-低电阻接地和高电阻接地系统，接地网的接地电阻应符合 $R \leqslant 120/I_g$，且不应大于 4Ω。 式中 R——采用季节变化的最大接地电阻，Ω； I_g——计算用的接地网入地对称电流，A。 (3) 设计接地装置时，应考虑土壤干燥、降雨和冻结等季节变化的影响，接地电阻在四季中均应符合标准要求	《交流电气装置的接地设计规范》(GB 50065—2011) 《1000kV 变电站接地技术规范》(Q/GDW 278—2009)	查阅设计文件、可研、初设评审意见	有效接地系统和不接地系统的接地电阻是否符合要求，接地装置是否考虑季节变化影响，并记录相关参数
	电气设备性能	3	接触电位差及跨步电位差	Ⅳ	(1) 设计人员应通过计算获得地表面的接触电位差和跨步电位差分布，并将最大接触电位差和最大跨步电位差与允许值加以比较。不满足要求时，应采取降低措施或采取提高允许值的措施。 (2) 110kV 及以上有效接地系统和 6～35kV 低电阻接地系统发生单相接地或同点两相接地时，变电站接地网的接触电位差和跨步电位差不应超过由下列二式计算所得的数值：	《交流电气装置的接地设计规范》(GB 50065—2011) 《1000kV 变电站接地技术规范》(Q/GDW 278—2009)	查阅设计文件、可研、初设评审意见	最大接触电位差和跨步电位差不满足设计允许值时，是否有降低或调高允许值措施、接触电位差和跨步电位差是否考虑季节变化影响、有效接地系统和不接地系统的接触电位差和跨步电位差是否符合要求，并记录相关参数

续表

技术监督阶段	监督内容						
	技术监督专业	序号	监督项目	关键项权重	监督要点	监督依据	监督要求	监督结果
工程设计	电气设备性能	3	接触电位差及跨步电位差	Ⅳ	最大接触电位差 $U_t=(174+0.17\rho_s C_s)/\sqrt{t_s}$ 最大跨步电位差 $U_s=(174+0.7\rho_s C_s)/\sqrt{t_s}$ 式中 U_t——接触电位差允许值，V； U_s——跨步电位差允许值．V； ρ_s——地表层的电阻率，Ω·m； C_s——表层衰减系数； ts——接地故障电流持续时间。 （3）6～66kV 不接地、谐振接地、谐振—低电阻接地和高电阻接地的系统，发生单相接地故障后，当不迅速切除故障时，变电站接地装置的接触电位差和跨步电位差不应超过下列二式计算所得的数值： 最大接触电位差 $U_t=50+0.05\rho_s C_s$ 最大跨步电位差 $U_s=50+0.2\rho_s C_s$。 （4）计接地装置时，应考虑土壤干燥、降雨和冻结等季节变化的影响，接触电位差和跨步电位差在四季中均应符合标准要求	《交流电气装置的接地设计规范》（GB 50065—2011） 《1000kV 变电站接地技术规范》（Q/GDW 278—2009）	查阅设计文件、可研、初设评审意见	最大接触电位差和跨步电位差不满足设计允许值时，是否有降低或调高允许值措施、接触电位差和跨步电位差是否考虑季节变化影响、有效接地系统和不接地系统的接触电位差和跨步电位差是否符合要求，并记录相关参数
	电气设备性能	4	接地导体（线）热稳定校核	Ⅳ	（1）接地导体（线）和接地极的材质和相应的截面，应计及设计使用年限内土壤对其的腐蚀，通过热稳定校验确定。 （2）在有效接地系统及低电阻接地系统中，变电站电气装置中电气装置接地导体（线）的截面，应按接地故障（短路）电流进行热稳定校验。	《交流电气装置的接地设计规范》（GB 50065—2011）	查阅设计图纸、热稳定容量计算报告	接地装置的材质和截面，电气装置的接地导体截面是否符合热稳定性要求；热稳定容量校核方式是否满足要求，并记录相关参数

续表

技术监督阶段	监督内容							
	技术监督专业	序号	监督项目	关键项权重	监督要点	监督依据	监督要求	监督结果
工程设计	电气设备性能	4	接地导体（线）热稳定校核	Ⅳ	（3）应校验不接地、谐振接地和高电阻接地系统中，电气装置接地导体（线）在单相接地故障时的热稳定，敷设在地上的接地导体（线）长时间温度不应高于150℃，敷设在地下的接地导体（线）长时间温度不应高于100℃。 （4）接地装置接地体的截面不小于连接至该接地装置接地引下线截面的75%。 （5）在扩建工程设计中，除应满足新建工程接地装置的热稳定容量要求以外，还应对前期已投运的接地装置进行热稳定容量校核，不满足要求的必须进行改造。 （6）对于变电站中的不接地、经消弧线圈接地、经低阻或高阻接地系统，必须按异点两相接地校核接地装置的热稳定容量	《国家电网公司十八项电网重大反事故措施（修订版）》（国家电网生〔2012〕352号）	查阅设计图纸、热稳定容量计算报告	接地装置的材质和截面，电气装置的接地导体截面是否符合热稳定性要求；热稳定容量校核方式是否满足要求，并记录相关参数
	电气设备性能	5	接地网防腐蚀设计	Ⅲ	（1）计及腐蚀影响后，接地装置的设计使用年限，应与地面工程的设计使用年限一致。 （2）接地网可采用钢材，但应采用热镀锌。接地导体（线）与接地极或接地极之间的焊接点，应涂防腐材料	《交流电气装置的接地设计规范》（GB 50065—2011）	查阅设计文件、可研、初设评审意见	接地装置的设计使用年限和接地网材料是否符合防腐蚀要求，并记录
	电气设备性能	6	防止转移电位引起危害的隔离措施	Ⅲ	当有效接地和低电阻接地系统中变电站接地网在发生接地故障后地电网升高超过2000V时，可能将接地网的高电位引向站外或将低电位引向站内的设备，应采取下列防止转移电位引起危害的隔离措施：	《交流电气装置的接地设计规范》（GB 50065—2011）	查阅设计文件、可研、初设评审意见	是否有防止转移电位的隔离措施，隔离措施是否符合要求，并记录

续表

技术监督阶段	监督内容							
	技术监督专业	序号	监督项目	关键项权重	监督要点	监督依据	监督要求	监督结果
工程设计	电气设备性能	6	防止转移电位引起危害的隔离措施	Ⅲ	(1) 站用变压器向站外低压电气装置供电时，其0.4kV绕组的短时（1min）交流耐受电压应比接地网地电位升高40%。 (2) 向站外供电用低压线路采用架空线，其电源中性点应在站外适当地方接地。 (3) 对外的非光纤通信设备应加隔离变压器。 (4) 通向站外的管道应采用绝缘段	《交流电气装置的接地设计规范》(GB 50065—2011)	查阅设计文件、可研、初设评审意见	是否有防止转移电位的隔离措施，隔离措施是否符合要求，并记录
	保护与控制	7	二次侧接地网连接	Ⅱ	变电站控制室及保护小室应独立敷设与主接地网紧密连接的二次等电位接地网	国家电网公司十八项电网重大反事故措施（修订版）》（国家电网生〔2012〕352号）	查阅设计图纸	记录设计图纸中变电站控制室及保护小室是否独立敷设与主接地网紧密连接的二次等电位接地网

11.3 设备采购阶段

技术监督阶段	监督内容							
	技术监督专业	序号	监督项目	关键项权重	监督要点	监督依据	监督要求	监督结果
设备采购	电气设备性能	1	接地主材材质	Ⅳ	(1) 原材料应符合要求： 1) 基材用钢中铬、镍、铜的含量各不应大于0.30%，氮含量不应大于0.008%，砷含量不应大于0.080%。 2) 铜接地材料应选用纯铜。	《碳素钢结构》(GB/T 700—2006)、《电气接地工程用材料及连接件》(DL/T 1342—2014)	查阅招投标文件、订货合同、出厂试验报告、型式试验报告	记录接地材料的元素含量、镀层厚度、拉伸性能是否满足要求

续表

<table>
<tr><th rowspan="2">技术监督阶段</th><th colspan="8">监督内容</th></tr>
<tr><th>技术监督专业</th><th>序号</th><th>监督项目</th><th>关键项权重</th><th>监督要点</th><th>监督依据</th><th>监督要求</th><th>监督结果</th></tr>
<tr><td>设备采购</td><td>电气设备性能</td><td>1</td><td>接地主材材质</td><td>Ⅳ</td><td>（2）镀层厚度应符合要求：
1）热浸镀锌层最小值 70μm，最小平均值 85μm。
2）锌覆钢锌层任意点最小厚度不得低于 0.5mm。
3）单根或绞线单股铜覆钢铜层厚度，任意点最小值不得小于 0.25mm。
（3）拉伸性能应符合要求：
1）热浸镀锌钢接地材料的抗拉强度不得低于 370MPa。
2）锌覆钢用钢芯抗拉强度应大于 370MPa。
3）水平接地体铜覆钢抗拉强度不得低于 300MPa，垂直接地体铜覆钢抗拉强度不得低于 600MPa。
4）铜接地材料的拉伸性能应满足：<table><tr><th></th><th>直径（mm）</th><th>抗拉强度（MPa）</th></tr><tr><td rowspan="5">铜棒及单股线</td><td>2.00</td><td>400</td></tr><tr><td>3.00</td><td>389</td></tr><tr><td>4.00</td><td>379</td></tr><tr><td>5.00</td><td>368</td></tr><tr><td>6.00</td><td>357</td></tr><tr><td rowspan="3">板材</td><td>TR 4～14</td><td>195</td></tr><tr><td>TY 0.3～10</td><td>295～380</td></tr><tr><td>TYT 0.3～10</td><td>350</td></tr></table></td><td>《碳素钢结构》（GB/T 700—2006）
《电气接地工程用材料及连接件》（DL/T 1342—2014）</td><td>查阅招投标文件、订货合同、出厂试验报告、型式试验报告</td><td>记录接地材料的元素含量、镀层厚度、拉伸性能是否满足要求</td></tr>
</table>

续表

<table>
<tr><th rowspan="2">技术监督阶段</th><th colspan="7">监督内容</th></tr>
<tr><th>技术监督专业</th><th>序号</th><th>监督项目</th><th>关键项权重</th><th>监督要点</th><th>监督依据</th><th>监督要求</th><th>监督结果</th></tr>
<tr><td>设备采购</td><td>电气设备性能</td><td>2</td><td>接地装置的导体截面及厚度</td><td>Ⅲ</td><td>钢接地体及铜接地体的规格满足设计要求，且不小于如下最小允许规格
<table>
<tr><th colspan="2" rowspan="2">种类、规格及单位</th><th colspan="2">地上</th><th colspan="2">地下</th></tr>
<tr><th>室内</th><th>室外</th><th>交流电流回路</th><th>直流电流回路</th></tr>
<tr><td colspan="2">圆钢直径（mm）</td><td>6</td><td>8</td><td>10</td><td>12</td></tr>
<tr><td rowspan="2">扁钢</td><td>截面（mm^2）</td><td>60</td><td>100</td><td>100</td><td>100</td></tr>
<tr><td>厚度（mm）</td><td>3</td><td>4</td><td>4</td><td>6</td></tr>
<tr><td colspan="2">角钢厚度（mm）</td><td>2</td><td>25</td><td>4</td><td>6</td></tr>
<tr><td colspan="2">钢管管壁厚度（mm）</td><td>35</td><td>25</td><td>3.5</td><td>4.5</td></tr>
</table>
<table>
<tr><th>种类、规格及单位</th><th>地上</th><th>地下</th></tr>
<tr><td>铜棒直径（mm）</td><td>4</td><td>6</td></tr>
<tr><td>铜排截面（mm^2）</td><td>10</td><td>30</td></tr>
<tr><td>铜管管壁厚度（mm）</td><td>2</td><td>3</td></tr>
</table></td><td>《电气装置安装工程　接地装置施工及验收规范》（GB 50169—2016）</td><td>查阅设计图纸、招投标文件、订货合同、出厂试验报告</td><td>记录接地装置的导体截面及厚度是否满足设计要求</td></tr>
</table>

续表

技术监督阶段	监督内容							
	技术监督专业	序号	监督项目	关键项权重	监督要点	监督依据	监督要求	监督结果
设备采购	电气设备性能	3	接地新产品	Ⅲ	接地新产品应具有全套有效的型式试验、原材料检验和出厂试验报告	《电气接地工程用材料及连接件》(DL/T 1342—2014)	查阅型式试验报告、出厂试验报告	是否具有满足资质要求的型式试验报告，材料检验报告，出厂检试报告，并记录报告项目内容
	电气设备性能	4	降阻材料	Ⅲ	(1) 降阻材料应能在$-10 \sim +40$℃的环境温度下正常使用，所含有对自然环境产生污染以及对人体有害的物质成分应符合相关标准。 (2) 降阻材料其内照射指数$I_{ra} \leqslant 1.0$，外照射指数$I_r \leqslant 1.0$。 (3) 降阻材料中各种有害物质的含量应符合规定：含汞≤1.0mg/kg，铬≤250mg/kg，铅≤350mg/kg，砷≤250mg/kg	《接地降阻材料技术条件》(DL/T 380—2010)	查阅招投标文件、订货合同	降阻材料的成分、内照射指数、外照射指数是否符合要求，并记录相关参数
					降阻材料的电气性能应满足要求： (1) 降阻材料在常温下的标称电阻率不应大于5Ω·m。 (2) 降阻材料在进行冲击电流耐受试验后，所测得的标称电阻率值的变化应小于20%。 (3) 降阻材料在进行工频电流耐受试验后，所测得的标称电阻率值的变化应小于20%	《接地降阻材料技术条件》(DL/T 380—2010)	查阅招投标文件、订货合同	材料的标称电阻率、冲击耐压后的标称电阻率、工频耐压后的标称电阻率是否符合要求，并记录相关参数

续表

技术监督阶段	监督内容						
	技术监督专业	序号	监督项目	关键项权重	监督要点	监督依据	监督要求	监督结果
设备采购	电气设备性能	4	降阻材料	Ⅲ	降阻材料的理化性能应满足要求： （1）降阻材料在进行失水、冷热循环、水浸泡（这些试验的组合称为稳定性试验）后，所测量的标称电阻率平均值不应大于6Ω·m。 （2）降阻材料的pH值应在7～12之间。 （3）无机固体降阻材料敷设到接地体周围凝固后应与接地体接触良好，不产生裂缝。 （4）有机可塑体降阻材料应有自修复能力，不应产生永久的裂缝。 （5）降阻材料不应对金属接地体产生过量的腐蚀，钢接地体的平均腐蚀率应小于0.03mm/a	《接地降阻材料技术条件》（DL/T 380—2010）	查阅招投标文件、订货合同	材料稳定性试验后标称电阻率、材料的pH值、凝固后与接地体的接触、自修复能力、对金属接地体的腐蚀率是否符合要求，并记录相关参数
	环境保护	5	缓释型离子接地装置	Ⅱ	（1）接地体的降阻效果系数应小于1，在0.7～0.9之间（168h后测量）。 （2）接地体经过冲击电流耐受试验后的电阻变化率不大于20%。 （3）接地体经过工频电流耐受试验后的电阻变化率不大于20%。 （4）接地体埋入地中后，其腐蚀率应不大于0.03mm/a。 （5）对于外表面附有铜、镍等合金的接地体，或金属管外附导电材料的接地体，棒体与外表层间的电阻不应大于10mΩ（室温25℃）。 （6）接地体应满足跌落试验的要求，跌落试验后接地体不应发生断裂或破损。	《复合接地体技术条件》（GB/T 21698—2008） 《电力工程用缓释型离子接地装置技术条件》（DL/T 1314—2013）	查阅招投标文件、订货合同	记录缓释型离子接地装置材料的各项参数和检测结果是否满足要求

续表

技术监督阶段	监督内容							
	技术监督专业	序号	监督项目	关键项权重	监督要点	监督依据	监督要求	监督结果
设备采购	环境保护	5	缓释型离子接地装置	Ⅱ	(7) 金属材料外附导电橡胶的接地体，其导电橡胶性能应满足：拉伸强度不小于3.5MPa；扯断伸长率不小于150%；邵尔A硬度不小于50°；电阻率不大于0.2Ω·m。 (8) 放射性核素限量应符合：内照射指数 I_m≤1.0；外照射指数 I_r≤1.0；重金属元素限量应符合：含汞≤1.0mg/kg，铬≤250mg/kg，铅≤350mg/kg，砷≤20mg/kg	《复合接地体技术条件》(GB/T 21698—2008) 《电力工程用缓释型离子接地装置技术条件》(DL/T 1314—2013)	查阅招投标文件、订货合同	记录缓释型离子接地装置材料的各项参数和检测结果是否满足要求

11.4 设备制造阶段

技术监督阶段	监督内容							
	技术监督专业	序号	监督项目	关键项权重	监督要点	监督依据	监督要求	监督结果
设备制造	电气设备性能	1	降阻材料	Ⅲ	降阻材料电气性能应满足： (1) 降阻材料在常温下的标称电阻率不应大于5Ω·m。 (2) 降阻材料在进行冲击电流耐受试验后，所测得的标称电阻率值的变化应小于20%。 (3) 降阻材料在进行工频电流耐受试验后，所测得的标称电阻率值的变化应小于20%	《接地降阻材料技术条件》(DL/T 380—2010)	现场检查或查阅检测报告、出厂合格证	记录降阻材料在常温下的标称电阻率、在进行冲击和工频电流耐受试验后的标称电阻率变化值是否满足要求

续表

技术监督阶段	技术监督专业	序号	监督项目	关键项权重	监督要点	监督依据	监督要求	监督结果
设备制造	电气设备性能	1	降阻材料	Ⅲ	理化性能应满足： （1）降阻材料在按要求进行失水、冷热循环、水浸泡（这些试验的组合称为稳定性试验）后，所测量的标称电阻率平均值不应大于6Ω·m。 （2）降阻材料的 pH 值应在 7～12 之间。 （3）无机固体降阻材料敷设到接地体周围凝固后应与接地体接触良好，不产生裂缝。 （4）有机可塑体降阻材料应有自修复能力，不应产生永久的裂缝。 （5）降阻材料不应对金属接地体产生过量的腐蚀，钢接地体的平均腐蚀率应小于 0.03mm/a	《接地降阻材料技术条件》（DL/T 380—2010）	现场检查或查阅检测报告、出厂合格证	记录是否具有理化性能的检测报告及出厂合格证，理化性能各项指标是否满足要求
设备制造	电气设备性能	2	缓释型离子接地装置	Ⅱ	（1）接地体的降阻效果系数应小于 1，在 0.7～0.9 之间（168h 后测量）。 （2）接地体经过冲击电流耐受试验后的电阻变化率不大于 20%。 （3）接地体经过工频电流耐受试验后的电阻变化率不大于 20%。 （4）接地体埋入地中后，其腐蚀率不应大于 0.03mm/a。 （5）对于外表面附有铜、镍等合金的接地体，或金属管外附导电材料的接地体，棒体与外表层间的电阻不应大于 10mΩ（室温 25℃）。 （6）接地体应满足跌落试验的要求，跌落试验后接地体不应发生断裂或破损。 （7）金属材料外附导电橡胶的接地体，其导电橡胶性能应满足：拉伸强度不小于 3.5MPa；扯断伸长率不小于 150%；邵尔 A 硬度不小于 50°；电阻率不大于 0.2Ω·m	《复合接地体技术条件》（GB/T 21698—2008）	现场检查或查阅检测报告、出厂合格证	记录是否具有检测报告及出厂合格证，缓释型离子接地装置的各项检测结果是否满足要求

11.5 设备验收阶段

技术监督阶段	监督内容							
	技术监督专业	序号	监督项目	关键项权重	监督要点	监督依据	监督要求	监督结果
设备验收	电气设备性能	1	现场验收资料	Ⅲ	设备原始资料（包括型式试验报告、原材料检验报告和出厂试验报告等）应齐全	《电气接地工程用材料及连接件》（DL/T 1342—2014）	查阅出厂检验报告、型式试验报告、材料检验报告、产品合格证	记录设备原始资料是否齐全
	电气设备性能	2	产品的标志、包装、运输、储存和质量证书验收	Ⅲ	产品的标志、包装、运输、储存和质量证书应符合要求	《电气接地工程用材料及连接件》（DL/T 1342—2014）	查阅标志、包装、运输、储存和质量证书	记录产品的标志、包装、运输、储存和质量证书是否符合要求
	电气设备性能	3	降阻材料	Ⅲ	（1）材料的选择应符合设计要求。 （2）应选用长效防腐物理性降阻剂。 （3）使用的材料必须符合国家现行技术标准，通过国家相应机构对降阻剂的检验测试，并有合格证件。 （4）干粉形态出厂的降阻材料颜色和粒度分布应均匀一致，内无异物。其他形态的降阻材料应符合企业标准和出厂说明	《电气装置安装工程　接地装置施工及验收规范》（GB 50169—2016）	查阅出厂检验报告、型式试验报告、产品合格证	记录是否具有出厂检验报告、型式试验报告、产品合格证，降阻材料的选材是否符合要求

续表

技术监督阶段	监督内容							
	技术监督专业	序号	监督项目	关键项权重	监督要点	监督依据	监督要求	监督结果
设备验收	电气设备性能	4	接地装置放热焊接技术文件验收	Ⅱ	接地装置放热焊接技术文件应齐全	《接地装置放热焊接技术导则》（Q/GDW 467—2010）	现场检查材质证明书、焊接材料（焊剂）质量证明书、检验报告、接地装置总体或部分的布置图、设计变更文件、返修记录	记录检查材质证明书、焊接材料（焊剂）质量证明书、检验报告、接地装置总体或部分的布置图、设计变更文件、返修记录是否齐全
	金属	5	接地材料验收	Ⅳ	（1）原材料应符合要求： 1）基材用钢中铬、镍、铜的含量各不应大于0.30%，氮含量不应大于0.008%，砷含量不应大于0.080%。 2）铜接地材料应选用纯铜。 （2）材料的表面质量应符合要求：表面应连续完整，不得有漏镀、结瘤、积锌和锐点等缺陷。 （3）镀层厚度应符合要求： 1）热浸镀锌层最小值70μm，最小平均值85μm。 2）锌覆钢锌层任意点最小厚度不得低于0.5mm。 3）单根或绞线单股铜覆钢铜层厚度，任意点最小值不得小于0.25mm。 （4）拉伸性能应符合要求： 1）热浸镀锌钢接地材料的抗拉强度不得低于370MPa。	《碳素钢结构》（GB/T 700—2006） 《电气接地工程用材料及连接件》（DL/T 1342—2014）	查阅出厂检验报告、产品合格证，对产品取样并进行检验	记录是否有出厂检验报告、产品合格证；接地材料的元素含量、表面质量、镀层厚度、拉伸性能是否满足要求

续表

<table>
<tr><th rowspan="2">技术监督阶段</th><th colspan="7">监督内容</th></tr>
<tr><th>技术监督专业</th><th>序号</th><th>监督项目</th><th>关键项权重</th><th>监督要点</th><th>监督依据</th><th>监督要求</th><th>监督结果</th></tr>
<tr><td rowspan="2">设备验收</td><td>金属</td><td>5</td><td>接地材料验收</td><td>Ⅳ</td><td>2）锌覆钢用钢芯抗拉强度应大于370MPa。
3）水平接地体铜覆钢抗拉强度不得低于300MPa，垂直接地体铜覆钢抗拉强度不得低于600MPa。
4）铜接地材料的拉伸性能应满足：
<table><tr><th></th><th>直径（mm）</th><th>抗拉强度（MPa）</th></tr><tr><td rowspan="5">铜棒及单股线</td><td>2.00</td><td>400</td></tr><tr><td>3.00</td><td>389</td></tr><tr><td>4.00</td><td>379</td></tr><tr><td>5.00</td><td>368</td></tr><tr><td>6.00</td><td>357</td></tr><tr><td rowspan="3">板材</td><td>TR 4～14</td><td>195</td></tr><tr><td>TY 0.3～10</td><td>295～380</td></tr><tr><td>TYT 0.3～10</td><td>350</td></tr></table></td><td>《碳素钢结构》（GB/T 700—2006）
《电气接地工程用材料及连接件》（DL/T 1342—2014）</td><td>查阅出厂检验报告、产品合格证，对产品取样并进行检验</td><td>记录是否有出厂检验报告、产品合格证；接地材料的元素含量、表面质量、镀层厚度、拉伸性能是否满足要求</td></tr>
<tr><td>金属</td><td>6</td><td>缓释型离子接地体验收</td><td>Ⅱ</td><td>（1）放射性核素限量应符合：内照射指数 $I_m \leqslant 1.0$；外照射指数 $I_r \leqslant 1.0$。
（2）重金属元素限量应符合：含汞≤1.0mg/kg，铬≤250mg/kg，铅≤350mg/kg，砷≤20mg/kg。
（3）外观表面无污物、无明显腐蚀斑，无明显变形。
（4）内填料质量≥2.0 kg/m。
（5）外填料质量≥25kg/m</td><td>《电力工程用缓释型离子接地装置技术条件》（DL/T 1314—2013）</td><td>查阅出厂检验报告、型式试验报告、产品合格证</td><td>记录是否具有出厂检验报告、型式试验报告、产品合格证，各项指标是否符合要求</td></tr>
</table>

续表

<table>
<tr><td rowspan="2">技术监督阶段</td><td colspan="7">监督内容</td></tr>
<tr><td>技术监督专业</td><td>序号</td><td>监督项目</td><td>关键项权重</td><td>监督要点</td><td>监督依据</td><td>监督要求</td><td>监督结果</td></tr>
<tr><td>设备验收</td><td>金属</td><td>7</td><td>连接件验收</td><td>Ⅱ</td><td>（1）带连接件的接地材料直流电阻值，应不大于规格尺寸均相同的原材料直流电阻值的 1.1 倍。
（2）连接接头的最小拉断力应符合规定要求
<table>
<tr><td rowspan="6">铜线或绞线</td><td>线径（mm）</td><td>截面积（mm²）</td><td>拉断力（N）</td></tr>
<tr><td>3.25</td><td></td><td>668</td></tr>
<tr><td>4.12～8.25</td><td></td><td>1335</td></tr>
<tr><td>9.27～11.80</td><td></td><td>2225</td></tr>
<tr><td></td><td>126.68～253.35</td><td>4450</td></tr>
<tr><td></td><td>304.02～506.70</td><td>8900</td></tr>
</table>
<table>
<tr><td rowspan="7">铜覆钢绞线</td><td>股数</td><td>股线线径（mm）</td><td>拉断力（N）</td></tr>
<tr><td>7</td><td>2.59/7.25</td><td>1335</td></tr>
<tr><td>7</td><td>3.66/4.12</td><td>2225</td></tr>
<tr><td>7</td><td>4.62/5.19</td><td>4450</td></tr>
<tr><td>19</td><td>2.90/3.25</td><td>4450</td></tr>
<tr><td>19</td><td>3.66/4.12</td><td>4450</td></tr>
<tr><td>19</td><td>4.62</td><td>8900</td></tr>
</table>
<table>
<tr><td rowspan="5">钢线和钢棒</td><td>直径（mm）</td><td>拉断力（N）</td></tr>
<tr><td>4.76/9.52</td><td>1335</td></tr>
<tr><td>11.11/12.7</td><td>2225</td></tr>
<tr><td>14.29/19.05</td><td>4450</td></tr>
<tr><td>22.23/25.4</td><td>8900</td></tr>
</table>
</td><td>《电气接地工程用材料及连接件》（DL/T 1342—2014）</td><td>查阅出厂检验报告、产品合格证，对产品取样并进行检验</td><td>记录是否具有出厂检验报告、型式试验报告、产品合格证，直流电阻及连接接头的最小拉断力是否符合要求</td></tr>
</table>

11.6 设备安装阶段

技术监督阶段	监督内容						
	技术监督专业	序号	监督项目	关键项权重	监督要点	监督依据	监督要求	监督结果
设备安装	电气设备性能	1	接地体埋深	Ⅳ	接地体顶面埋设深度应符合设计规定。当无规定时，应不小于0.6m，冻土地区埋设深度不应小于冻土层厚度	《电气装置安装工程 接地装置施工及验收规范》（GB 50169—2016） 《建筑物防雷设计规范》（GB 50057—2010）	现场查看/检查施工记录、监理报告	记录接地体顶面埋设深度是否符合要求
	电气设备性能	2	电气装置与接地网的连接	Ⅳ	（1）每个电气装置的接地应有单独的接地线与接地汇流排或接地干线相连接，严禁在一个接地线中串接几个需要接地的电气装置。 （2）重要设备和设备构架应有两根与主地网不同地点连接的接地引下线，且每根接地引下线均应符合热稳定及机械强度的要求，连接引线应便于定期进行检查测试	《电气装置安装工程 接地装置施工及验收规范》（GB 50169—2016）	现场查看/检查施工记录、监理报告，必要时查看影像资料	记录每个电气装置的接地连接情况及每根接地引下线是否符合热稳定及机械强度的要求
	电气设备性能	3	接地网的铺设工艺检查	Ⅲ	（1）接地线的安装位置应合理，便于检查，无碍设备检修和运行巡视。 （2）在接地线跨越建筑物伸缩缝、沉降缝处时，应设置补偿器。补偿器可用接地线本身弯成弧状代替。 （3）人工接地网的外缘应闭合，外缘各角应做成圆弧形。	《电气装置安装工程 接地装置施工及验收规范》（GB 50169—2016） 《电气装置安装工程 接地装置施工及验收规范》（GB 50169—2016）	现场查看/检查施工记录、监理报告，必要时查看影像资料	记录接地网的铺设工艺是否满足要求

续表

技术监督阶段	监督内容						
	技术监督专业	序号	监督项目	关键项权重	监督要点	监督依据	监督要求	监督结果
设备安装	电气设备性能	3	接地网的铺设工艺检查	Ⅲ	（4）接地网内应敷设水平均压带，按等间距或不等间距布置。 （5）35kV及以上变电站接地网边缘经常有人出入的走道处，应铺设碎石、沥青路面或在地下装设2条与接地网相连的均压带	《电气装置安装工程　接地装置施工及验收规范》（GB 50169—2016） 《电气装置安装工程　接地装置施工及验收规范》（GB 50169—2016）	现场查看/检查施工记录、监理报告，必要时查看影像资料	记录接地网的铺设工艺是否满足要求
设备安装	金属	4	接地线防腐及防机械损伤	Ⅲ	1. 接地体引出线的垂直部分和接地装置连接（焊接）部位外侧100mm范围内应做防腐处理。 2. 在做防腐处理前，表面必须除锈并去掉焊接处残留的焊药。 3. 接地线在穿过墙壁、楼板和地坪处应加装钢管或其他坚固的保护套，有化学腐蚀的部位还应采取防腐措施	《电气装置安装工程　接地装置施工及验收规范》（GB 50169—2016）	现场查看/检查施工记录、监理报告	记录接地线防腐及防机械损伤处理情况
设备安装	金属	5	接地体搭接长度检查	Ⅱ	搭接长度必须符合下列规定： （1）扁钢为其宽度的2倍（且至少3个棱边焊接）。 （2）圆钢为其直径的6倍。 （3）圆钢与扁钢连接时，其长度为圆钢直径的6倍。 （4）扁钢与钢管、扁钢与角钢焊接时，为了连接可靠，除应在其接触部位两侧进行焊接外，并应焊以由钢带弯成的弧形（或直角形）卡子或直接由钢带本身弯成弧形（或直角形）与钢管（或角钢）焊接	《电气装置安装工程　接地装置施工及验收规范》（GB 50169—2016）	现场查看/检查施工记录、监理报告	记录接地体的搭接长度是否满足要求

续表

技术监督阶段	监督内容						
	技术监督专业	序号	监督项目	关键项权重	监督要点	监督依据	监督要求	监督结果
设备安装	金属	6	热剂焊工艺熔接接头检查	Ⅱ	（1）被连接的导体应完全包在接头里。 （2）热剂焊（放热焊接）接头的表面应平滑、无贯穿性的气孔	《电气装置安装工程　接地装置施工及验收规范》（GB 50169—2016）	现场查看/监理报告	记录被连接的导体包裹情况及热剂焊（放热焊接）接头是否平滑、无贯穿性的气孔
	金属	7	降阻剂材料选择及施工工艺	Ⅲ	（1）降阻剂的使用，应该因地制宜地用在高电阻率地区、深井灌注、小面积接地网、射线接地极或接地网外沿。 （2）应严格按照生产厂家使用说明书规定的操作工艺施工	《电气装置安装工程　接地装置施工及验收规范》（GB 50169—2016）	现场查看/检查施工记录、监理报告	记录降阻材料的选材及施工工艺是否符合要求
	环境保护	8	回填土	Ⅰ	（1）接地体敷设完后的土沟其回填土内不应夹有石块和建筑垃圾等。 （2）外取的土壤不得有较强的腐蚀性	《电气装置安装工程　接地装置施工及验收规范》（GB 50169—2016）	现场查看/检查施工记录、监理报告	记录回填土是否符合要求

11.7 设备调试阶段

技术监督阶段	监督内容						
	技术监督专业	序号	监督项目	关键项权重	监督要点	监督依据	监督要求	监督结果
设备调试	电气设备性能	1	电气完整性试验	Ⅳ	（1）测试的范围应包括各个电压等级的场区之间；各高压和低压设备，包括构架、分线箱、汇控箱、电源箱等；主控及内部各接地干线，场区内和附近的通信及内部各接地干线；独立避雷针及微波塔与主地网之间；以及其他必要部分与主地网之间。 （2）测试仪器的分辨率不大于 1mΩ，准确度不低于 1.0 级	《接地装置特性参数测量导则》（DL/T 475—2015） 《接地装置特性参数测量导则》（DL/T 475—2015）	查阅设备调试记录及试验测试报告；仪器检定报告	查看有无导通电阻试验记录，并检查测试范围是否满足要求测试仪器是否满足精度要求
					测试结果在规定范围内： （1）状况良好的设备测试值应在 50mΩ 以下。 （2）50～200mΩ 的设备状况尚可，宜在以后例行测试中重点关注其变化，重要的设备宜在适当时候检查处理。 （3）独立避雷针的测试值应在 500mΩ 以上，否则视为没有独立	3.《接地装置特性参数测量导则》（DL/T 475—2015）	现场见证/查阅设备调试记录及试验测试报告	查看导通电阻是否满足要求
	电气设备性能	2	工频接地阻抗测试	Ⅳ	（1）采用异频法时试验电流应不小于 3A，频率应选择 40～60Hz 之间；工频大电流法时试验电流不小于 50A，并且采用独立电源或经隔离变压器供电。	《接地装置特性参数测量导则》（DL/T 475—2015） 《电气装置安装工程 电气设备交接试验标准》（GB 50150—2006）	现场检查或查阅检现场见证/查阅设备调试记录及试验检测报告	查看测试电流是否满足要求；查看测试布线是否满足测试要求；测试电极的调试是否满足测试回路的要求；主流点是否满足测试要求；试验期间有无专业看线

续表

技术监督阶段	监督内容						
	技术监督专业	序号	监督项目	关键项权重	监督要点	监督依据	监督要求	监督结果
设备调试	电气设备性能	2	工频接地阻抗测试	Ⅳ	（2）测试接地装置工频特性参数的电流极应布置得尽量远，通常电流极与被试接地装置边缘的距离 d_{CG} 应为被试接地装置最大对角线长度 D 的 4～5 倍。 （3）电位极应紧密而不松动地插入土壤中 20cm 以上。 （4）试验电流注入点的选取应选择单相接地短路电流大的场区里，电气导通测试中结果良好的设备接地引下线处。 （5）试验期间电流线严禁断开，电流线全程和电流极处要有专人看护。 （6）对于有架空避雷线和金属屏蔽两端接地的电缆出线的变电站，应进行架空避雷线和电缆金属屏蔽的分流测试。 （7）测试结果不应大于设计允许值	《接地装置特性参数测量导则》（DL/T 475—2015） 《电气装置安装工程　电气设备交接试验标准》（GB 50150—2006）	现场检查或查阅检现场见证/查阅设备调试记录及试验检测报告	查看测试电流是否满足要求；查看测试布线是否满足测试要求；测试电极的调试是否满足测试回路的要求；主流点是否满足测试要求；试验期间有无专业看线
	电气设备性能	3	跨步电位差、接触电位差	Ⅳ	（1）跨步电位差、接触电位差测试的仪器，电压表分辨率不低于 0.1mV。 （2）测试结果应不大于设计要求限值。 （3）试验方法满足测试要求，重点是场区边缘的和运行人员常接触的设备	《接地装置特性参数测量导则》（DL/T 475—2015） 《交流电气装置的接地设计规范》（GB 50065—2011）	现场见证/查阅设备调试记录及试验检测报告	测试仪器是否满足精度要求；测试结果满足设计值；是否针对场区边缘及人员经常走动、出入的位置进行重点测试

11.8 竣工验收阶段

<table>
<tr><th rowspan="2">技术监督阶段</th><th colspan="7">监督内容</th></tr>
<tr><th>技术监督专业</th><th>序号</th><th>监督项目</th><th>关键项权重</th><th>监督要点</th><th>监督依据</th><th>监督要求</th><th>监督结果</th></tr>
<tr><td rowspan="3">竣工验收</td><td rowspan="2">电气设备性能</td><td rowspan="2">1</td><td rowspan="2">技术资料完整性</td><td rowspan="2">Ⅲ</td><td>在验收时应按下列要求进行检查：
（1）按设计图纸施工完毕，接地施工质量符合规范要求。
（2）接地电阻值及设计要求的其他测试参数符合设计规定</td><td>《电气装置安装工程　接地装置施工及验收规范》（GB 50169—2016）</td><td>查阅设计图纸、监理报告、交接试验报告</td><td>有无设计图纸、监理报告、交接试验报告</td></tr>
<tr><td>在交接验收时，应提供下列资料和文件：
（1）实际施工的记录图。
（2）变更设计的证明文件。
（3）安装技术记录（包括隐蔽工程记录等）。
（4）测试记录</td><td>《电气装置安装工程　接地装置施工及验收规范》（GB 50169—2016）</td><td>查阅监理报告、设计变更文件、交接试验报告</td><td>监理报告中有无实际施工记录图（隐蔽工程的安装记录）。有无交接试验报告及设计变更文件（若有）</td></tr>
<tr><td>电气设备性能</td><td>2</td><td>接地装置导体截面及厚度</td><td>Ⅲ</td><td>钢接地体及铜接地体的规格满足设计要求，且不小于如下最小允许规格：
<table><tr><th colspan="2" rowspan="2">种类、规格及单位</th><th colspan="2">地上</th><th colspan="2">地下</th></tr><tr><th>室内</th><th>室外</th><th>交流电流回路</th><th>直流电流回路</th></tr><tr><td colspan="2">圆钢直径（mm）</td><td>6</td><td>8</td><td>10</td><td>12</td></tr><tr><td rowspan="2">扁钢</td><td>截面（mm^2）</td><td>60</td><td>100</td><td>100</td><td>100</td></tr><tr><td>厚度（mm）</td><td>3</td><td>4</td><td>4</td><td>6</td></tr><tr><td colspan="2">角钢厚度（mm）</td><td>2</td><td>25</td><td>4</td><td>6</td></tr><tr><td colspan="2">钢管管壁厚度（mm）</td><td>35</td><td>25</td><td>3.5</td><td>4.5</td></tr></table></td><td>《电气装置安装工程　接地装置施工及验收规范》（GB 50169—2016）</td><td>查阅设计图纸、监理报告</td><td>监理报告中有无接地材料规格尺寸，规格尺寸是否满足设计要求</td></tr>
</table>

续表

技术监督阶段	监督内容：技术监督专业	序号	监督项目	关键项权重	监督要点	监督依据	监督要求	监督结果
	电气设备性能	2	接地装置导体截面及厚度	Ⅲ	种类、规格及单位 / 地上 / 地下 铜棒直径（mm） / 4 / 6 铜排截面（mm^2） / 10 / 30 铜管管壁厚度（mm） / 2 / 3	《电气装置安装工程　接地装置施工及验收规范》（GB 50169—2016）	查阅设计图纸、监理报告	监理报告中有无接地材料规格尺寸，规格尺寸是否满足设计要求
	电气设备性能	3	垂直接地体敷设	Ⅲ	垂直接地体的材料规格符合设计要求，镀锌层表面完好，接地体（顶面）埋深不小于600mm，接地体间距离应大于2倍接地体长度	《电气装置安装工程　质量检验及评定规程　第6部分：接地装置施工质量检验》（DL/T 5161.6—2002）	查阅设计图纸、监理报告	监理报告中有无垂直接地体的安装记录，垂直接地体埋深及间距等是否符合设计要求
竣工验收	电气设备性能	4	水平接地体敷设	Ⅲ	（1）扁钢截面及厚度符合设计要求。 （2）接地体入地下最高点与地面距离（埋深）不小于600mm。 （3）通过公路处接地体的埋设深度符合设计要求。 （4）接地体外缘闭合角为圆弧形。 （5）接地体圆弧弯曲半径为1/2均压带间距离。 （6）相邻两接地体间距离不小于5m（或按设计要求）。 （7）接地体与建筑物距离符合设计规定。 （8）通过公路、铁路、管道等交叉处及可能遭机械损伤处的保护用角钢覆盖或穿钢管。 （9）通过墙壁时的保护应有明孔、钢管或其他坚固保护套。 （10）接地体引出线应刷防腐漆。 （11）采用镀锌件时锌层应完好	《电气装置安装工程　质量检验及评定规程　第6部分：接地装置施工质量检验》（DL/T 5161.6—2002）	查阅设计图纸、监理报告、现场检查	监理报告中水平接地体的埋深、间距等是否满足监督要求；现场查看接地体安装是否满足监督要求

续表

技术监督阶段	监督内容						
	技术监督专业	序号	监督项目	关键项权重	监督要点	监督依据	监督要求	监督结果
竣工验收	电气设备性能	5	接地装置连接	Ⅲ	（1）接地装置连接部位的搭接长度应符合：扁钢与扁钢不小于2倍宽度，且焊接面不小于3面；圆钢与圆钢或圆钢与扁钢不小于6倍圆钢直径；扁钢与钢管（角钢）接触部位两侧焊接，并焊以固定卡子。 （2）焊接部位应牢固且表面应做防腐处理，与其他接地装置间的连接点不少于2点（或按设计规定）。 （3）螺栓连接时，应使用防松螺帽或防松垫片。 （4）各设备与主地网的连接必须可靠，扩建地网与原地网间应为多点连接	《电气装置安装工程　质量检验及评定规程　第6部分：接地装置施工质量检验》（DL/T 5161.6—2002） 《国家电网公司十八项电网重大反事故措施（修订版）》（国家电网生〔2012〕352号）	查阅监理报告、现场检查	监理报告中接地体的连接是否满足工艺要求，现场检查接地体地上部分及接地引线等连接情况是否满足要求
	电气设备性能	6	主设备与主地网连接	Ⅳ	主设备及设备架构等应有两根与主地网不同干线连接的接地引下线	《国家电网公司十八项电网重大反事故措施（修订版）》（国家电网生〔2012〕352号）	查阅监理报告、现场检查	引下线安装是否满足标准要求
	电气设备性能	7	屋内接地装置	Ⅱ	（1）明敷设接地线应便于检查，不妨碍设备拆卸检修。 （2）支持件安装固定应牢固，支持件间距：水平直线部分0.5～1.5m；垂直部分1.5～3m；转弯部分0.3～0.5m。 （3）沿墙壁或建筑物敷设时应与墙壁或建筑物平行，与墙壁间隔10～15mm，距地面高度250～300mm。 （4）跨越建筑物伸缩缝或沉降缝处应有补偿装置。	《电气装置安装工程　质量检验及评定规程　第6部分：接地装置施工质量检验》（DL/T 5161.6—2002）	查阅监理报告、现场检查	现场或通过监理报告查看接地线安装是否满足要求

续表

技术监督阶段	监督内容						
	技术监督专业	序号	监督项目	关键项权重	监督要点	监督依据	监督要求	监督结果
竣工验收	电气设备性能	7	屋内接地装置	Ⅱ	（5）穿过墙壁、楼板处应加装钢管或坚固的保护管。 （6）接地体连接应满足：采用搭接焊方式；扁钢搭接长度不小于2倍宽度；焊接面数不小于3面；焊接部位应牢固；焊接部位表面应防腐处理。 （7）与屋外或其他接地装置连接点数不小于2点，接地线与支持件间连接应牢固	《电气装置安装工程 质量检验及评定规程 第6部分：接地装置施工质量检验》（DL/T 5161.6—2002）	查阅监理报告、现场检查	现场或通过监理报告查看接地线安装是否满足要求
竣工验收	保护与控制	8	二次侧接地网连接	Ⅱ	变电站控制室及保护小室应独立敷设与主接地网紧密连接的二次等电位接地网	《国家电网公司十八项电网重大反事故措施（修订版）》（国家电网生〔2012〕352号）	查阅设计图纸、监理报告	监理报告中是否有主接地网与二次等电位地网的连接记录，连接是否满足要求

11.9 运维检修阶段

技术监督阶段	监督内容						
	技术监督专业	序号	监督项目	关键项权重	监督要点	监督依据	监督要求	监督结果
运维检修	电气设备性能	1	运行巡检	Ⅱ	巡检内容、记录符合周期、项目要求。接地装置巡检项目要求基准周期为1个月，变电站设备接地引下线连接正常，无松脱、位移、断裂及严重腐蚀等情况	《输变电设备状态检修试验规程》（Q/GDW 1168—2013）	现场检查接地引下线外观	记录检查周期及检查情况

续表

技术监督阶段	监督内容						
	技术监督专业	序号	监督项目	关键项权重	监督要点	监督依据	监督要求	监督结果
运维检修	电气设备性能	2	设备接地引下线导通检查	Ⅲ	设备接地引下线导通检查满足周期要求，并覆盖齐全： 220kV 及以上：1 年。 110（66）kV：3 年。 35kV 及以下：4 年		查阅试验报告	查看有无导通电阻试验记录，并检查是否按周期进行测试
					设备接地引下线导通检查结果符合标准要求，不合格应及时进行处理： （1）状况良好的设备测试值应在 50mΩ 以下。 （2）50～200mΩ 的设备状况尚可，宜在以后例行测试中重点关注其变化，重要的设备宜在适当时候检查处理。 （3）200～1Ω 的设备状况不佳，对重要的设备应尽快检查处理，其他设备宜在适当时候检查处理。 （4）1Ω 以上的设备与主地网未连接，应尽快检查处理。 （5）独立避雷针的测试值应在 500mΩ 以上。 （6）测试中相对值明显高于其他设备，而绝对值又不大的，按状况尚可对待	《接地装置特性参数测量导则》（DL/T 475—2015）	查阅试验报告	查看有无导通电阻试验记录，测试结果是否合格
	电气设备性能	3	接地网接地阻抗测量	Ⅳ	（1）接地网接地阻抗测量满足周期要求，不大于 6 年。 （2）接地网接地阻抗测量结果符合标准要求，不合格应及时进行处理。 （3）当接地网结构发生改变时应进行接地阻抗测量项目	《输变电设备状态检修试验规程》（Q/GDW 1168—2013）	查阅试验报告	查看有无接地阻抗试验记录，测试结果和方法是否合格

续表

技术监督阶段	监督内容						
	技术监督专业	序号	监督项目	关键项权重	监督要点	监督依据	监督要求	监督结果
运维检修	电气设备性能	4	接触电位差和跨步电位差测量	Ⅲ	接地阻抗明显增加（大于初值的1.3倍），或者接地网开挖检查或/和修复之后，应开展接触电位差和跨步电位差测量试验，且测量结果应符合设计要求	《输变电设备状态检修试验规程》（Q/GDW 1168—2013）	查阅试验报告	查看有无接触电位差、跨步电位差试验记录，测试结果和方法是否合格
运维检修	电气设备性能	5	接地体热容量校核要求	Ⅲ	（1）应每年根据变电站短路电流，开展热容量校核，热容量应满足要求。 （2）对于变电站中的不接地、经消弧线圈接地、经低阻或高阻接地系统，必须按异点两相接地校核接地装置的热稳定容量	《变电站防雷及接地装置状态评价导则》（Q/GDW 611—2011） 国家电网公司十八项电网重大反事故措施（修订版）》（国家电网生〔2012〕352号）	查阅热稳定性校核报告	查看热稳定性校核报告是否按照GB 50065要求进行计算，对不满足热稳定要求的是否采取改造措施，热稳定容量校核方式是否满足要求
运维检修	电气设备性能	6	开挖检查情况	Ⅳ	定期（时间间隔应不大于5年）通过开挖抽查等手段确定接地网的腐蚀情况，铜质材料接地体地网不必定期开挖检查。若接地网接地阻抗或接触电位差和跨步电位差测量不符合设计要求，怀疑接地网被严重腐蚀时，应进行开挖检查。如发现接地网腐蚀较为严重，应及时进行处理	《国家电网公司十八项电网重大反事故措施（修订版）》（国家电网生〔2012〕352号）	查阅地网开挖检查记录	查看是否按照周期开展地网开挖检查；对开挖检查发现的问题是否及时处理
运维检修	电气设备性能	7	检修、试验装备	Ⅱ	（1）仪器配置应满足配置标准及工作需要，保管使用台账应完整。 （2）装备及安全工器具的校验情况及周期应满足标准要求。 （3）接地导通电阻测试仪的检定周期不超过1年。	国家电网公司运检装备配置使用管理规定》（国家电网企管〔2014〕752号）	查阅资料（仪器台账/检定合格证）	查看仪器仪表是否按周期检定

续表

技术监督阶段	监督内容							
	技术监督专业	序号	监督项目	关键项权重	监督要点	监督依据	监督要求	监督结果
运维检修	电气设备性能	7	检修、试验装备	Ⅱ	（4）接地电阻表检定周期不得超过1年。 （5）使用中的钳形接地电阻测试仪检验周期为1年	《接地导通电阻测试仪检定规程》（JJG 984—2004） 《接地电阻表检定规程》（JJG 366—2004） 《钳形接地电阻测试仪检验规程》（Q/GDW 469—2010）	查阅资料（仪器台账/检定合格证）	仪器仪表是否按周期检定
	金属	8	金属腐蚀情况	Ⅱ	接地引下线的腐蚀剩余导体面积不得小于80%，且需满足热容量要求	《变电站防雷及接地装置状态评价导则》（Q/GDW 611—2011）	现场查看、查阅热稳定性校核报告	现场查看引下线腐蚀情况，截面是否符合要求；热稳定性是否满足要求

11.10 退役报废阶段

技术监督阶段	监督内容							
	技术监督专业	序号	监督项目	关键项权重	监督要点	监督依据	监督要求	监督结果
退役报废	电气设备性能	1	设备退役	Ⅱ	接地网设备退役鉴定审批手续应规范： （1）各单位及所属单位发展部在项目可研阶段对拟拆除接地网进行评估论证。	《国家电网公司电网实物资产管理规定》（国家电网企管〔2014〕1118号）	查阅项目可研报告、项目建议书、接地网设备鉴定意见	记录项目可研报告，项目建议书，接地网设备鉴定意见是否齐全

续表

技术监督阶段	监督内容						
	技术监督专业	序号	监督项目	关键项权重	监督要点	监督依据	监督要求	监督结果
退役报废	电气设备性能	1	设备退役	Ⅱ	(2) 国网公司总部运检部、各单位及所属单位运检部根据项目可研审批权限，在项目可研评审时同步审查拟拆除接地网处置建议。 (3) 在项目实施过程中，项目管理部门应按照批复的拟拆除接地网处置意见，组织实施相关接地网拆除工作	《国家电网公司电网实物资产管理规定》(国家电网企管〔2014〕1118号)	查阅项目可研报告、项目建议书、接地网设备鉴定意见	记录项目可研报告，项目建议书，接地网设备鉴定意见是否齐全
	电气设备性能	2	设备退役	Ⅰ	接地网报废管理要求： (1) 接地网设备报废应按照公司固定资产管理要求履行相应审批程序。 (2) 接地网设备履行报废审批程序后，应按照公司废旧物资处置管理有关规定统一处置，严禁留用或私自变卖，防止废旧设备重新流入电网	《国家电网公司电网实物资产管理规定》(国家电网企管〔2014〕1118号)	查阅接地网报废处理记录	记录接地网报废处理记录是否齐全

参　考　文　献

［1］ 肖纪美，曹楚南. 材料腐蚀学原理［M］. 北京：化学工业出版社，2002.

［2］ 曹楚南. 腐蚀电化学原理［M］. 北京：化学工业出版社，2008.

［3］ 曹楚南. 中国材料的自然环境腐蚀［M］. 北京：化学工业出版社，2005.

［4］ 柯伟. 中国腐蚀调查［M］. 北京：化学工业出版社，2003.

［5］ 刘永辉. 金属腐蚀学原理［M］. 北京：航空工业出版社，1993.

［6］ 魏宝明. 金属腐蚀理论及应用［M］. 北京：化学工业出版社，1984.

［7］ 孙秋霞. 材料腐蚀与防护［M］. 北京：冶金工业出版社，2001.

［8］ 梁成浩. 金属腐蚀学导论［M］. 北京：机械工业出版社，1999.

［9］ 中国腐蚀与防护学会《金属腐蚀手册》编辑委员会. 金属腐蚀手册［M］. 上海：上海科学技术出版社，1987.

［10］ 冶金工业部钢铁研究总院. 金属和金属覆盖层腐蚀试验方法标准汇编［M］. 北京：中国标准出版社，1998.

［11］ 吴荫顺. 腐蚀试验方法与防腐蚀检测技术［M］. 北京：化学工业出版社，1996.

［12］ 黄建中，左禹. 材料的耐蚀性和腐蚀数据［M］. 北京：化学工业出版社，2003.

［13］ 美国腐蚀工程师协会. 腐蚀与防护技术基础［M］. 朱日彰等译. 北京：冶金工业出版社，1987.

［14］ 李金桂，赵闺彦. 腐蚀和腐蚀控制手册［M］. 北京：国防工业出版社，1988.

［15］ 黄淑菊. 金属腐蚀与防护［M］. 西安：西安交通大学出版社，1988.

［16］ 李金桂. 现代表面工程设计手册［M］. 北京：国防工业出版社，2000.

［17］ 李铁藩. 金属高温氧化和热腐蚀［M］. 北京：化学工业出版社，2003.

［18］ C. R. Brooks，A. Choudhury. 工程材料的失效分析［M］. 谢斐娟，孙家骧译. 北京：机械工业出版社，2003.

［19］ R. A. McCauley. 陶瓷腐蚀［M］. 高南，张启富，顾宝珊译. 北京：冶金工业出版社，2003.

［20］ 许维钧，马春来，等. 核工业中的腐蚀与防护［M］. 北京：国防工业出版社，1993.

［21］ 李恒德，马春来. 材料科学与工程国际前沿［M］. 济南：山东科学出版社，2003.

［22］ 胡士信. 阴极保护手册［M］. 北京：化学工业出版社，1999.

［23］ 中国腐蚀与防护学会. 腐蚀科学与防腐蚀工程技术新进展［M］. 北京：化学工业出版社，1999.